KB070061

꿀꺽, 한 입의 과학

GULP

꿀꺽, 한입의 과학

달콤 살벌한 소화 기관 모험기

GULP, ADVENTURES ON THE ALIMENTARY CANAL

메리 로치 지음 | 최가영 옮김

🏵 을유문화사

옮긴이 최가영

서울대학교 약학대학원을 졸업하였다. 현재 번역 에이전시 엔터스코리아에서 의학 분야 출판 기획 및 전문 번역가로 활동하고 있다.

주요 역서로는 『배신의 식탁: 우리는 식탁 앞에서 하루 세 번 배신당한다』, 『핸드백뷰티: 3분이면 충분해! 핸드백 속 긴급 뷰티 처방전!』, 『복부 비만 없애는 식습관의 비밀』, 『건강을 위한 최고의 밥상』, 『당신의 다이어트를 성공으로 이끄는 작은 책』, 『더 완벽하지 않아도 괜찮아: 끊임없는 강박사고와 행동에서 벗어나기』, 『과학자들의 대결: 하얀 실험 가운 뒤에 숨어 있는 천재들의 뒷이야기』, 『The Functional Art: 인포그래픽과 데이터 시각화 기법을 활용한 스토리텔링』이 있다.

꿀꺽, 한 입의 과학

발행일

초판 1쇄 2014년 3월 20일

초판 4쇄 2016년 12월 15일

지은이 | 메리 로치

옮긴이 | 최가영

펴낸이 | 정무영

펴낸곳 | (주)을유문화사

창립일 | 1945년 12월 1일

주   소 | 서울시 종로구 우정국로 51-4

전   화 | 734-3515, 733-8153

팩   스 | 732-9154

홈페이지 | www.eulyoo.co.kr

ISBN 978-89-324-7228-7 03400

* 값은 뒤표지에 표시되어 있습니다.

* 옮긴이와 협의하에 인지를 붙이지 않습니다.

릴리, 피비, 내 동생 립에게

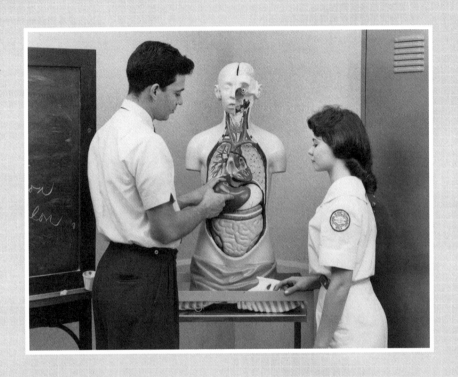

들어가는 말

1968년, 캘리포니아 대학교 버클리 캠퍼스에 젊은 청년 여섯 명이 모였다. 유례없는 특별한 일을 하기 위해서였다. 하지만 어수선한 당시 사회 분위기와 달리 반동 행위나 도발 행위가 목적은 아니었다. 문제의 장소가 영양학과 건물임을 감안할 때, 이들이 당대에 유행하던 나팔바지에 구레나룻 차림이었을 가능성도 낮다. 이 여섯 남자가 한 일은 신진대사 측정실에 들어가 이틀을 보내면서 죽은 박테리아로 만든 음식을 먹는 것이었다.

당시는 장대한 우주탐험의 꿈이 막 피어오르던 시기였다. NASA는 화성 탐사 준비에 본격적으로 착수했다. 그런데 우주선에 2년 치 식량을 실으려니 동체가 너무 무거워 발사에 실패할 가능성이 컸다. 성공 확률을 높이려면 생체 재생이 가능한 새로운 메뉴를 개발해야 했다. 즉 우주 비행사들의 배설물로 키워서 수확할 수 있는 식재료가 필요했다. 이 실험의 결과가 어땠는지는 '음식으로서의 박테리아에 대한 인체 불내성Human Intolerance to

Bacteria as Food'이라는 멋진 논문 제목만 보아도 짐작할 수 있다. 박테리아 식량을 먹은 피험자들이 구토와 어지럼증에 시달리면서 열두 시간 동안 열세 번이나 화장실을 들락날락한 것은 둘째치고라도, 음식의 미관을 개선할 필요가 있었다. 걸쭉한 국물로 사용된 연회색 박테리아 에어로박터Aerobacter는 기분 나쁘게 끈적끈적했고 H. 유트로파H. eutropha균에서는 할로겐 가스 맛이 났기 때문이다.

혹자는 이런 연구 자체를 회의적으로 바라봤다. 가공한 우주 식품에 관한 글의 한 대목을 보면 이런 시각이 잘 드러난다. "인체는…… 음식에 들어 있는 영양소를 전부 소화시키진 못한다. 그보다는…… 그저 식사를 하는 것이다. 외골수 생화학자나 생리학자에게는 인간의 이런 행동이 무의미하거나 한심해 보이겠지만, 이것은 오래전부터 뿌리 깊이 자리 잡은 인류 문화의 일면이다."

맞는 말이다. 버클리 연구 팀은 숙제를 해결하는 데 급급해 중요한 요소를 놓친 것 같다. 음식에서 가로등 전구 맛이 날 정도였다면, 잠시라도 실험을 멈춰야 했다. 단, 앞선 글에서 "외골수 생화학자나 생리학자"라는 표현만은 정정하고 싶다. 나는 전적으로 과학자들 편이다. 이들은 어느 누구도 감히 입 밖에 꺼내지 못하는, 혹은 그럴 용기가 없는 문제에 용감하게 맞선다. 위장 연구의 선구자 윌리엄 보몬트William Beaumont는 사람의 위장 구멍에 직접 혀를 갖다 댔고, 스웨덴 의사 알고트 키오베리Algot Key-Åberg는 위장의 수용 능력을 알아내기 위해 식탁에서 시체와 동석하기를 마다하지 않았다. 프랑수아 마장디François Magendie는 마지막 식사 직후 교수형에 처해진 죄수 네 명의 도움을 받아 장내 가스의 화학적 조성을 최초로 밝혀냈다. 또 필라델피아의 소화불량 전문가인 데이비드 메츠David Metz

는 핫도그 많이 먹기 대회 선수의 위장을 엑스레이로 찍어서 소화불량의 비밀을 파헤치고자 했다. 우리의 버클리 연구 팀도 빼놓을 수 없다. 이들은 박테리아를 저녁 식사로 올린 후 품평을 기다리는 요리사처럼 가슴을 졸이며 상황을 주시했다. 비록 결과는 대실패였지만, 실험 자체는 나름대로 성과가 있었다고 생각한다. 내가 이 책을 쓰는 데 영감을 주었으니 말이다.

사실 음식에 관한 한 과학의 입지는 좁은 편이다. 짝짓기가 온갖 미사여구를 통해 사랑의 행위로 미화되듯이, 우리는 요리를 하고 맛을 음미하는 것을 세련된 문화 예술로 여긴다. 나는 M. F. K. 피셔M. F. K. Fisher와 캘빈 트릴린Calvin Trillin의 음식 에세이를 좋아한다. 하지만 마이클 레빗Michael Levitt의 「고창 환자의 사례 연구Studies of a Flatulent Patient」, J. C. 돌턴J. C. Dalton의 「민달팽이가 사람 위 속에서 살 수 있는지 확인하기 위한 실험Experimental Investigations to Determine Whether the Garden Slug Can Live in the Human Stomach」, P. B. 존슨P. B. Johnsen의 「연못에서 자란 메기의 맛을 설명하는 용어 모음집 A Lexicon of Pond-Raised Catfish Flavor Descriptors」도 그에 못지않게 사랑한다. 그렇다고 내가 멋진 식사를 즐길 줄 모르는 것은 아니다. 단지 인간의 소화기관과 이를 연구하는 과학자도 아름답게 장식된 고급 요리만큼이나 흥미진진하다는 얘기다.

맞다. 우리는 식사를 한다. 하지만 동시에 음식에 들어 있는 영양소를 소화시키기도 한다. 우리는 음식을 잘게 씹어서 촉촉한 곤죽으로 만들고 꿈틀대는 위에서 위산을 섞어 덩어리로 반죽한 다음 구불구불한 긴 통로를 통해 내려보낸다. 이곳에서 덩어리는 인류 역사에서 모두가 쉬쉬해 온 뭔가로 바뀐다. 수저를 드는 행동은 이 모든 과정의 시작일 뿐이다.

내가 처음으로 접한 인체해부학은 본질을 쏙 뺀 껍데기뿐이었다. 초등학교 5학년 과학시간에 머리와 팔다리가 없는 플라스틱 모형[1]으로 배웠기 때문이다. 이 모형은 공장에서 사고라도 당한 것처럼 피부와 갈비뼈 없이 속이 훤히 들여다보였는데, 그 안으로 내장을 넣었다 뺐다 할 수 있었다. 그래서 매일 과학실 뒤편에서 구석구석 해체되었다가 조립되는 수모를 반복해서 당했다. 모형 수업의 목적은 어린 학생들이 인체의 내부 구조를 확실히 인지하게 하는 것이었지만, 내가 보기엔 전혀 효과가 없었다. 정육점 진열대에 놓인 포장 고기처럼[2] 매끈하게 제작된 장기들이 마치 퍼즐 조각처럼 조금의 틈새도 없이 다닥다닥 맞물려 있었다. 심지어 이 장기들은 따로따로 분리되기까지 했다. 위에서 식도를 떼어 내거나 위에서 소장을 뽑았다가 꽂는 식으로. 교구로서는 몇 년 전에 인터넷에 나돌았던 털실 소화관 모형이 차라리 더 나을 것이다. 적어도 그 인체 소화관은 입부터 직장까지 하나의 통로로 연결되어 있으니 말이다.

하지만 이런 튜브도 완벽한 모델은 아니다. 튜브는 입구, 출구, 중간 지점 할 것 없이 똑같이 밋밋하다. 이것보다는 길이가 길고 칸을 넘어갈 때마다

---

1 요즘에도 비슷한 교구가 수업시간에 사용된다. 이른바 '머리를 탈부착할 수 있는 양성 인체 상반신 모형Dual Sex Human Torse with Detachable Head' 또는 '고급형 인체 상반신 16개 부위 모형Deluxe 16-Part Human Torso'이라는 것이다. 한 연쇄 살인범이 이 교구의 제품 소개 책자를 보고 성범죄를 저지르는 순간의 짜릿한 감각을 느꼈다고 한다.

2 엄밀히 말하면 위장관은 진열된 포장육보다는 고기죽에 더 가깝다. 이 사실은 수 세기 동안 별로 주목받지 못했지만 말이다. 이것에 버금가는 오류가 하나 더 있다. 바로 빅토리아 시대에 장기 위치 이탈을 병이라고 본 것이다. 이렇게 의사들이 오진을 범한 것은 플라스틱 모델이 아니라 시체와 수술 환자 때문이었다. 시체와 수술 환자는 누워 있기 때문에 장기들이 원래 위치보다 위로 올라가기 마련인데, 의사들은 이것이 정상인 줄 알았던 것이다. 그러던 중 엑스레이 기술이 도입되어 똑바로 앉은 자세로 사진을 찍을 수 있게 되자 의사들은 멀쩡한 사람을 두고 장기가 아래로 처졌다고 오판했고, 소위 '하강 장기' 수술이 유행하게 되었다. 수백 명이 쓸데없이 내장을 위로 당겨 고정하는 수술을 받은 것이다.

문을 새로 열어야 하며 칸마다 나름의 외관과 용도가 있는 기차가 더 정확한 비유다. 식당칸과 침대칸을 헷갈리지 않듯이 입, 위, 대장을 혼동할 일은 없을 것 아닌가.

나는 종합 비타민 알약처럼 생긴 초미니 디지털카메라의 힘을 빌려 인체를 탐험하는 작은 소화관 여행자의 시각을 체험할 수 있었다. 이 초미니 카메라는 소화관을 이동하면서 매초 사진을 찍어서 저장한다. 들뜬 10대들이 발걸음을 옮길 때마다 스마트폰 카메라를 들이대는 것처럼. 먼저 위는 온통 암녹색이고 둥둥 떠다니는 부유물로 가득하다. 흡사 타이타닉호 다큐멘터리를 보는 것 같다. 그러다가 위 내용물이 위 근육의 움직임을 따라 충분한 시간 동안 위산과 각종 소화 효소와 섞이면서 녹으면 질긴 음식 덩어리와 카메라만 남고 나머지는 죽과 비슷한 상태가 된다. 이것을 미즙糜汁이라고 한다.

그다음에 카메라가 위와 소장을 구분하는 관문 격인 유문幽門을 지나면 풍경이 돌변한다. 분홍색을 띤 소장 벽은 1밀리미터 길이의 잔털로 뒤덮여 있다. 이것을 융모絨毛라고 한다. 융모 덕분에 소장 표면적이 넓어져 더 많은 영양소를 흡수할 수 있다. 반면에 대장은 미끈하고 윤이 난다. 마치 투명 랩을 씌운 것 같다. 소화관 기차의 꼬리칸에 해당하는 대장과 직장은 주로 쓰레기 처리 하는 일을 한다. 노폐물을 보관하고 말리는 것이다.

초등학교 과학실에 있는 플라스틱 모형은 내부를 들여다볼 수 없어서 이런 기능을 알 수 없다. 그중에서도 소장과 대장은 주름 무늬만 있을 뿐 한 덩어리로 뭉쳐 있다. 마치 벽에 던져 뭉개진 뇌처럼 말이다. 뭐, 그래도 모형 개발자에게 고맙다. 비록 플라스틱이긴 하지만 이것 덕분에 복벽 너머 살아 숨 쉬는 생명의 본체가 드러난 셈이니까. 이 모형을 처음 봤을 때, 나는 징그럽다는 생각이 들면서도 한편으로 흥미를 느꼈다. 희끄무레한 살덩어리인 줄만 알았던 내 몸 안에 이런 것이 들어 있다는 사실이 신기했기 때문이다. 초등학교 5학년은 마음속으로 혐오감이나 공포를 느껴도 용기를 내어 다가갈 수 있을 만큼 호기심이 왕성해지는 나이다.

초창기 해부학자들 역시 왕성한 호기심의 소유자였다. 그들은 미지의 신대륙을 탐험하듯 인체를 연구했다. 이는 인체 부위에 지리학 용어를 붙인 것만 봐도 잘 알 수 있다. 그들은 갑상샘의 골을 지협으로, 췌장의 세포를 섬세포로, 골반의 통로와 시작 부분을 각각 협로와 입구로 불렀다. 수백 년 동안 사람들은 소화관이 영양소가 통과하는 수로라고 생각한 것이다. 저녁에 먹은 음식이 라인 강에 떠다니는 유람선처럼 몸 안에 있는 잔잔한 수로를 따라 유유히 흘러간다고 상상하다니 참으로 사랑스럽다. 하지만 마냥 평화로워 보이는 유람선 관광의 백미는 중간중간에 불쑥 튀어나오는 진기한 구경거리다. 관광객들은 예상치 못한 새로운 사실과 이국적인 풍광에 놀라고 흥분하는 재미로 유람선에 오른다. 나는 여러분도 그런 마음으로 이 책을 읽어 주었으면 하는 바람이다.

하지만 먼저 마음의 준비를 단단히 하기 바란다. 대부분의 사람들은 소화와 배설 과정을 대화 주제로 올리기를 꺼려한다. 음식이 몸 안에서 어떻게 되는지 생각만 해도 구역질이 나서 식사를 못하는 사람도 있다. 한편 힌두교 브라만 계층은 전통적으로 사람의 침이 매우 더럽다고 여긴다. 종교 행사 중에 누군가가 침을 한 방울만 흘려도 신성모독이라고 비난할 정도다. 그뿐만이 아니다. 나는 최근에 NASA 공보부 담당자와 얘기를 나눈 적이 있는데, 그가 맡은 업무 중 하나는 NASA 텔레비전에 내보낼 영상을 고르는 것이었다. 카메라는 보통 관제 센터를 들고 나는 사람들을 찍는다. 그런데 만약 누군가가 책상에서 점심을 먹는 장면이 잡히면, 카메라는 곧바로 고개를 돌려 버린다. 먹는 행위의 생물학적 본질은 음식을 섭취하고 입안에서 잘게 부수어 영양소를 흡수하는 것이지만, 텔레비전 화면에 레스토랑 장면이 나올 때 시청자는 이 본질을 머릿속에 떠올리지 않는다. 레스토랑 전경에 넘쳐 흐르는 활기찬 분위기 덕분이다. 그러나 한 남자가 샌드위치를 먹는 장면은 얘기가 다르다. 시청자의 눈에 그는 동물적 욕구를 해결하고 있는 한 생명체에 불과하기 때문에 시청자는 본능적으로 시선을 다른 곳으로 돌려 버린다. 이렇듯 먹는 행위, 그리고 그와 관련된 모든 불쾌한 과정들은 사회 전반에서 짝짓기와 죽음만큼이나 금기시된다.

그런데 나는 이런 금기에 구미가 당긴다. 알고 보면 소화관에 얽힌 흥미진진한 비화가 많다. 그것도 엄청나게. 그럼에도 뇌, 심장, 눈, 피부, 남녀의 생식기를 다룬 책은 쉽게 찾아볼 수 있는 반면, 위장관에 관한 기록은 거의 없다. 심지어 털3을 주제로 삼은 책도 있는데 말이다. 그래서 내가 시작하려고 한다.

이 책은 건강 실용서가 아니다. 하지만 나는 사람들이 궁금해하면서도 감히 입 밖으로 꺼내지 못했던 소화관에 관한 궁금증을 시원하게 풀어 줄 것이다. 기상천외한 일화들도 곁들여서 말이다. 음식을 꼭꼭 씹어 먹으면 나랏빚을 갚을 수 있을까? 침에는 박테리아가 득실득실한데 동물들이 상처를 혀로 핥는 이유는 무엇일까? 자살 폭탄 테러범들은 왜 폭탄을 항문에 숨기

---

3 찰스 헨리 레너드Charles Henri Leonard가 1879년에 『털*The Hair*』이라는 책을 발표했다. 나는 이 책을 통해 초기 미국 대통령 14명의 머리카락 전시물이 존재하며 현재 미국 국립역사박물관에 소장되어 있다는 사실을 알게 되었다. 이 전시물에는 짤막한 설명이 곁들여 있는데, 예를 들어 존 퀸시 애덤스John Quincy Adams의 머리카락은 거칠고 황회색을 띠며 '약간 특이하다'고 되어 있다. 레너드 역시 약간 별난 인물이었다. 그는 보통 길이에 숱이 많은 두발 소유자 한 명이 200명의 몫을 한다고 여겼다. 나는 여기에 어느 날 저녁 공연 관람을 갔다가 관객 중에 그런 사람이 한 명 있으면 그날의 공연이 더욱더 기억에 남을 거라고 덧붙이고 싶다.

지 않을까? 위는 음식을 분해하는데 위 자체가 온전한 까닭은 무엇일까? 바삭바삭한 음식은 왜 그렇게 맛있게 느껴질까? 사람이 변비 때문에 죽을 수 있을까? 엘비스 프레슬리Elvis Presley가 정말로 변비 때문에 죽었을까?

이 중에는 쉽게 믿기지 않는 얘기도 많다. 그럼에도 이렇게 소개하는 것은 소화기관을 무조건 혐오스럽게 여기진 말았으면 하는 바람에서다. 실은 나도 나름대로 자제한 편이다. 대변에 관한 모든 이야기를 다루는 www.poopreport.com이라는 웹사이트가 존재한다는 사실을 알면서도 꾹 참고 열어 보지 않았고, '병든 고슴도치의 똥 냄새가 진드기를 끌어들인다Fecal Odor of Sick Hedgehogs Mediates Olfactory Attraction of the Tick'라는 제목의 논문을 찾았을 때도 꾹 참고 그냥 넘겼다. 그때 주문 버튼을 누르고 싶은 충동을 억누르느라 얼마나 힘들었는지 모른다. 그러니 부디 여러분이 이 책을 읽고 "으웩, 역겨워"라고 말하는 대신, 역겨울 줄 알았는데 기대보다 재미있다고 생각해 주었으면 한다. 뭐, 솔직히 좀 거시기할 수는 있겠지만.

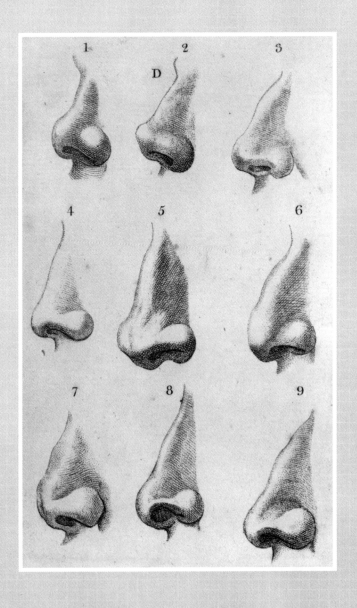

① 알고 보면 다 코가 하는 일이다

여기, 할리 데이비슨을 타는 시음 전문가가 있다. 그녀의 이름은 수 랭스태프$^{Sue\ Langstaff}$이다. 그녀는 오토바이 여행을 즐기는 수많은 이유 가운데 바깥 공기가 콧구멍으로 밀려 들어올 때의 강렬한 향취를 최고로 꼽는다. 굳이 힘주어 깊게 들이쉬지 않아도[1] 진한 냄새가 후각을 강타한 뒤 오랫동안 여운을 남긴다고 한다. 개들이 자꾸 머리를 차창 너머로 내미는 것도 이 때문이다. 털이 바람에 흩날리는 느낌이 좋아서가 아니다. 만약 우리가 개 또는 수 랭스태프처럼 민감한 후각을 가졌다면 냄새만으로도 저 앞에서 무

---

[1] 굳이 부연하자면, 숨을 깊이 들이쉬지 않으면(또는 할리 데이비슨을 타고 질주하지 않으면) 근처에서 가장 강하게 풍기는 것 외에 다른 냄새는 모두 놓치기 십상이다. 평소에는 들이쉬는 공기 중 5~10퍼센트 정도만 콧구멍 안쪽에 있는 후각상피에 도달한다. 과학자들은 후각을 더 객관적으로 측정하기 위해 일정한 냄새 신호를 내보내는 후각 측정기^{olfactometer}를 사용한다. 이에 발맞추어 신기술을 도입한 새로운 장비가 꾸준히 등장하고 있다. 개량된 강풍 후각 측정기$^{blast\ olfactometer}$가 대표적인 예다. 구식 후각 측정기에 카메라 향 감지기$^{camera\ inodorata}$라는 유리창이 달린 알루미늄 상자를 연결한 장치도 있는데, 이 장치를 발명한 사람은 1921년에 "상자를 실험 대상자의 머리에 씌운다"라고 사용법을 설명했다.

슨 일이 벌어지는지 알 수 있을 것이다. 랭스태프는 캘리포니아 29번 고속도로 한복판을 질주하고 있다. 나파 밸리와 세인트헬레나 중간 지점이다. 지금 이 순간, 그녀는 온갖 냄새의 향연에 빠져 있다. 막 베어 낸 풀, 와인 수송 열차의 휘발유, 포도나무에 뿌린 거름에 들어 있는 황 성분, 고급 이탈리아 레스토랑에서 진동하는 마늘 향, 썰물에 드러난 나파 강변에서 썩어 가는 초목, 곧 와인 보관용 오크통으로 변신할 참나무의 그을림, 캘리스토가Calistoga 광천욕장에서 모락모락 피어나는 황화수소, 근처 햄버거 가게에서 고기와 양파 굽는 냄새, 포도밭 경운기에 묻은 흙, 바비큐 전문점에서 매캐한 연기를 내며 익어 가는 고기, 퇴비, 건초 등.

랭스태프가 와인을 비롯해서 의뢰받은 제품의 맛을 볼 때, 평가 기준의 80퍼센트는 냄새다. 그러니 맛을 평가한다기보다는 향미를 평가한다는 것이 더 정확한 표현일 것이다. 향미라는 말에는 맛과 향이 모두 들어 있지만 향의 비중이 훨씬 크다. 맛은 혀의 표면에서 느껴지는 감각이다. 사람의 혀는 다섯 가지 맛을 구분한다. 바로 단맛, 쓴맛, 짠맛, 신맛, 감칠맛, 즉 수프 맛이다. 반면에 사람의 코가 감지하는 냄새는 수백만 가지가 넘는다. 먹는 행위에서 감각이 동원되는 부분 중 80~90퍼센트는 후각의 몫이다. 이러한 이유에서 랭스태프는 만에 하나 혀가 잘려 나간다고 해도 여전히 이 일을 하면서 먹고살 수 있을 거라고 말한다.

말하자면 그녀는 후각에만 의존하는 범죄 수사관이라고 할 수 있다. "사람들이 내게 와서 묻습니다. 와인에서 악취가 나는데, 왜 그런 거냐고요." 그녀는 냄새를 읽을 수 있다. 이 악취, 즉 식품업계에서 통용되는 전문용어로 '이취異臭'는 뭔가 잘못됐다는 힌트다. 가령 올리브유에서 지푸라기나 건초 냄새가 난다면 말린 올리브에 문제가 있다는 뜻이다. 맥주에서 병원 냄새가 난다면 양조 장비를 세척할 때 사용한 염소 소독약이 남았기 때문이다. 와인에서 가죽 냄새나 말의 땀 냄새가 난다면 효모인 브레타노마이세스Brettanomyces가 상했다고 보면 된다.

이렇듯 코는 살아 있는 가스 화학 분석기다. 음식을 씹거나 와인을 입안에 머금으면 향내 나는 가스가 나온다. 이때 숨을 내쉬면 이 가스가 입안에서 시작되는 안쪽 콧구멍2을 따라 올라간다. 그러고는 비강 천장에 몰려 있는 후각 수용체를 자극한다. 그러면 정보가 뇌에 전달되고 뇌는 이 냄새의 정체가 무엇인지 검색하기 시작한다.3 전문가의 코는 보통 사람의 코보다 음식이나 음료의 향에 훨씬 더 예민하다. 그뿐만 아니라 여러 가지 냄새를 구분하는 능력도 더 뛰어나다.

한 가지 예로, 랭스태프와 나는 스컹크 냄새4가 약하게 나는 한 선술집에서 진한 흑맥주로 실험을 한 적이 있다. 그녀라면 한 잔으로도 충분했겠지만, 우리는 확실히 하기 위해 넉 잔을 주문했다. 과연 그녀는 맥주에서 건체리와 당밀 향이 난다고 말했다.

랭스태프는 수다와는 거리가 먼 사람이다. 늘 가라앉은 목소리로 천천히 말한다. 강약의 변화도, 높낮이의 차이도 거의 없다. 그녀는 질문할 때도 말

....

2 콧구멍을 뜻하는 의학 용어를 찾으려고 인터넷을 검색했더니 이런 것이 나왔다. "비강 세척기 네이절 네어스Nasal Nares 세일 중! 아마존 프라임에서 구매하시면 익일 배송이 무료!" 아무래도 아마존은 전 세계 시장을 접수할 모양이다.

3 이렇게 안쪽 통로로 냄새를 맡는 것을 비후방鼻後方 후각이라고 한다. 한편 사람들이 흔히 그러듯이 겉으로 드러난 콧구멍으로 냄새를 맡는 것은 비전방鼻前方 후각이라고 한다.

4 스컹크 냄새는 맥주용 이취 감별표 상으로 썩은 달걀 냄새와 옥수수 통조림 냄새 사이에 있다. 랭스태프는 맥주용 말고도 와인용과 올리브유용 이취 감별표도 개발했다. 주변에 진짜 스컹크가 없는데도 스컹크 냄새가 난다면 산화된 맥주를 의심할 수 있다. 맥주를 흘리거나 남은 맥주를 뚜껑을 연 채 방치하면 맥주에 공기가 닿으면서 비슷한 냄새를 내기 때문이다.

꼬리를 내린다. "너는 뭐 마실래." 이런 식이다. 하지만 코를 맥주잔에 갖다 대면 완전히 다른 사람으로 돌변한다. 전원 스위치를 켠 듯 허리가 곧게 펴지고 말도 빨라진다. "모닥불 냄새도 나네. 탄 나무, 숯 냄새가 나. 삼나무 같기도 하고. 시가, 담배 냄새가 나. 뭔가 진한 것. 재킷이 불에 탈 때 나는 연기의 향도 있어." 그런 다음 한 모금 맛본다. "입안에서는 초콜릿 맛이 나는데. 캐러멜, 카카오 씨 잎도 느껴지고."

나도 따라서 냄새를 맡고 한 모금 마신다. 똑같이 입안에 머금고 한 바퀴 굴려 본다. 하지만 아무 생각도 나지 않는다. 뭔가 진하고 복잡하다는 느낌은 들지만 정확히 무엇 때문인지는 잘 모르겠다. 나는 왜 그녀처럼 하지 못하는 걸까? 적절한 단어로 표현하는 것이 왜 이렇게 어려울까? 이는 냄새를 맡는 것이 다른 감각과 달리 무의식적인 행동이기 때문이다. 보통 후각 자극은 곧바로 대뇌의 감정과 기억 중추를 자극한다. 랭스태프 역시 냄새를 맡았을 때 처음으로 느낀 것은 단어가 아닌 색깔이나 이미지, 또는 따뜻하거나 차가운 감각일 것이다. 흑맥주에서 불에 타는 재킷이, 진하고 찐득한 인도 맥주에서 크리스마스트리가 연상되듯이.

또 다른 이유는 이것이다. 사람은 후각보다 시각이 더 발달해 시각 자극을 후각 자극보다 10배 더 빠르게 인지한다. 그래서 겉모습과 인간의 선입견을 잘만 이용하면 후각을 쉽게 속일 수 있다. 2001년 프랑스 탈랑스에 위치한 보르도 대학교에서 한 연구 팀이 이에 관한 실험을 시행했다. 와인양조학과 학생 54명이 실험에 참여했는데, 와인 향미 감별표를 이용해 화인의 향미를 평하는 것이 실험의 내용이었다. 이들은 1차로 레드 와인과 화이트 와인을 한 잔씩 맛봤다. 2차 테스트에서도 레드 와인과 화이트 와인이 한 잔씩 나왔다. 그런데 이 레드 와인은 빨간 색소를 타서 색깔만 바꿨을 뿐, 함께 나온 화이트 와인과 똑같은 것이었다. 이때 와인 향미를 변화시키지 않는 색소를 이용한 것은 당연하다. 결과는 어땠을까. 학생들은 빨간색 화이트 와인에 대해 1차 테스트에서 나왔던 레드 와인과 비슷한 평을 했다. 시각 정보에 압도된 나머지 무의식적으로 후각 정보를 과소평가한 것이다. 이들은 자신이 맛본 것이 레드 와인이라고 굳게 믿었다.

후각 정보를 말로 표현하는 것은 자연스러운 인간 행동이 아니다. 우리는 말을 배울 때, 눈에 보이는 사물의 이름부터 시작한다. 모넬 화학감각연구소의 생물심리학자 요한 룬드스트룀Johan Lundström은 이렇게 지적했다. "아기가 램프를 가리키면 엄마는 '그래, 그게 램프야'라고 말합니다. 하지만 아기가 어떤 냄새를 맡을 때 엄마는 아무런 설명도 해주지 않습니다." 이렇듯 우리 인간은 시각 정보로 의사소통을 한다. 그래서 랭스태프와 같은 특별한 경우를 제외하고는 그 누구도 "소시지 삶는 냄새가 나는 곳에서 좌회전해"라고 말하지 않는다.

어느 날 점심 식사를 함께 하면서 랭스태프가 말했다. "우리 사회에서는 색깔을 구분할 줄 아는 것이 무엇보다 중요해." 우리는 초록색과 빨간색의 차이를 반드시 알아야 한다. 쓴맛과 신맛, 스컹크 냄새와 효모 냄새, 타르 냄새와 탄내를 구분하지는 못해도 말이다. "스컹크 냄새와 효모 냄새 따위를 누가 신경이나 쓰나. 둘 다 끔찍하기는 마찬가진데. 상대가 양조업자라면 얘기가 달라지겠지만." 맥주나 포도주를 만드는 사람들은 꾸준한 훈련과 연습을 통해 후각을 단련한다. 만든 시기와 재료가 다른 제품들을 앞에 놓고 냄새를 맡아 비교해 보면서 향미를 말로 표현하는 방법을 익히는 것이다. 랭스태프는 이 훈련을 오케스트라의 연주를 듣는 것에 비유했다. 처음에는 모든 소리가 한꺼번에 들리지만 차차 소리 다발의 줄기가 갈라지듯이 음색에 따

라 바순, 오보에, 현악기가 따로따로 들린다는 것이다.[5]

그런데 음악계에 신동이 많듯이 예민한 미각을 타고나는 사람도 있는 것 같다. 어쩌면 이들은 후각 수용체를 남들보다 많이 가지고 있거나 뇌 구조 자체가 다른지도 모른다. 랭스태프는 어릴 때 가죽 제품 냄새 맡는 것을 좋아했다고 한다. "지갑이든, 가방이든, 신발이든 죽고 못 살았지. 난 참 이상한 아이였어." 나는 아무 생각 없이 마침 테이블 위에 놓여 있던 지갑을 집어들어 그녀의 코에 갖다 댔다. 사실 나는 그녀가 킁킁거리는 소리를 듣지 못했지만 그녀는 "그래, 좋네"라고 말했다. 하긴, 나 같은 사람이 한두 명 아닐 테니 일일이 대꾸하기도 귀찮았을 것이다.

랭스태프는 유전적 차이도 있겠지만 훈련을 하지 않으면 이 일을 하지 못한다고 말한다. 아마추어와 초보자는 기본 천연향이 들어 있는 조그만 시료병 여러 개로 구성된 르네뒤뱅 같은 키트로 연습할 수 있다.

여기서 잠깐 짚고 넘어갈 것이 있다. 자연에 존재하는 모든 냄새와 향은 기본적으로 화학 물질이다. 음식도 마찬가지다. 숙성했든 설익었든, 가공했든 가공하지 않았든, 동물성이든 식물성이든, 모든 유기물은 화학 물질이다. 방금 딴 파인애플의 향을 내는 주인공은 에틸 3-메틸티오-프로판산염 ethyl 3-methylthio-propanoate이라는 분자다. 갓 썬 오이의 상큼한 향은 2E,6Z-논

----

5 2010년 발명가 조지 이펜George Eapen과 제과 기업 프리토레이는 이 오케스트라 은유를 직역해서 기발한 과자 포장 시스템을 개발하고 특허를 출원했다. 과자 포장에 인쇄된 바코드를 찍으면 15초짜리 교향곡 곡조를 다운로드받아 들을 수 있는 방식이다. 여기서 핵심은 제품의 맛을 서로 다른 악기로 표현했다는 것이다. 특허장에는 살사 맛 옥수수칩을 예로 들어 이렇게 적혀 있다. "처음에는 피아노 선율로 시작한다. 이것은 입안에 넣자마자 느껴지는 고수 향을 표현한 것이다…… 꽈리와 라임 향이 날 때쯤에는 모든 관악기가 앞으로 나선다…… 두 번째 멜로디는 멕시코 고추의 매운맛 때문에 입안에서 불이 나는 느낌에 해당한다." 재미있게도, 이 악보 또한 미국특허 제7,942,311호의 일부다.

아디에날$^{2E,6Z-Nonadienal}$이 내는 것이다. 잘 익은 서양 배에서 진동하는 향은 알킬-2E,4Z-2,4-데카디에노산염$^{alkyl-2E,4Z-2,4-decadienoate}$에서 나온다.

랭스태프는 앞에 놓인 맥주 넉 잔 중에서 딸기 향이 나는 맥주를 가장 맘에 들어했다. 가장 가볍다는 이유에서다. 내 입맛에는 IPA가 가장 잘 맞았지만 그녀는 IPA는 잠깐 쉬면서 목을 축일 만한 맥주가 아니라고 했다. 음식에 곁들여야 어울리는 맛이라면서.

그녀는 맥주업계에서 20년 넘게 베테랑 시음 전문가로 이름을 날리고 있다. 미국맥주대축제에도 심사위원으로 두 차례나 참가했다. 나는 그녀에게 물었다. IPA와 버드와이저 중 뭘 고르겠느냐고.

"당연히 버드와이저지."

"말도 안 돼."

"뭐가 어때서? 다들 버드와이저를 무시하는데, 사실은 이렇게 잘 만든 맥주도 없어. 깔끔하고 상쾌하잖아." 그녀가 이렇게 발끈하는 것은 실로 오랜만이었다. 그러고는 IPA를 가리키며 말했다. "정원 잔디를 깎다가 갈증이 나서 목을 축이려고 부엌에 들어왔을 때, 이걸 집어 드는 사람은 한 명도 없을걸."

랭스태프는 맥주 향미 감별표에서 버드와이저를 설명하는 단어를 단 두 개만 꼽았다. 바로 맥아 향과 맥아즙 향이다. 그녀는 복잡한 맛이 난다고 해서 무조건 고급술은 아니라고 경고한다. "와인 병이나 와인 잡지를 보면 구구절절 장황하게 설명을 늘어놓잖아? 그건 대부분 시음 전문가가 객관적으로 평가한 내용이 아니야. 다 상술이라고."

맛이란 것은 개인의 기호와 마찬가지로 지극히 주관적인 지표다. 한때 반짝했다가 사라지는 유행 같은 것이기도 하다. 맛을 느끼는 도구는 입과 코지만, 인간의 가치관도 미각에 적지 않은 영향을 미친다. 심지어 전문가들이 '이취'라고 입을 모은 냄새가 하루아침에 최고급 향으로 주목받기도 한다. 실제로 캘리포니아 주 북부에서 그런 일이 있었다. 어느 소규모 양조장에서 악취를 내기로 유명한 박테리아 균주를 맥주에 일부러 넣어 상하기 직전 상태의 맛을 냈는데, 이것이 의외로 큰 성공을 거뒀다.

본래 사람의 입맛은 어떤 음식에나 쉽게 길들여지기 마련이다. 자연스럽게 접하든, 최신 유행을 따라가려 노력하다 접하든, 자주 접하기만 하면 이내 익숙해진다. 그런데 나는 림버거 치즈나 시체 썩은 냄새가 나는 과일 두리안에 열광하는 사람도 있으니 끔찍하게 시큼한 맥주가 유행한다고 해서 이상할 것은 없다. 물론 아무리 좋게 봐주려고 해도 절대로 용인할 수 없는 경우도 있다. 가령 올리브유를 찌꺼기를 걷어 내지 않은 채 너무 오래 보관하면 올리브유용 이취 감별표에서 '아기 기저귀, 퇴비, 토사물, 상한 훈제 햄, 하수구 쓰레기, 돼지 축사의 배설물 웅덩이'라고 묘사한 맛이 난다.

보통 사람들은 향미로 품질을 가늠하지 못하기 때문에, 가격을 기준으로 삼는 경우가 많다. 그런데 이것은 큰 실수다. 와인 전문가로서 20년의 경력을 자랑하는 랭스태프는 대부분의 50달러짜리 와인이 30달러짜리 와인과 다른 점은 광고를 한다는 것뿐이라고 설명한다. "50달러짜리 와인을 만드는 와이너리나 10달러짜리 와인을 만드는 와이너리나 똑같은 문제를 겪지. 값이 싸다고 해서 저질 와인이라고 말할 수는 없는 거야." 실제로 와인의 라벨을 가리고 테스트하면 소비자 선호도가 가격에 전혀 비례하지 않는다는 사실을 알 수 있다. 와인 전문 웹진 『Through the Bunghole』의 창간 멤버이기도 한 유명한 와인 품평가 폴 와그너Paul Wagner는 매년 나파밸리 대학에서 와인 마케팅 수업 시간에 재미있는 게임을 진행한다. 이 수업을 듣는 학생들은 대부분 이 바닥에 발을 들인 지 몇 년씩 된 경력자다. 학생들은 갈색 종이봉투로 싸서 라벨을 가린 와인 여섯 가지를 맛보고 순위를 매겨야 한다. 모두 와그너가 개인적으로 즐겨 마시는 것들이다. 이 중에서 적어도 한 가지는 10달러도 안 하고 두 가지는 50달러가 넘는다. "18년 동안 똑같은 실험을 해왔지만 매번 제일 싼 와인이 가장 높은 점수를 받아요. 가장 비싼 두 가지는 늘 꼴찌를 면치 못하고요." 2011년에 영예의 1위를 차지한 와인은 갈로 카베르네Gallo cabernet였고, 대미를 장식한 것은 소매가 60~70달러 정도에 거래되는 샤토 그뤼오 라로즈Chateau Gruaud Larose였다.

비양심적인 업자들은 이 점을 영리하게 이용한다. 중국의 수많은 벼락부자들은 속아서 산 가짜 보르도 와인을 마시며 한껏 폼을 잡는다. 올리브유도 마찬가지다. 랭스태프의 표현을 빌리면, 미국은 질 나쁜 올리브유의 하치장이라고 한다. 미국 사람들이 올리브유를 보는 안목이 없다는 건 유럽 사람들에게 공공연한 비밀이다. 결국 이 오명을 바로잡기 위해 캘리포니아 대학교 데이비스 캠퍼스에 자리 잡은 로버트 몬다비 와인식품연구소에 최근 올리브센터가 신설되었다.

이곳에서는 올리브유에 대한 인식을 바꾸기 위해 일반 소비자를 대상으로 시음회를 연다. 업계 관계자나 전문가가 아닌 일반인에게 체험 기회를 주는 것이다. 이 행사를 정확히 누가 시작했는지는 아무도 모르지만 마케팅 천재였음이 틀림없다. 와인 시음회는 수많은 와인 애호가와 와인 수집가를 양산하고 와인 관광 상품, 와인 잡지, 와인 경연대회 열풍을 불러일으켰다. 모두 합치면 수십억 달러의 부가가치가 있는 대규모 사업이다. 와인 중독자를 양산한다는 부작용도 있긴 하지만 말이다. 올리브 나무는 포도나무와 똑같은 기후와 토양 조건에서 잘 자란다. 그러니 나파밸리 인근의 올리브유 생산업자들이 모여 "있잖아, 우리도 저렇게 한번 해볼까?"라며 충분히 기대를 걸어 봄 직한 일이었다.

올리브센터는 시음회를 여는 데서 그치지 않고 전문 올리브유 품평단을 조직하기로 했다. 그리고 이들을 훈련하는 중책을 랭스태프에게 맡겼다. 보통 먹을거리를 평하는 이런 조직은 업계 전문가들로 구성되기 마련이다. 그런데 랭스태프는 생초보자에게도 문을 활짝 열어 주었다. 백지 상태일 때 제대로 가르치기가 더 쉽다는 단순한 이유에서였다. 올리브센터는 인터넷에도 모집 공고를 내는데 전국에서 각양각색의 지원자들이 몰려든다. 늘 그렇듯이, 그중에 생초보자가 적어도 한 명은 있기 마련이다.

거창한 이름과 달리 올리브센터의 실체는 초라하기 그지없다. 방 한 칸짜리 사무실이 전부인 데다가 방문객 등록을 하려면 와인식품연구소 감각연구동 1층에서 안내 요원에게 문의해야 한다. 사무실에 들어가면 올리브유 병과 올리브 통조림이 캐비닛 위에 진열되어 있다. 벽면마다 그런 식이다. 훈련 프로그램 지원자들을 모두 앉혀 둘 공간이 없어서 대강당 옆에 딸린 강의실을 빌려 쓴다. 이 대강당은 실버라도 포도원Silverado Vineyards이 기부한 후원금으로 건립되어 실버라도 포도원 대강당이라는 이름이 붙었는데, 각 좌석 뒷면에는 후원자들의 이름이 새겨진 작은 동판이 부착되어 있다.

이 강의실 문을 열고 랭스태프가 노쇠처럼 낑낑대며 들어선다. 어깨에는 큰 가방을 세 개나 메고 끌고 온 수레에도 오일 병이며, 노트북 컴퓨터, 물병, 겹겹이 쌓아 올린 컵이 한가득이다. 그녀는 짙은 갈색 작업복 바지를 입고 검은색 스포츠 샌들을 신고 있다. 셔츠는 소매가 짧은 하와이 스타일이지만 야자수 무늬는 없다. 그녀는 출석을 부른다. 총 20명이다. 이 중에서 12명만이 1차 시험을 통과하고, 다시 6명만이 정식 견습생 자격을 얻을 것이다.

랭스태프는 앞으로 지켜야 할 기본 규칙부터 설명한다. 결석 금지, 지각 금지, 내숭 금지. "여러분은 온갖 끔찍한 올리브유를 평가하는 일을 할 사람들입니다. 맛이 아무리 거지 같아도 직접 혀를 대봐야 합니다.[6] 다 과학의 발전과 올리브유의 품질 개선을 위해 필요한 일입니다. 우리는 생산자들에게 이 올리브유에는 이런 장단점이 있다고 말해 주어야 합니다. 올리브를 더 세심하게 관리하거나 다른 시기에 재배하면 다음번엔 더 나아질 거라고 구체적인 방향을 제시하는 겁니다." 그런데 이 일에 보수는 없다. 지원자들은 수업을 들으러 올 때마다 주차비 7달러도 스스로 부담해야 한다. 선배들은 상황이 더 열악해 올리브유 향미 감별표도 빌려서 썼다고 한다.

"도저히 못하겠다는 사람도 있을 겁니다. 겁나면 언제든 짐을 챙겨서 돌아가도 괜찮아요." 하지만 아무도 자리에서 움직이지 않는다. 심지어 눈 한 번 깜빡이는 사람도 없다.

"좋습니다. 이제 올리세요." 랭스태프의 한마디가 떨어지자 조교들이 마치 게임쇼 도우미처럼 강의실을 돌아다니며 이동식 칸막이를 올린다. 긴 책

---

6 거지 같기만 하면 다행이다. 그보다 끔찍한 경우도 많다. 1984년에 펜실베이니아 주에서 한 연구 팀이 산양유 품평단을 모집했다. 가끔씩 산양유에서 역겨운 '염소 맛'이 나는데 그 근원이 무엇인지 밝혀내기 위해서였다. 가장 유력한 용의자는 발정 난 수컷의 향선(香腺)에서 나는 고약한 냄새였다. 하지만 다른 부분도 의심이 갔다. 발정 난 수컷은 자신의 턱과 목 부분에 오줌을 갈기곤 하기 때문이다. 연구 팀은 수컷의 오줌과 향선에서 톡 쏘는 향의 성분 다섯 가지를 추출했다. 그러고는 깨끗하고 달콤한 산양유 시료에 추출물 한 가지씩을 첨가했다. 품평단은 각 시료를 맛보고 '염소 맛이 난다', '산패한 느낌이 난다', '머스크멜론 향이 난다' 등으로 평가했다. 하지만 어느 하나 속 시원한 답변은 없었다. 연구 팀은 이런 결론을 내렸다. "면밀히 조사했지만, 이 '염소 맛'의 정체가 무엇인지는 이번 연구만으로 단언할 수 있는 사안이 아니다."

상을 일정한 간격으로 가림으로써 시음할 때 옆 사람의 얼굴 표정을 볼 수 없게 하기 위해서다.

이어서 조교들이 우리에게 플라스틱 쟁반을 가져다준다. 쟁반에는 뚜껑 덮인 작은 컵이 8개씩 놓여 있다. 첫 번째 테스트가 시작된 것이다. 각 컵에는 향이 나는 액체가 담겨 있다. 살짝 흔들어 냄새를 맡고 이 냄새의 정체가 무엇인지 맞히면 된다. 몇 가지는 비교적 쉽다. 아몬드 추출액, 식초, 올리브유다. 살구는 2분 동안 고민하고 나서야 생각이 난다. 하지만 나머지는 몇 번이나 킁킁대며 냄새를 맡아도 도저히 감이 잡히지 않는다.『케미컬 센스 *Chemical Senses*』라는 학술지에 실린 한 논문을 보면 보통 사람은 1.6초 동안 두 컵 분량의 공기를 코로 빨아들인다고 한다. 나는 그 두 배로 힘을 주어 숨을 깊이 들이쉬지만 소용이 없다. 영어를 한마디도 못하는 외국인과 대화를 나누겠다고 고래고래 소리 지르며 헛고생하는 기분이다. 나중에 알고 보니 하나는 올리브를 절일 때 쓰는 소금물이었다. 지원자의 대다수가 관련 종사자라 그런지 20명 중 무려 13명이나 정답을 맞힌다.

다음은 삼각형 테스트다. 올리브유 시료 세 개 중 두 개는 같은 것이고 나머지 한 개는 다른 종류다. 이것을 골라내면 된다. 시료 옆에는 입안을 헹굴 물과 시료를 머금었다가 뱉을 컵이 있다. 광란의 뒤풀이 후 주말 아침에 동아리방 여기저기 굴러다니던 것과 똑같은 종류의 빨간색 플라스틱 컵이다. 하지만 지금 내 눈 앞에 놓인 이 빨간색 컵은 '절대로 마시지 말 것!'이라는 경고 신호를 보내는 것 같다. 랭스태프는 의자에 앉아 태연하게 신문을 읽고 있다.

아무래도 내가 앉은 자리는 터가 안 좋은가 보다. 나는 시료 세 개가 모두 똑같이 느껴진다. 하나같이 방금 깎은 잔디 향이 살짝 나고 후추 맛이 여운으로 남는다. 누군가는 사과 향, 아보카도 향, 멜론 향, 파파야 향, 오래된 과일접시 향, 아몬드 향, 설익은 토마토 향, 아티초크 향, 계피 향, 고양이 오줌 향, 대마 향, 파마잔 치즈 향, 쉰 우유 향, 반창고 향, 으깬 개미 향도 있다는데, 나는 전혀 알 수가 없다. 시간이 지나니 사람들 앞에서 침 뱉는 것도 익숙해진다. 이제는 올리브유를 홍차처럼 마실 수도 있다. 랭스태프는 안경 너머로 나를 한번 흘끗 쳐다본다. 손으로 입술과 턱을 쓱 훔치자 손바닥에 투명하고 미끄덩한 액체가 묻어 나온다.

마지막 과제는 쓴맛 정도가 조금씩 다른 다섯 가지 올리브유를 맛보고 순위를 매기는 것이다. 개인적으로 이것이 제일 어렵다. 다섯 가지 모두 쓴맛이 전혀 느껴지지 않기 때문이다. 주변에서는 모두들 후르륵 쩝쩝 소리를 내고 있다. 몹시 천박해 보이지만 오일에서 향이 최대한 발산되게 하려면 이렇게 마셔야 한다고 한다. 나도 따라서 냠냠거리며 입을 다셔 보지만 별 도움이 되지 않는다. 결국 일찌감치 포기하고 그냥 때려 맞추기로 한다. 사실 얼마 전부터 속이 조금 느글거려 더 이상 마실 수도 없을 것 같다. 올리브유를 이렇게 많이 들이켜 본 적이 한 번도 없으니 몸이 받아 주지 않는 것이다.

랭스태프는 모든 지원자가 테스트를 마치고 돌아간 뒤 마지막 과제에서 높은 점수를 받은 사람의 답안지를 보여 주었다. 이름을 지워서 누구인지는 알 수 없지만 놀랍게도 거의 다 맞힌 사람도 적지 않았다. 20명 중 4명은 첫 번째 테스트에서 7번 시료가 그냥 올리브유가 아니라 산패한 올리브유라는 것까지 정확하게 짚어 냈다. 4명 모두 현역 올리브 전문가였다. 내가 느끼기에는 이 올리브유에서 괜찮은 냄새가 났는데 말이다. 물론 나와 비슷한 수준으로 둔감한 사람도 있었던 것 같다. 답안지에 '잘 구운 빵 한 조각이 생각나는 향입니다'라고 적어 놓은 걸 보면.

그런데 여기서 재미있는 사실 하나를 발견했다. 이른바 올리브 전문가라는 사람들은 하나같이 순위 매기기 시험과 삼각형 시험에서 뛰어난 실력을 보였지만 일상적인 향 앞에서는 코맹맹이가 된 것이다. 올리브유가 산패했다는 사실을 알아낸 한 지원자는 아몬드 추출액을 맞히지 못했다. 그녀는 이 시료에서 '크랜베리, 과일, 달콤한 맛, 알로에주스'가 느껴진다는 엉뚱한 답을 적어 냈다. 영화관에서 팝콘을 튀길 때 사용하는 인공 버터인 다이아세틸diacetyl을 두고는 '감초, 사탕, 풍선껌'이라고 썼다. 올리브와 무관한 냄새는 중요하지 않으므로 기억해 둘 필요가 없었던 것이다. 마침 랭스태프가 예전에 했던 말이 떠오른다. 그녀는 시음 전문가가 되려면 언어를 습득하듯 경험과 연습이 중요하다고 강조했다. 훈련 과정 역시 만만하게 볼 게 아니다. 보통 교육 과정 하나를 이수하려면 60시간을 채워야 한다.

하지만 내가 60시간 동안 강훈련에 시달릴 일은 없어 보인다. 그날 밤 9시경에 다음과 같은 내용의 메일이 도착했기 때문이다. '안녕, 메리. 오늘 시험이 재미있었기를 바라. 안타깝게도 불합격했지만 말이야.'

이처럼 미각과 후각 분석이 큰 비중을 차지하는 분야는 와인과 올리브유 산업에만 국한되지 않는다. 규모가 있는 식음료 제조업계라면 어느 곳에서나 숙련된 시식 전문가가 맹활약한다. 나는 미각과 관련된 논문을 뒤적이던 중에 다양한 향미 감별표를 찾아냈다. 양고기, 딸기 요구르트, 치킨너겟, 한창 숙성 중인 앤초비, 아몬드, 쇠고기, 초콜릿 아이스크림, 연못에서 자란 메기, 오래된 체다 치즈, 쌀, 사과, 호밀빵 등 종류가 엄청나게 많았다. 심지어 누린내용 향미 감별표도 따로 있었다.

이 분야의 전문가들은 문제를 해결할 뿐만 아니라 신제품 개발에도 활발하게 참여한다. 성분 배합을 조금씩 바꿀 때마다 맛이 어떻게 달라지는지 분석해서 지방을 낮추라거나 소금을 더 넣으라는 식으로 조언하는 것이다. 시장조사 전문가와 협업하는 경우도 흔하다. 소비자 품평단이 여러 후보 제품 중 하나를 선호하면, 전문가들은 이 제품의 어떤 특징이 품평단의 마음을 사로잡았는지 찾아낸다. 그러면 식품공학자들이 그 특징을 강조해서 레시피를 손보는 것이다.

이쯤 되면 떠오르는 의문이 하나 있다. 도대체 왜 첨단 실험실 장비들을 놔두고 사람에게 의존하는 걸까? 그것은 기계가 지나치게 예민하기 때문이다. 똑같은 후보 제품을 시험해도 기계는 무려 수십 가지[7]에 달하는 화학 물질을 구분해 낸다. 반면에 사람은 그 수십 가지 중 무엇이 느낌을 달라지게 하며 어떤 걸 무시해도 되는지 알려 준다. 다시 말해, 어떤 성분이 소비자의 입맛과 마음을 움직이는지 알려 주는 것이다. 랜스태프는 이렇게 말한다. "소비자에게 직접 물어보는 건 소용없어. 왜 이게 더 맛있느냐고 물으면 소비자는 '내 취향이니까요'라고 대답하거든." 이로 미루어 짐작하건대 소비자 기준에서 향미 감별표를 만든다면 틀림없이 '맛있음'과 '맛없음' 딱 두 가지만 있는 매우 단순한 형태가 될 것이다.

반면 전문가의 방식은 이와 다르다. 후보 중 전문가의 입맛에 맞는 것이 하나도 없을 수도 있고, 개인적으로 그 음식 자체를 싫어할 가능성도 있다. 실제로 랜스태프도 맥주를 그다지 좋아하지 않는다. 하지만 그녀는 올리브유 품평단 지원자들에게 이렇게 말했다. "여러분이 할 일은 올리브유가 마

---

7 사실은 그보다 훨씬 많다. 가령 『과채류 향미 안내서 *Handbook of Fruit and Vegetable Flavors*』에는 신선한 파인애플의 향을 구성하는 화학 물질 716가지가 4페이지에 걸쳐 표 형식으로 실려 있다.

음에 드는지 안 드는지 따지는 게 아닙니다. 최대한 중립성을 유지하고 분석만 해야 합니다. 〈스타트렉〉의 스팍처럼 말이에요."

캐나다 연구 팀이 고양이 사료 향미 감별표와 시식 지침서를 만드는 데 남녀 실험 대상자 9명을 모집할 수 있었던 것은 다 이런 프로 정신 덕분일 것이다. 사람이 고양이 사료를 먹다니. 게다가 그러고도 당당하다니. 사료의 고깃덩어리 성분—정확한 지침서 용어는 '육즙 겔'이다—을 평가하는 지침서에는 "사료를 입에 넣고 이리저리 옮겨 가며 10~15초 동안 씹고 일부를 삼킨다"라고 되어 있다.

이 작업의 목적은 일종의 신호를 찾는 것이었다. 과묵한 고양이들의 속마음을 해독할 열쇠 말이다. 이론적으로는 사람이 고양이 사료용 향미 감별표를 기준 삼아 신제품 사료 맛을 평가하는 것이 충분히 가능하다. 하지만 이기술은 아직 현실화되지 않았다.

그 이유는 이렇다. 우선 고양이 사료를 맛본다는 것에 강한 거부감을 느낀 사람들이 프로젝트가 끝나기 전에 중도 포기할 가능성이 높다. 게다가 이들에겐 고양이 사료 맛을 설명하는 것뿐만 아니라 호불호 점수를 매기는 것까지 요구되는데, 놀랍게도 지금까지는 평균 점수가 '약간 좋음'과 '좋지도 싫지도 않음' 사이에서 오간다고 한다. 어쨌거나 이 기이한 실험 덕분에 이제 우리는 사람이 산패한 맛, 내장 맛, 시리얼 맛, 탄 맛이 나는 고양이 사료보다는 참치나 허브가 들어간 사료를 좋아한다는 사실을 알게 되었다.

하지만 사람은 사람일 뿐 고양이가 아니다.

②

주인님, 저는
썩은 고기 맛을 먹겠어요

AFB 인터내셔널은 이름이 아리송하고 생김새도 똑같은 건물로 가득한 복합 상업 지구에 위치해 있다. 하지만 누구라도 회의실에 들어서는 순간 AFB가 추구하는 가치를 한눈에 알 수 있을 것이다. 회의실에서는 개 사료 냄새가 진동한다. 통유리로 된 한쪽 벽면을 통해서는 개 사료 공장을 축소해 놓은 듯한 공간에서 실험복과 파란색 신발싸개로 무장한 직원들이 카트를 이리저리 밀고 다니는 모습이 보인다. AFB는 애완동물 사료의 양념 코팅을 개발한다. 그 과정은 이렇다. 우선 아무 양념도 하지 않은 사료를 소량 만들고 거기에 코팅을 입힌다. 그런 다음, 이 양념 사료를 소비자 품평단에게 선보이고 그들의 반응을 관찰한다. 품평단 구성원은 다름 아닌 300여 마리의 개와 고양이다. 이들은 세인트루이스 본사에서 차로 한 시간 정도 거리에 있는 AFB의 식미평가자원센터PARC에서 사육된다.

AFB의 부회장 팻 뮐러Pat Moeller와 나, 그리고 직원 몇 명은 타원형 탁자에 둘러앉았다. 뮐러는 호감 가는 외모에 솔직담백한 성격을 가진 중년의 신사다. 그는 입이 작은 편이고 선홍색 입술의 양쪽 꼬리가 살짝 올라가 있다. 하지만 부드러운 이미지를 풍기는 외모라고는 볼 수 없다. 뮐러는 한때 NASA의 고문으로 일했는데 여전히 그때의 위엄 있는 분위기를 풍긴다. 그가 말하길, 애완동물 사료 전문가로서 최대 고민거리는 동물이 원하는 바와 그 주인이 원하는 바 사이에서 균형점을 찾는 것이라고 한다. 보통은 서로 상충되기 때문이다.

주성분이 말린 곡물인 애완동물의 사료는 제2차 세계 대전 때 인기를 얻기 시작했다. 통조림 배급제가 실시되면서 말고기로 만든 개 사료[1]를 포함해 각종 통조림 생산이 중단되었기 때문이다. 당사자인 동물의 반응이 어떻든 간에, 주인들은 반색을 했다. 말린 곡물 사료는 냄새도 덜 나고 편리하면서 깔끔했기 때문이다. 지난날 이 신선한 고양이 사료에 크게 만족했던 한 소비자는 이것이 작은 비스킷 형태라서 휴대하기도 간편하고 부스러기를 치우기도 쉽다고 극찬했다.

애완동물 사료 제조업계는 동물성 지방에 콩과 밀알을 섞고 비타민과 무기질을 첨가한다. 영양소를 알차게 공급하면서도 가격, 휴대성, 청결함 면에서 주인들이 기대하는 만큼 저렴하고 깔끔한 제품을 만들기 위해서다. 그러면 보기만 해도 입맛이 뚝 떨어지게 생긴 딱딱한 알갱이가 나온다. 뮐러는 고양이와 개는 원래 곡물을 좋아하지 않는다고 말한다. "이 친구들이 영양소를 충분히 섭취할 수 있도록 입맛을 끌어당길 방법을 찾는 것이 우리가 하는 일입니다."

---

1 당시 미국에서는 자동차가 모든 교통수단을 대체하면서 사람들은 쓸모없게 된 말을 식용으로 팔아 치우기 시작했다.

이 대목에서 이른바 '식미 증진제'가 해결사로 등장한다. 이것은 분말 형태의 양념인데, 먹기 편한 형태로 찍어 낸 사료에 이 분말을 코팅으로 입히면 된다. 뮐러는 AFB로 오기 전 프리토레이에서 일했다. 거기서 그가 하던 일은, 아니나 다를까 밍밍한 과자에 입힐 양념 코팅 분말을 개발하는 것이었다. "거기서나 여기서나 일이 돌아가는 것은 똑같습니다." 양념 코팅을 입히지 않은 치토스는 아무 맛도 나지 않는다.[2] 이처럼 사람들이 먹는 가공식품은 기본적으로 소스가 식미 증진제 역할을 한다. 전자레인지에 데워 먹는 닭고기 요리도 소스를 뿌리지 않으면 아무 맛이 나지 않는다. 여기에 소스를 더해야 비로소 식품 회사가 의도한 맛이 나는 것이다. 이제야 뮐러의 설명이 완벽하게 이해된다. "기본 재료에 소스만 달리해서 덧붙이면 방대한 제품군이 탄생합니다."

애완동물용 사료 역시 다양한 맛으로 출시된다. 그런데 이것은 우리 인간의 희망사항[3]을 따른 것이다. 내가 좋아하는 것을 내 애완동물도 좋아할 거라고 생각하기 때문이다. 하지만 이것은 큰 착각이다. 뮐러의 설명에 따르면, 동물들은 단조로움보다 변화를 더 못 견뎌 하며, 고양이가 특히 심하다.

내 맞은편에 앉은 AFB의 기초연구부서 책임자 낸시 로손Nancy Rawson은 동물의 미각과 후각에 관해 누구보다 잘 아는 전문가다. 그녀는 고양이가 고집스러운 입맛의 소유자라고 말한다. 한 종류의 음식만 줄기차게 먹는다는 것이다. 야생 고양이는 쥐를 잡아먹든지 새를 잡아먹든지 둘 중 하나라

---

2 뮐러는 맹맹한 치토스를 감미료를 넣지 않은 옥수수 뻥튀기에 비유했다.

3 혹은 우리 인간의 착각이라고 말할 수도 있을 것이다. 사실 보통 사람이 평소에 자주 먹는 음식의 종류는 30여 가지뿐이라고 한다. 이것을 직접 조사한 워싱턴 대학교 비만연구센터의 애덤 드레브노프스키Adam Drewnowski는 이렇게 말했다. "엄청 적죠." 대부분의 경우 각자 목록에 있는 음식을 한 번씩 다 먹어 본다면 나흘밖에 걸리지 않는다.

고 한다. 하지만 시중에 나온 제품의 종류가 너무 많다고 걱정할 것은 없다. 고양이 사료 중에서 참치 맛 제품과 닭고기 맛 제품의 차이는 이름과 포장지 그림뿐이니. 어육과 계육의 비율 차이일 뿐, 둘 다 들어 있는 것은 마찬가지라는 것이 뮐러의 설명이다. 그러니 냄새도 비슷할 수밖에.

그런데도 미국 사람들이 자신의 음식 기호와 편견을 애완동물에게 얼마나 강요하는지 최근 세태를 보면 입이 떡 벌어질 정도다. 몇몇 사료 생산업체는 얼마 전부터 100퍼센트 채식 사료를 판매하기 시작했다. 문제는 고양이가 완전 육식동물이라는 것이다. 야생 상태에서 고양이는 풀뿌리를 입에 대지도 않는다.

이 부분에서 뮐러는 눈썹을 살짝 치켜 올리며 고개를 기우뚱한다. '뭐든지 고객이 원한다면야' 라는 표정이다.

낸시 로손은 고양이를 채소밭 밥상으로 유인하는 요령을 잘 알고 있다. 비결은 바로 파이로인산염pyrophosphate이다. 파이로인산염은 이른바 고양이 마약이라는 별칭으로 불린다. 코팅 분말에 이 물질을 조금 섞으면 사료의 모든 미각적 단점을 덮을 수 있다. 로손은 사무실에 이 물질 세 가지를 견본으로 진열해 놓았다. 그중 하나는 AFB가 특허를 보유한 나트륨산 파이로인산염sodium acid pyrophosphate, 즉 SAPP다. 흔한 갈색 유리병에 담겨 내용물을 볼 수 없으니 막연한 경계심만 들 뿐, 다른 특별한 점은 없다. 내가 맛을 봐도 되느냐고 물었더니, 이 말 한 마디에 그녀가 나를 좋게 본 듯했다. 의아하게도 AFB 직원 중 이 물질의 맛을 직접 본 사람은 거의 없다고 한다. 그녀는 이 점을 이상하게 생각했다. 나도 마찬가지다. 그런데 생각해 보면 오히려 그들이 우리 둘을 이상하다고 볼 것 같기도 하다.

오늘 로손은 꽃무늬가 화려한 치마에 가벼운 자주색 스웨터를 입고 굽이 낮은 갈색 부츠를 신었다. 키가 크고 늘씬한 그녀는 다부지지만 우아한 광대와 턱선을 가지고 있다. 모델이 되었어도 손색없을 미모다. 한창때는 실제로 그런 소리를 많이 들었을 것 같다. 하지만 지금의 그녀는 똑똑하고 열정적인 연구원이다. 애완동물 사료를 만드는 데 뭐 그렇게까지 열심일까 싶을 정도로. 그녀는 AFB로 오기 전 캠벨 수프사에서 영양학자로 일했고, 그전에는 모넬 화학감각연구소에서 동물의 미각과 후각에 관한 연구를 했다고 한다.

로손은 병뚜껑을 비틀어 열고 플라스틱 컵에 투명한 액체를 조금 따른다. 동물 사료용 식미 증진제는 대부분 분말 형태지만, 맛을 음미하기에는 액체 형태가 더 편하다. 맛이 느껴지려면 일단 음식의 분자가 액체에 녹아야 하기 때문이다. 그러면 이 액체가 혀의 미세한 돌기들 사이사이로 흘러들어 수많은 미각 수용체 세포의 머리, 즉 '미뢰'에 부딪히는 것이다. 음식을 먹을 때 침이 흥건하게 나오는 것도 같은 이유다. 도넛을 커피나 우유에 찍어 먹는 것이 더 맛있게 느껴지는 것도 마찬가지다.

엄밀히 말하면 미각이란 화학물질이 닿을 때 느껴지는 촉각이다. 그러니 미각 세포가 특별히 분화된 피부 세포라는 사실이 충분히 수긍된다. 인간은 음식을 집어서 입에 넣어 줄 손을 가지고 있으므로 미각 세포가 혀에 존재하는 것이 맞다. 하지만 동물은 사정이 다르다. 가령 파리는 미각 세포가 발바닥에 있는 편이 훨씬 낫다. "파리는 내려앉아 발밑의 물질을 맛보고 '으음, 설탕이군!'이라고 아는 겁니다. 그러면 자동적으로 주둥이가 쭉 나와서 설탕물을 빨아들이죠." 로손의 동료 한 명은 가재와 바다가재를 연구한다고 한다. 모두 더듬이로 맛을 감지하는 바다 생물이다. "바다가재로 연구하는 친구들이 부러워요. 더듬이만 연구에 사용하고 몸통은 저녁 식사로 먹을 수 있잖아요."

하지만 미각 연구에 주로 사용되는 동물은 메기다.[4] 수용체가 월등히 많다는 이유에서다. 메기는 온몸이 미각 수용체로 덮여 있다. 로손은 메기를 헤엄치는 혀에 비유한다. 팔다리가 없는 생물이 온몸으로 강바닥을 쓸고 다니며 먹을거리를 찾다니, 진화의 섭리에 절로 감탄이 나온다.

만약 사람도 음식을 피부에 문질러 맛을 느낄 수 있다면 어떨까? 그러면 대화가 이런 식으로 되지 않을까? "이봐, 이 캐러멜 젤라토 한번 문질러 봐. 맛이 끝내줘!" 하지만 로손은 메기는 맛을 볼 때 스스로 의식하지 못한다고 지적한다. 애초에 신경계와 근육이 먹는 데만 집중하도록 발달했다는 것이다. 자신도 모르게 무의식적으로 맛을 본다니 이상하지 않은가? 지금 이 순간, 당신도 그럴지 모른다. 사람의 경우는 위장, 성대, 식도에도 미각 수용체 세포가 존재하지만 뇌와 연결된 것은 혀에 있는 것뿐이기 때문이다. 모넬연구소의 대니엘 리드Danielle Reed는 이렇게 설명한다. "만약 모든 미각 수용체가 뇌에 연결되어 있다면 담즙이나 췌장 효소 같은 것들의 맛도 느껴야 했을 겁니다. 그렇지 않은 것이 천만다행이죠." 그런데도 이곳에 미각 수용체가 존재하는 이유는 소금이나 설탕 등의 분자가 체내에 들어오면 호르몬 반응을 일으키고, 위험 물질이 들어오면 토하거나 설사와 같은 방어 기전을 발동하기 위해서라고 추측된다.

사람들은 음식의 맛을 보는 것을 사치와 향락의 상징으로 취급한다. 하

---

4 이제야 1980년대 모넬 화학감각연구소에서 왜 그렇게 늪지대 냄새가 진동했는지 알 것 같다. 지하실에 거대한 메기 연못이 있었던 것이다.

지만 동물의 왕국에서나 선사시대 인류 조상들 사이에서는 맛을 보는 것이 살아남기 위해 불가피한 행위였다. 냄새와 마찬가지로 맛은 일종의 문지기 역할을 한다. 맛을 살짝 보고 씁쓸하거나 신맛이 나면 유해 물질로, 짭짤하거나 달콤한 맛이 나면 영양소로 분류하는 것이다. 얼마 전 고래 전문 생물학자인 필립 클래펌Phillip Clapham이 나에게 흑백사진 한 장을 보내 주었다. 문지기가 없는 생명체인 향유고래의 종말을 보여 주는 사진이었다. 향유고래는 먹이를 통째로 삼키는 동물인데, 사진에는 향유고래의 배 속에서 나온 스물다섯 가지의 잡동사니가 실려 있었다. 물주전자, 컵, 치약통, 거름망, 쓰레기통, 신발 한 짝, 작은 조각상 등. 마치 요나가 고래 배 속을 한바탕 대청소해서 나온 전리품 같았다.

잡담은 여기까지 하고 파이로인산염이 어떻게 되었는지 알아보자. 컵에 코를 갖다 대도 아무런 냄새가 나지 않았다. 혀로 살짝 찍어서 맛을 보았지만 밍밍했다. 그냥 조금 이상한 맹물 같았다. 나쁘다는 게 아니라, 먹는 것이 아닌 다른 뭔가라는 느낌.

"바로 그 다른 뭔가를 고양이만 감지하는 것 같습니다." 로손의 설명이다. 어쩌면 고기 맛을 구성하는 성분 중 사람이 감지하지 못하는 뭔가가 있는지도 모른다. 어쨌든 고양이가 파이로인산염에 그토록 열광하는 모습을 보면 음식 취향이 독특하다는 것만큼은 분명하다. 리드는 "사람들은 자기 맘대로 사료를 고르고, 애완동물이 싫어하면 그들이 너무 까다롭다고 말하죠."

실제로 고양이에게 파이로인산염이 어떤 맛으로 느껴지는지는 확인할 수도 없고 짐작도 가지 않는다. 고양이가 설탕 맛을 상상할 때도 이와 같을 것이다. 고양이는 개나 다른 잡식동물과 달리 단맛을 느끼지 못한다. 본래 야생에서 고양이는 탄수화물을 섭취할 일이 없었으니 그럴 필요가 없었던 것이다. 추측건대 고양이는 처음부터 단맛을 감지하는 유전자를 가지고 있지 않았거나 진화 과정 어딘가에서 잃어버린 것이 틀림없다.

반면에 설치류는 단것이라면 사족을 못 쓴다. 설탕물을 끊느니 차라리 굶어 죽는다. 1970년대 수행된 한 비만 연구에서는 실험쥐를 두 그룹으로 나누고, 한쪽은 마시멜로, 밀크초콜릿, 초콜릿칩 쿠키 등 먹고 싶은 대로 다 먹도록 놔두는 반면 다른 한쪽은 표준 사료를 먹였더니, 전자의 체중이 후자에 비해 269퍼센트나 증가했다. 또한 어떤 실험쥐 종은 하루 종일 자기 몸무게만큼의 다이어트 콜라를 마시기도 한다. 깔짚에서 지린내가 얼마나 지독하게 날지 상상조차 하기 싫다.

그렇다면 설치류가 단것을 맛보고 행복해하듯이 우리 인간도 그럴까? 아니면 그저 미각 수용체가 신호를 보내면 근육이 움직이는 자동적인 반응에 불과한 걸까? 리드가 나에게 보내 준 동영상을 보면 그 답을 알 수 있다. 설치류는 단맛을 의식적으로 감지하고 음미하는 것으로 보인다. 동영상을 재생하니 흰색 실험쥐가 등장한다. 설탕물을 마시는 모습이 초저속으로 녹화되어 있다. 투명한 플라스틱 바닥 아래에 카메라를 설치해 바로 위를 찍은 것이다. 실험쥐는 입 주변의 털을 혀로 핥는다. 이런 행동을 전문 용어로는 '측방 혀 돌출'이라고 한다. 장면이 바뀌어, 이번에는 방금 전 디나토늄 벤조산염denatonium benzoate을 맛본 실험쥐가 나온다. 디나토늄 벤조산염은 아이들이 손톱을 물어뜯는 버릇을 고칠 때 부모들이 애용하는 물질로, 쓴맛이 나기로 명성이 자자하다. 아니나 다를까, 실험쥐는 이 물질을 닦아 내려고 온갖 수선을 피운다. 머리를 흔들기도 하고, 앞발로 얼굴을 문지르기도 한다. 입을 크게 벌리고 혀로 쓴 음식을 밀어낸다. 사람도 맛없는 음식을 먹으면 이런 행동을 하는데, 이것을 전문 용어로 '혐오 표정'이라고 한다.

리드의 설명에 따르면, 실험쥐는 어떤 맛이 끔찍하게 싫을 때는 무슨 수를 써서라도 닦아 내려고 혀를 깔짚에 대고 문지르기까지 한다. 이런 걸 보면 분명 동물에게도 맛이 중요하긴 한가 보다.

그렇다면 미뢰가 없는 동물은 먹는 즐거움을 느끼지 못하는 걸까? 먹는 것이 그저 생존을 위한 습성일 뿐일까? 비단뱀이 쥐를 잡아먹을 때 사람이라면 맛있는 음식을 먹을 때 밝아지기 마련인 뇌 부위에서 어떤 반응이 일어날까? 리드는 자신도 잘 모르겠다며 이렇게 덧붙였다. "MRI로 살아 있는 비단뱀의 뇌를 찍으려고 시도하는 과학자가 이 세상에 한 명쯤은 있겠죠."

로손은, 뱀은 맛을 느끼지 못하지만 후각이 매우 발달했다는 점을 강조한다. 뱀은 혀를 휘감아 방향성 분자를 모아서 입천장에 있는 보습코기관으로 끌어들여 냄새의 정체를 판독한다. 뱀은 먹잇감이 내는 특유의 체취에 특히 민감하다. 만약 한니발 렉터 스타일로 뱀이 싫어하는 먹잇감에 쥐의 머리를 매달아 나쁜 냄새를 가리면 뱀은 어떻게 해서든 이 먹이를 먹으려고 할 것이다. 몇 년 전 앨라배마 대학교의 뱀 전문가 스티븐 세커Stephen Secor가 비슷한 실험을 한 적이 있다. 방송사 내셔널지오그래픽의 요청으로 실제 장면을 재연하기 위해서였다. 세커의 설명 한마디가 참으로 가관이다. "못 믿으시겠지만 쥐 머리만 달아 놓으면 비단뱀은 맥주병도 삼킵니다."

사람의 경우는 태아가 엄마 배 속에 있을 때 이미 보습코기관을 가지고 있지만 이때부터 냄새를 맡을 수 있는지는 아무도 모른다고 한다. 태아에게 직접 물어볼 수도 없으니 태아나 비단뱀이나 미지의 대상이기는 마찬가지인 셈이다. 현재로서는 사람이 엄마 배 속에 있는 동안에는 이 보습코기관이 코를 대신해 주변 화학 물질을 감지하고 가까이 해야 할 것과 멀리 해야 할 것을 구분했을 거라고 추측할 따름이다.

무슨 맛인지도 모르고 먹는다는 것은 어떤 느낌일까? 로손은 방사선 치료 때문에 미각 세포가 파괴된 암 환자들의 이야기를 들려주었다. 맛을 느끼지 못하면 맛이 없다는 것 이상으로 불쾌한 느낌이 든다는 사실을 처음으로 알게 되었다. 미각 세포가 제구실을 못하면 음식이 마분지처럼 느껴져 목구멍으로 넘어가지 않는다고 한다. 살기 위해서는 뭐라도 먹어야 한다고 아무리 다짐해도 입이 열리지 않는다고. 결국 진짜로 굶어 죽을 수도 있다는 얘기다. 이와 관련해서 한 연구자는 미각을 잃은 사람들에게 강한 냄새를 맡게 하는 실험을 실시하기도 했다. 사실 미각과 후각은 생각보다 훨씬 더 복잡하게 얽혀 있다. 식품공학자들은 이 둘 사이의 상승효과를 종종 활용한다. 단 음식에 많이 사용되는 딸기 향이나 바닐라 향을 첨가해서 실제 당도보다 더 달게 느껴지도록 만드는 식이다. 좀 얍삽하긴 하지만 나쁜 짓이라고 볼 수는 없다. 설탕을 덜 넣어도 된다는 뜻이기 때문이다.

다시 식미 증진제 얘기로 돌아가서, 왜 애완동물 사료에 이 물질이 빠지면 안 되는지 알아보자. AFB의 한 관계자는 사료 제조업체들은 제품 하나를 들고 와서 "여기서 이것, 이것, 이것을 빼고, 티 나지 않게 잘 덮어 주세요"라고 요구하곤 한다고 말했다. 특히 개 사료에 이런 경우가 많다고 하는데, 그 이유는 개가 무엇을 얼마나 잘 먹는지는 사료의 맛보다 냄새에 달려 있다는 데 있다. 팻 뮐러의 설명에 따르면, 냄새와 맛의 비중을 숫자로 표현하면 개 사료의 경우 70대 30, 고양이 사료의 경우 50대 50이라고 한다. 요는 이것이다. 식미 증진제 덕분에 끝내주는 냄새가 나는 사료를 주면 개는 무섭게 달려들어 허겁지겁 먹어 치우고, 이런 반응을 본 개 주인은 이 제품이 맛있는가 보라고 생각한다. 하지만 사실은 냄새만 좋을 것일 수도 있다.

동물의 섭식 행동은 알다가도 모르겠다. 가령 어떤 음식이 맘에 쏙 들 때 그 신호로 개가 보이는 행동 중 하나는 바로 토하는 것이다. 개는 음식 냄새에 광분하면 정신없이 허겁지겁 먹는다. 그러면 위가 터지기 일보 직전처럼 빵빵해져서 반사적으로 음식물이 도로 올라오는 것이다. 주인 입장에서는 이것이 더럽고 역겨울지 모르지만, 애견이 식사에 만족했다는 이보다 확실한 신호는 없다. 물론 애완동물의 사료 선호도를 가늠하는 다른 지표도 있다. 더 깔끔한 것으로 말이다.

"모두가 미우믹스Meow Mix 같은 대박 상품을 만들고 싶어 하죠." PARC의 에이미 매카시Amy McCarthy는 통유리를 통해 사료 선호도 실험이 한창 진행 중인 연구실을 들여다보며 말했다. 도전자는 익명의 시제품이고 상대는 미우믹스, 프리스키즈Friskies, 그리고 양념 코팅을 하지 않은 맹맹한 사료다. 고양이가 어떤 시제품을 미우믹스보다 좋아한다고 말할 수 있으려면 PARC와 같은 전문 기관에서 인증을 받아야 한다.

연구실 안에는 황갈색 수술복을 입은 연구원 두 명이 서로 마주보고 있다. 양손에는 갈색 사료[5]가 담긴 얕은 금속 접시를 하나씩 들고 있다. 발목 언저리에서는 20마리의 고양이가 잰걸음으로 맴돈다. 두 사람은 동시에 한쪽 무릎을 굽혀 접시를 내려놓는다.

바로 이 부분에서 개와 고양이의 차이가 극명하게 드러난다. 개는 접시가 바닥에 닿자마자 달려들어 말 그대로 흡입하기에 바쁘지만, 고양이는 훨씬 더 신중하다. 고양이는 우선 조금 맛을 본다. 매카시는 코팅을 입히지 않은

---

[5] 알록달록한 색깔을 입힌 사료는 1990년대 초에 자취를 감췄다. 로손은 그 경위를 이렇게 설명했다. "고양이가 사료를 토해 내면 파랗고 빨간 색소 때문에 방바닥이 엉망진창되곤 했습니다. 치워야 하는 사람 입장에서는 참 짜증 나는 일이었죠."

사료 접시 쪽을 가리키며 말한다. "보세요. 녀석들이 맛을 음미한 다음 뱉어 내죠?"

나는 바닥을 뒤덮은 고양이 머리들에 시야가 가려 아무것도 보지 못했지만 그냥 고개를 끄덕이며 알아들은 척한다.

"이제 저쪽을 좀 보세요." 그녀는 미우믹스를 가리킨다. 접시는 바닥을 드러내고 있다. 나는 그녀에게 이럴 때 쓰는 특별한 업계 용어[6]가 있는지 물었다.

"음…… '사료 알갱이가 있던 자리'요?" 그녀는 아직 30대지만 목소리가 보통 사람들보다 컸다. 아마도 쉬지 않고 짖어 대는 개들 사이에서 오랜 세월을 지낸 탓이리라. 가운데 가르마를 타서 빗어 넘긴 금발머리가 자꾸만 얼굴 쪽으로 흘러내리는 바람에 그녀는 수시로 양손 둘째손가락으로 머리카락을 귀 뒤로 넘겼다. 이와 반대로 로손은 머리를 아주 짧게 잘랐다. "이게 요정 스타일이래요." 하지만 짐작건대 처음에 그녀가 의도한 모양은 그게 아니었을 것이다. 로손이 이번에 나와 함께 PARC를 방문한 이유는 그녀도 이곳에 와본 적이 없어서였다. 그녀는 이곳에서 선호도 실험을 어떻게 하는지, 기술을 개선할 부분이 있는지 알고 싶다고 했다.

고양이 사료 실험실을 지나 복도를 따라 조금 더 가니 개 사료 실험실이 나온다. 이곳에서는 AFB에서 새로 개발한 식미 증진제 코팅을 입힌 개 사료를 시험하고 있다. 이 시제품의 인기가 얼마나 대단한지 개가 짖는 소리만 들어도 충분히 짐작하고 남을 정도다. 한 녀석은 농구 코트에 운동화가 닿을 때마다 나는 소리와 비슷한 끽끽 소리를 내고 또 한 녀석은 마치 힘겹게

---

6 내 남동생은 시장조사 전문가다. 하루는 남동생이 우리 집에 다녀간 뒤 쓰레기통에서 두꺼운 보고서 한 부를 발견했다. 물티슈에 대한 소비자의 의견을 정리한 보고서였는데, 중간쯤에서 '걸레질 효과wiping events'라는 용어가 눈에 들어왔다.

톱질하는 사내처럼 씩씩거린다. 연구원들은 공항 활주로에서 일하는 사람들이나 쓸 법한 거대한 귀마개를 하고 있다.

이때 테레사 클라인조르게Theresa Kleinsorge라는 연구원이 큼지막한 개집의 문을 열고 눈 주위가 검은 테리어 잡종 앞에 사료 그릇 두 개를 내려놓는다. 클라인조르게는 키가 작지만 군데군데 선홍색으로 염색한 머리카락 때문에 대가 세 보인다. '클라인조르게'는 독일어로 '작은 말썽'이라는 뜻이다. '말썽'은 좋은 의도로 한 장난을 귀엽게 표현한 말이니 좋은 이름인 것 같다. 그녀는 집에서 개를 일곱 마리나 키운다고 한다. 매카시도 여섯 마리의 개와 함께 산다고 했다. PARC에서는 어디를 가나 개를 사랑하는 마음을 느낄 수 있다. 연구 시설치고 실험 동물을 이렇게 떼로 풀어 놓는 곳은 PARC밖에 없다. 실험에 집중하게 하느라 녀석들을 우리에 가둬 놓을 때 말고는 마음껏 활보하도록 놔두기 때문에 PARC의 앞뜰은 삼삼오오 어울려 뛰노는 개들로 늘 소란스럽다.

앨라배마라는 이름을 가진 테리어 잡종은 꼬리를 살랑이며 자꾸 우리 벽을 쳐서 탁탁 소리를 낸다. "이 녀석은 정말 미친 듯이 먹어요." 클라인조르게가 설명한다. AFB 연구원들은 실험 보고서를 작성하려면 각 동물의 특이한 식사 습관을 잘 알고 있어야 한다. 같은 밥그릇을 앞에 두고도 허겁지겁 흡입하는 녀석, 주위를 맴돌며 탐색하는 녀석, 우선 살짝 건드려 보는 녀석, 관심 없는 척하는 녀석 등 유형이 다양하기 때문이다. 가령 앨라배마의 친구 엘비스를 처음 보는 사람은 이 녀석이 먹는 것을 싫어한다고 생각할 것이다. 동료 연구원이 보고서에 뭔가 적는 동안 클라인조르게가 설명을 잇는다. "엘비스는 이런 식이에요. A의 냄새를 맡고 B의 냄새를 맡은 다음, B를 한 번 핥아 보고 자기 발바닥을 핥아요. 그러고는 다시 A로 돌아가 잠시 응시합니다. 그런 뒤 다시 B의 냄새를 맡고 마침내 B를 먹기 시작하죠."

하지만 대부분은 엘비스보다 훨씬 과감하다. 폭찹도 마찬가지다. "이 녀석은 둘 다 냄새를 맡아 보고 그중 하나를 골라먹을 거예요. 자, 확인해 볼까요?" 클라인조르게가 사료 그릇 두 개를 내려놓는다. "A의 냄새를 맡고, B의 냄새를 맡고. A를 먹고. 보셨죠? 얘는 이런 식이에요."

PARC 연구원들은 최대한 많은 시간을 견공들과 함께 보낸다. 그 이유를 매카시는 이렇게 설명했다. "녀석들이 왜 어떤 행동을 하는지 알아야 하니까요. 단순히 그 사료를 싫어하는 것일 수도 있지만 좀 전에 다른 개가 개 껌을 훔쳐 가서 기분이 나쁜 것일 수도 있거든요." 클라인조르게는 로버라는 개는 최근 배탈로 고생했고 폭찹은 남이 토한 음식을 먹는 것을 좋아한다는 것까지 파악하고 있었다. "이렇게 바로 전에 어떤 일이 있었느냐에 따라 입맛이 왔다 갔다 해요." 듣고 보니 개나 사람이나 다를 바가 별로 없다는 생각이 든다.

사료 선호도를 평가할 때 제일 먼저 살펴보는 것은 먹는 양이지만, 이것 말고도 중요한 지표가 하나 더 있다. 바로 최초 선택 비율, 즉 신제품에 제일 먼저 코를 들이대는 개가 얼마나 되느냐이다. 뮐러의 설명에 따르면, 이 선택의 순서가 중요한 것은 개를 일단 밥그릇 근처로 유인하면 십중팔구는 사료를 먹기 때문이다. 물론 하나를 먹다가 다른 밥그릇으로 옮겨 가 그것을 더 많이 먹을 수도 있다. 하지만 보통은 어느 누구도 개에게 한 번에 두 가지 메뉴를 대령하지 않기 때문에, 자신의 애완견이 처음 나온 메뉴 냄새에 혹해서 열광했다가 다음 메뉴가 나오면 처음 메뉴에 얼마나 소홀해지는지 정확히 파악하기는 어렵다.

이처럼 주인과 견공 모두가 만족하는 향을 찾는 것이 개 사료 신제품의 성패를 좌우한다. 로손은 "사실 개들이 죽고 못 사는 향은 시체 냄새입니다.

썩은 고기 냄새라고도 하죠"라는 뜨악할 만한 이야기를 했다. 썩은 고기 냄새의 주범은 단백질이 분해되면서 생성되는 물질이다. 하지만 놀랍게도 개들 또한 일정 수준 이상으로 부패한 고기는 싫어한다고 한다. 개는 뭐든지 먹는다는 속설이 틀린 것이다. 그리고 보니 뮐러가 전에 이런 얘기를 한 적이 있다. "사람들은 개가 오래되고 구린 것을 좋아한다고 생각합니다. 하지만 사실은 어느 정도까지만입니다." 그는 그 이유를 이렇게 설명했다. "막 부패하기 시작한 것은 아직 영양소가 풍부합니다. 반면에 박테리아의 작용으로 거의 다 분해된 것은 영양가가 거의 없습니다. 이런 건 어쩔 수 없을 때만 먹어요." 아, 이제 이해가 된다. 하지만 덜 썩었건 푹 썩었건, 썩은 고기 냄새는 애완동물 주인이 웬만하면 맡고 싶지 않아할 냄새라는 것만은 변함없다.

몇몇 개 사료 제조 회사는 간혹 이런 주인들의 비위만 맞추다가[7] 엉뚱한 방향으로 너무 멀리 가기도 한다. 개의 취향은 전혀 고려하지 않고 말이다. 문제는 개의 후각이 사람에 비해 1천 배 정도 더 민감하다는 것이다. 우리에게는 향기롭기만 한 스테이크 굽는 냄새가 개에게는 너무 강해서 당기지 않을 수도 있다는 말이다.

실은 이날 개 사료 실험실에 오기 전에 다른 곳을 한 군데 들렀다. 그곳에서 시험하던 것은 박하 향이 나는 양치용 개 껌이었다. 개에게 박하 향은 향기가 아니라 할라페뇨 고추처럼 지나치게 자극적인 냄새다. 그런 까닭에 개

---

7 어떤 사료가, 냄새도 괜찮을 뿐만 아니라 이것을 먹은 애완동물의 대변에서도 역한 악취가 나지 않는다면 더할 나위 없을 것이다. 하지만 이렇게 냄새를 지우려고 넣는 첨가물들은 체내에서 분해되어 효과가 없어진다는 것이 문제다. 활성탄도 불완전하기는 마찬가지다. 활성탄은 악취 나는 성분을 잡아 주지만 동시에 영양소의 흡수를 방해하기 때문이다. 힐스 펫 뉴트리션Hill's Pet Nutrition이라는 사료 제조회사는 생강을 넣은 신제품을 개발했다. 다행히도 이 생강 맛 신제품은 소취 효과가 뛰어나 특허까지 받았다. 요강에 코를 대고 대변 냄새를 맡아 점수를 매겨야 했던 체험단 9명의 노고가 헛되지 않았던 셈이다.

간식에 박하 향을 쓰는 경우는 거의 없다.[8] 그러니 이 제품을 만든 회사는 개 주인의 눈치를 본 것이 분명하다. 아마도 박하 향이 인간의 치위생용품에 많이 쓰인다는 발상에서였을 것이다. 그뿐만 아니라 이 콘셉트는 칫솔 모양 개 비스킷이 시장에 나올 정도로 제품의 겉모습도 어이없게 바꿔 놓았다. 하지만 실험 결과, PARC에서 민트 향 간식을 좋아하는 개는 로버뿐이었다고 한다. 이제야 로버가 배탈 난 원인을 알 것 같다.

다시 개 사료 실험실로 돌아와서, 윈스턴이라는 개가 밥그릇에 코를 처박고 킁킁거린다. 갈색 천지인 사료 군데군데 섞여 있는 흰색 덩어리의 냄새를 맡는 것이다. 개들은 보통 견과에 섞여 있는 초콜릿볼을 연상케 하는 이 흰색 덩어리를 먼저 골라 먹었다. 매카시의 설명이 인상적이다. "저게 진짜 입맛을 돋웁니다." 이것을 직접 먹어 본 적 있는 어느 연구원은 이것에서 닭고기 맛이 난다고 말했다.

이 말에 내가 너무 놀란 표정을 지었나 보다. 클라인조르게가 불쑥 끼어들어 말했다. "봉지를 뜯었는데 맛있는 냄새가 나고 마침 배가 고프면 개 사료라도 먹을 만……."

---

8 할라페뇨 고추 얘기가 나왔으니 말인데, 심리학자 폴 로진의 설명에 따르면 미국 개와 달리 멕시코 개는 매운 것을 더 잘 먹는 편이라고 한다. 로진은 동물들 사이에서도 음식 기호도의 문화적 차이가 존재한다고 주장한다. 사실 동물 행동 연구에 향토 음식을 접목한 연구자는 이전에도 있었다. '멕시코 토속 음식이 백서白鼠의 학습과 사고 능력에 미치는 영향The Effect of a Native Mexican Diet on Learning and Reasoning in White Rats'이라는 제목의 연구에서는 흰 실험쥐에게 매운 콩 스튜, 삶은 강낭콩, 블랙커피를 먹이고 미로에 들여보냈다. 그러자 길 찾는 속도가 더 빨라졌다. 짐작건대 화장실에 가고 싶은 욕구가 그 어느 때보다 컸기 때문 아닐까 한다. 또한 1926년에는 인도연구기금협회에서 차파티 빵과 채소를 먹인 실험쥐와 고기 통조림, 식빵, 잼, 홍차를 먹인 실험쥐를 비교하는 실험을 실시했다. 그런데 실험쥐 입맛에는 서양 음식이 끔찍하게도 형편없었나 보다. 몇 놈이 이 음식을 놔두고 룸메이트를 잡아먹어 버린 것을 보면. 그중에 세 마리는 잔해가 거의 남지 않아서 검시조차 할 수 없었다고 한다.

1973년, 먹을거리를 감시하는 소비자 단체인 미국 공익위원회^{CSPI}는 『식품 평점표^{Food Scorecard}』라는 소책자를 출간했다. 그런데 CSPI는 이 책자를 통해, 저소득층을 위한 임대주택단지 인근에서 팔리는 개 사료 통조림의 3분의 1은 사람이 먹는다고 주장했다. 맛있어서가 아니라 비싼 육가공 제품을 살 돈이 없어서라고 했다. 한 기자가 자료 출처를 묻자, CSPI 설립자인 마이클 제이컵슨^{Machael Jacobson}은 기억나지 않는다고 대답했다. 그리고 오늘날까지 아무도 이 데이터가 어디서 나왔는지 모른다고 한다.

하지만 진짜 놀랄 부분은 따로 있다. 이 책자에는 미국에서 잘 팔리는 단백질 제품 36가지에 대해 영양가를 기준으로 순위를 매긴 목록이 실려 있다. 비타민, 칼슘, 무기질이 들어 있으면 점수를 더하고 옥수수 시럽과 포화지방이 많으면 점수를 빼는 식이다. 제이컵슨은 가난한 사람들이 동물 사료를 밥 대신 먹는다고 진심으로 믿었는지, 아니면 그저 대중의 이목을 끌기 위해서였는지 평가 대상에 개 사료 알포^{Alpo}를 포함시켰다. 놀랍게도 알포는 30점이나 받았다. 이것은 살라미 햄과 돼지고기 소시지, 닭튀김, 새우, 햄, 등심 스테이크, 맥도날드 햄버거, 땅콩버터, 100퍼센트 쇠고기 핫도그, 스팸, 베이컨, 볼로냐소시지보다 높은 점수였다.

나는 AFB 본부[9]로 돌아와서 CSPI 목록을 낸시 로손에게 보여 주었다. 뮐러도 다시 함께했다. 이 목록이 정확하다면, 내가 점심에 먹은 싸구려 미트볼 샌드위치는 영양학적 관점에서 스마트블렌드^{Smart-Blend} 개 사료보다 별반 나을 바가 없어 보였다. 로손은 그렇지 않다고 말했다. "아마 우리가 먹은

---

9 AFB 본부에는 회의실이 다섯 개 있는데, 각각 달마티안실, 버마실, 그레이하운드실, 캘리코실, 아키타실이라고 불린다. 직원들 사이에서는 "그레이하운드로 갈까요?", "정오에 달마티안 비어요?"라는 식의 대화가 오간다.

샌드위치가 더 형편없을걸요. 영양학적으로요."

SCPI의 목록에서 영예의 1위를 차지한 주인공은 바로 소 간이었다. 닭 간과 간 소시지가 각각 2위와 3위에 올랐다. 간 1인분에는 일일 권장량의 절반에 해당하는 비타민 C, 일일 권장량의 세 배에 달하는 리보플라빈이 들어 있을 뿐만 아니라, 비타민 A 함유량은 당근의 아홉 배나 되고 비타민 B12, 비타민 B6, 비타민 D, 엽산, 칼륨도 적지 않다고 한다.

그렇다면 AFB에서 만드는 개 사료 식미 증진제의 주성분은 무엇일까?

이번에는 뮐러가 설명한다. "간입니다. 다른 내장과 섞어서 사용하죠. 야생동물이 사냥감의 몸에서 제일 먼저 뜯어먹는 것도 간과 위, 즉 위장관입니다." 동물 내장이 지구 상에서 가장 훌륭한 영양 공급원이라는 것은 틀림없는 사실이다. 양의 비장 1인분에는 귤 한 개에 맞먹는 비타민 C가 들어 있고, 소의 폐에 들어 있는 비타민 C 함량은 일일 권장량의 절반을 넘는다. 위는 위 안에 들어 있는 내용물 때문에 더욱 특별하다. 포식자는 먹이의 위에 들어 있는 식물성 영양분을 덤으로 얻는다. 로손은 동물은 생존에 유리한 방향으로 진화했기 때문에 본능적으로 자신에게 득이 되는 부위를 좋아한다고 설명했다. 반면에 사람들은 애완동물 사료에 어분(魚粉)이나 육분(肉粉)이 들어간다는 사실을 알면 낯빛이 창백해진다. 하지만 내장, 머리, 피부, 뼈 등이 다양하게 혼합된 동물성 원료의 영양소 구성은 야생 상태에서 개와 고양이가 먹었을 식단과 크게 다르지 않다. 물론 살코기는 단백질 공급원으로서 더할 나위 없는 식품이지만 그 이상의 가치는 없다.

동물의 미각 시스템은 환경에 꼭 맞게 발달한다. 동물계 영장목 사람속에 속하는 우리 인간도 마찬가지다. 건조한 사바나 평원을 누비는 수렵 채집꾼이었던 우리 선조들은 살아남는 데 꼭 필요하지만 구하기 힘든 영양소, 즉 소금과 지방, 설탕을 귀신같이 감지할 수 있었다. 미국의 쇼핑몰 푸드코트와 달리 아프리카 초원에서는 지방, 설탕, 소금이 귀하디귀했기 때문이다. 그러니 지금 우리가 이렇게 정크 푸드에 열광하는 것은 어찌 보면 당연한 현상이다. 그리고 이러한 기대에 부응하여 요즘에는 정크 푸드를 파는 곳이 도처에 넘쳐난다.

사람은 잡식동물이기 때문에 개와 마찬가지로 다양한 비타민과 무기질, 칼슘을 섭취해야 한다. 그런 맥락에서 우리 선조들은 사체에서 영양가가 가장 높은 내장을 절대로 내버리지 않았다. 그렇다면 언제부터 내장이 이렇게 천대받게 된 걸까? 2009년에 미국은 꽁꽁 얼린 동물 내장 43만 8천 톤을 수출했다. 하나씩 일렬로 나열하면 지구 한 바퀴를 에워쌀 정도의 양이다. 엄밀히 말하면 내장이 지구 한 바퀴를 돌았다는 것이 틀린 표현은 아니다. 이집트와 러시아 사람들은 미국에서 수입한 간을 즐겨 먹고 뇌와 입술은 멕시코에서 인기가 많다. 심장은 필리핀 사람들 차지다.

중간에 도대체 무슨 일이 일어난 것일까? 왜 우리는 이렇게 소심해졌을까? 옛날처럼 자연 그대로의 입맛으로 돌아가는 것은 불가능할까? 그 답을 찾으려면 북극에 인접한 캐나다의 최북단으로 가야 한다. 이곳에는 북미 지역에서 동물 내장을 먹는 풍습이 아직 남아 있는 몇 안 되는 부족이 살고 있다.

3

간을 둘러싼
오만과 편견

「캐나다 북부 전통음식 및 건강식품 총람Northern Food Tradition and Health Resource Kit」에는 이누이트의 전통음식 사진 48장이 짤막한 설명과 함께 실려 있다. 대부분이 고기지만 스테이크 사진은 없다. 그중 한 장에는 이런 설명이 달려 있다. '바다표범 심장.' 실물 크기에 가까운 이 사진들은 두꺼운 인화지에 출력되었고 테두리는 입체감 있게 마감 처리되었다. 흡사 종이인형 같아서 외투라도 걸쳐 주고 싶은 충동이 일 정도다. 이 총람의 주인은 이누이트족 자치구인 캐나다 누나부트 준주準州에 있는 작은 마을 펠리베이의 공중보건 책임자 가브리엘 너룬가육Gabriel Nirlungayuk이다. 하지만 내가 너룬가육을 만난 곳은 펠리베이가 아니라 배핀 섬 근처에 위치한 이글루릭이라는 동네였다. 우리는 이 마을의 유일한 숙박 시설인 투저미빅 호텔Tujormivik Hotel의 부엌에서 우연히 마주쳤는데, 그는 북극 체육대회[1]에 참가하기 위해 이곳에 왔

---

1 이누이트족의 체전. 대부분의 종목이 이글루 안에서 하기에 적합하게 실내 스포츠로 고안되었다.

다고 했다. 펠리베이의 시장 마카베 나르톡^{Makabe Nartok}도 함께였다.

너룬가육은 공중보건 책임자로서 자신이 하는 일을 자세히 설명해 주었다. 그는 학교 교실마다 다니면서 과자와 사탕에 빠진 어린 이누이트 후손들에게 식습관 개선 교육을 한다. 힘줄, 비계, 피, 머리 등 마을 식료품점에서 살 수 없는 다른 부위들과 함께 내장 섭취량이 감소하고 있기 때문이다. 사냥으로 먹을거리를 구하는 이누이트인이 점점 줄어드는 탓이다.

나는 '익히지 않은 카리부 신장'이라고 적힌 카드를 집어 들었다. "진짜로 이걸 먹는 사람이 있나요?"

"그럼요." 너룬가육이 대답했다. 이누이트족치고 키가 큰 편인 그가 매섭게 돌출된 턱으로 나르톡을 가리키며 말했다. "시장님도 드시는걸요."

두 사람의 설명에 따르면, 사냥을 하는 이누이트족이라면 누구나 내장을 먹는다. 유목 생활은 1950년대에 일찌감치 접었지만 여전히 모든 가정의 식탁에 사냥한 고기가 오른다는 것이다. 이렇게 식량을 조달하면 생활비가 줄어드는 장점도 있다. 신선식품 물가가 얼마나 비싼지 내가 이글루릭을 방문한 1993년 당시 스팸과 비슷한 스포크^{Spork}라는 작은 통조림 하나의 가격은 2.69달러였던 반면, 수박 한 통을 사려면 25달러를 내야 했다. 이 마을의 성교육 강사는 오이가 너무 비싸서 오이 대신 빗자루를 교구로 사용한다고 했다.

나는 나르톡에게 사진첩을 한 장씩 넘겨 가며 그가 먹는 것을 짚어 달라고 부탁했다. 그는 손목 아래로는 갈색이고 위로는 창백한 팔을 뻗어 사진

가령 '귀 역도'는 심판의 신호가 떨어지면 선수가 앞으로 나와 무거운 물건이 묶인 고리를 귀에 걸고 최대한 멀리 걸어가는 경기다. '입 줄다리기'는 두 선수가 나란히 서서 세상에 둘도 없는 친구처럼 어깨를 맞대고 서로의 목에 팔을 두른다. 그런 다음 상대편의 입 바깥쪽에 가운데 손가락을 걸고 당겨서 가운데 선을 넘어오게 만들면 이긴다. '센 입이 이기는 것은 어디나 마찬가지인가 보다.

첩을 자신 쪽으로 가져갔다. 아무리 추운 북극이라도 햇볕을 무시하고 장갑을 깜빡했다간 큰일이겠다 싶었다. 그는 안경 너머로 사진을 유심히 훑었다. "카리부 간, 이걸 먹고요. 뇌, 이것도 먹습니다. 익히거나 익히지 않은 카리부 눈도 먹어요." 그는 고개를 끄덕이며 말을 이어 갔다.

"특히 이 부위가 맛있습니다." 그는 '카리부 면사포'라고 적힌 사진을 가리켰다. 면사포는 위의 막을 예쁘게 에둘러 표현한 말이다. 나는 이쯤에서 동물의 모든 부위를 먹는 까닭에는 경제적인 측면이 크지만 개인의 기호도 적지 않은 영향을 미친다는 생각이 들었다. 바로 전에 열렸던 마을 축제에서 민물송어와 비슷한 북극 곤들매기의 가장 맛있는 부위를 맛볼 기회가 있었다. 가장 맛있는 부위란 다름 아닌 눈이었다. 곤들매기 눈의 뒷면에는 차에서 분해한 전조등의 전선처럼 지방과 결합 조직이 대롱대롱 매달려 있었다. 울타리 옆에는 한 무리의 아주머니들이 늘어서서 요즘 젊은이들이 휴대 전화 문자를 칠 때 고개를 기울이는 바로 그 각도로 머리를 숙인 채 카리부 뼈에서 골수를 파내는 데 열중했다.

역사적으로 북극 유목민에게 내장을 먹는다는 것은 생존을 위해 필연적인 행위였다. 북극에서는 따뜻한 여름에도 채소를 구하기가 하늘의 별 따기다. 초록색이라고는 기껏해야 툰드라 지대에서 무성하게 자라는 이끼가 전부다. 동물 내장에는 비타민이 풍부한 반면 먹을 수 있는 식물은 거의 없으니, 북극에서는 내장이 '고기'인 동시에 '과채류'로 분류되는 것이 당연하다. 너룬가육이 수업할 때 사용하는 교재에는 과채류 1인분이 '딸기나 채소 반 컵 또는 동물 내장 60~90그램'이라고 적혀 있었다.

나르톡은 북극의 채소를 보여 주겠다며 13번 사진을 펼쳤다. '카리부 위 내용물'이라고 적혀 있었다. 이끼는 너무 질겨서 소화가 잘 안 되기 때문에,

카리부처럼 위가 여러 개여서 일정 시간 담아 두고 발효시킬 공간이 있는 동물만 먹을 수 있다. 바로 이런 까닭에 이누이트 사람들은 카리부가 이끼를 충분히 먹을 때까지 사냥을 미루는 것이다. 나는 팻 윌러가 한 말이 떠올랐다. 그는 전에 야생 개를 비롯한 포식자들이 사냥감을 잡으면 제일 먼저 위와 위의 내용물을 먹는다고 한 적이 있다. "우리도 이랬다면 지금보다 훨씬 건강했을 겁니다."

만약 우리가 서구식 현대 문명과 달고 짜기만 한 정크 푸드를 과감하게 포기한다면, 이누이트 어른들처럼 먹고 마실 수 있을까? 본능에 따라 영양가 높고 건강에 좋은 먹을거리를 찾아서 말이다. 글쎄, 잘 모르겠다. 하지만 1930년대 수행된 한 재미있는 실험을 보면 대충 감이 잡힌다. 실험 내용은 이렇다. 이 실험을 주도한 클라라 데이비스Clara Davis는 고아원 아기들 앞에 건강에 좋은 자연식품 34가지로 구성된 뷔페를 차렸다. 가공식품이나 잘게 자른 것 이상의 조리 과정을 거친 메뉴는 단 하나도 없었다. 평범한 메뉴, 즉 신선한 과일과 채소, 달걀, 우유, 닭고기, 쇠고기는 물론이고 간, 신장, 뇌, 췌장, 골수도 식탁에 올랐다. 데이비스는 아기들의 반응을 관찰했다. 아기들은 열 가지 채소, 생선, 파인애플과 함께 간과 신장을 기피했다. 그러나 뇌와 췌장에는 싫은 내색을 보이지 않았다. 그렇다면 가장 인기 있는 메뉴는 과연 무엇이었을까? 바로 골수였다.

현재 시각은 밤 10시 30분. 하늘은 뽀얀 분홍색으로 물들어 있다. 하지만 아직 자갈길을 자전거로 내달리는 어린 소녀의 재킷에 바다코끼리 장식이 달려 있다는 것을 알아볼 수 있을 만큼은 충분히 밝다. 우리는 마르셀의 집 부엌에 모여 있다. 그는 낮에 사냥터에서 일각고래 무리의 위치를 확인하고 막 돌아왔다. 일각고래는 정수리에 큼지막한 뿔이 생일 케이크 촛대처럼 솟은 중간 크기 고래의 일종이다.

마르셀이 흰색 비닐봉지를 식탁에 내려놓자 내용물이 살짝 출렁거린다. "묵툭Muktuk이군요." 너룬가육이 흡족하다는 듯 말한다. 묵툭은 익히지 않은 일각고래 거죽 조각이다. 마르셀이 권하자 나르톡은 손을 내저으며 정중히 사양한다. "얼마 전에 먹었어요. 이만큼이나." 그는 허공에 대고 책 한 권만 한 네모를 그린다.

너룬가육은 주머니칼의 칼날 끝으로 한 조각을 찍어 나에게 건넨다. 고래 거죽을 먹는다는 것은 내가 사는 세상에서는 상상도 할 수 없는 일이기 때문에 나는 순간 흠칫한다. 나는 1960년대에 어린 시절을 뉴햄프셔에서 보냈다. 뉴햄프셔에서는 가슴살, 넓적다리살, 햄버거 고기, 다짐육 같은 살코기만 고기라고 부른다. 내장은 장기 이식 수술을 기다리는 환자들에게 기증하는 것이 마땅하다. 만약 세상 사람들이 내장을 날것으로 먹는다는 얘기를 들으면 기절초풍할 것이다. 하물며 익히지 않은 거죽이라니.

나는 너룬가육이 건넨 고무 같은 거죽 조각을 받아 든다. 바깥공기를 쐬어서 그런지 차갑다. 색깔도 살아 있는 일각고래를 연상케 해서 마음이 더 심란해진다. 맛은 딱히 뭐라 설명할 수 없다. 버섯 맛이 나는 것도 같고 호두 맛이 나는 것도 같다. 무슨 맛인지 생각할 시간은 충분하다. 너무 질겨서 이 한 조각을 다 씹어 삼키려면 일각고래 한 마리를 더 잡아올 수도 있을 정도로 시간이 오래 걸리기 때문이다. 하지만 묵툭이 미식美食임은 틀림없다. 믿을 수 없다고? 이해한다. 처음에는 나도 나르톡의 말을 의심했으니까. 그뿐만 아니라 묵툭은 건강에도 좋다. 비타민 A가 당근만큼 들어 있고 비타민 C도 적지 않다.

세상에는 닭껍질과 돼지껍질을 좋아하는 사람이 많다. 그렇다면 굳이 묵 툭을 거부할 이유도 없다. 문제는 사람이 무엇을 먹고 마시는가는 문화가 결정하는데, 어느 문화도 새로운 문물을 군말 없이 울타리 안으로 들여보내 주지 않는다는 데 있다.

가브리엘 너룬가육은 건강을 위해 내장을 먹지만, 미국 정부는 전쟁을 위해 국민에게 내장을 먹였다. 제2차 세계 대전 기간에 미국에서는 정부가 아군과 동맹군의 식량으로 쓰기 위해 엄청난 양의 고기를 해외로 반출하는 바람에 내수 공급량이 달렸다. 1943년 『브리더스 가제트*Breeder's Gazette*』에는 미국 군인 한 명이 하루에 450그램의 고기를 먹는다는 기사가 실렸다. 그리고 바로 그해부터 국내 전선에서 고기 배급제가 시행되었다. 다행히 배급 품목이 살코기로 한정되었기에 나머지 부위, 즉 내장은 원하는 만큼 사먹을 수 있었다. 내장은 빨리 상하고 군인들이 좋아하지 않는다는 이유로 식량 수송선에 실리지 않았던 것이다.

하지만 민간인도 내장을 좋아하지 않기는 마찬가지였다. 이에 국민들의 마음을 돌리고자 국립연구회의NRC는 마거릿 미드Margaret Mead가 지휘하는 인류학 연구 팀에 미국인의 식습관을 연구하는 프로젝트를 맡겼다. 연구 팀에는 사람들이 먹어도 좋은 음식을 선별하는 기준은 무엇인가, 그들의 마음을 바꾸려면 어떻게 해야 하는가 등을 알아오라는 임무가 떨어졌다. 이 연구의 결과는 권장 지침서 초안을 작성하는 근거 자료로 쓰였고, 보고서 형태로도 여러 차례 발표되었다. 그중 하나가 미드가 1943년에 쓴 '국민 식습관을 바꾸기 위한 선결 과제The Problem of Changing Food Habits'라는 제목의 보고서다.

이 보고서에서 미드가 제안한 첫 번째 전략은 완곡어법을 활용하는 것이었다. 사람들은 '내장' 또는 '내장육'으로 만든 요리를 식탁에 올리기를 꺼렸다. '내장'은 축산 공장에서나 사용될 법한 단어였다.[2] 대안으로 '잡육'이라는 용어가 『라이프*Life*』라는 유명 학술지에서 처음 언급되면서 한때 여기저기서 유행했지만, 곧 '혼합육'이라는 단어가 최종 낙찰되어 자리를 잡았다. '혼합육'은 적당히 애매모호하면서 긍정적인 분위기를 풍기고, 단백질이 풍부한 종합 선물 세트 같은 어감을 주었기 때문이다. 같은 맥락으로 영양사와 요리사들도 내장을 넣어서 만든 신메뉴의 이름을 지을 때 신중을 기해야 했다. 프랑스어를 섞으면 일이 더 쉬워졌다. 한 가지 예로, 1944년 『호텔 매니지먼트*Hotel Management*』에 실린 기사에는 뇌 요리인 '브레인 아 라 킹Brains à la King'과 소의 혀 요리인 '비프 텅 피캉Beef Tongue Piquant'의 레시피가 소개되어 있다.

미드는 두 번째 전략으로 아이들을 집중 공략할 것을 제안했다. 펜실베이니아 대학교에서 음식에 대한 혐오감에 숨어 있는 심리를 오랫동안 연구한 심리학자 폴 로진Paul Rozin은 이렇게 말했다. "신생아는 먹어도 되는 음식과 먹으면 안 되는 것을 전혀 구분하지 못합니다." 사람은 누구나 두 돌이 되기 전에는 아무거나 다 주는 대로 잘 먹는다. 로진은 이것을 실험을 통해 증명했다. 그는 생후 16~29개월 유아를 대상으로 접시에 여러 가지 먹을거리를 담아 주고 그것을 먹는 아이들의 비율을 계산했다. 실험 결과, 생선알을

---

2 축산업 종사자들끼리도 내장을 직접적으로 언급하지 않고 익살스러운 은어를 사용한다. 그들은 상복부 내장인 심장, 폐, 기도를 '담력통plucks'으로, 비장을 '흐물이melts'로, 위를 '밥주머니paunch'로, 유산된 송아지를 '자라다 만 것slunk'으로 부른다. 한번은 뉴욕 육류 창고 단지에서 누군가가 마분지 상자 겉면에 '날개와 삼각형FLAPS AND TRIANGLES(즉 살치살과 보습살)'이라고 휘갈겨 쓴 것을 본 적도 있다.

기꺼이 맛본 아이는 60퍼센트, 주방세제의 경우는 79퍼센트, 케첩을 뿌린 쿠키의 경우는 94퍼센트, 살균한 죽은 메뚜기의 경우는 30퍼센트, 림버거 치즈를 섞어서 개똥 모양으로 짠 땅콩버터의 경우는 55퍼센트였다. 꼴찌는 15퍼센트를 기록한 사람 머리카락이었다.[3]

이런 아이들이 열 살 정도 되면 주위 사람들이 먹는 것처럼 먹게 된다. 이 렇게 일단 형성된 고정 관념을 되돌리는 것은 결코 간단한 일이 아니다. 로 진은 한 실험에서 미국 대학생 68명에게 메뚜기로 만든 과자를 먹어 보라고 권했다. 이 과자는 일본에서 꿀을 발라 실제로 파는 제품이다. 그럼에도 이 과자를 사양하지 않은 학생은 12퍼센트에 불과했다.

NRC가 초등학교 학생을 선도하는 데 매달린 것도 바로 이 때문이다. NRC는 가정경제학자들에게 교사와 학교 영양사를 직접 찾아가 설득하도 록 종용했다. 1943년에 제시 앨리스 클라인Jessie Alice Cline은 『실용가정경제 학Practical Home Economics』의 지면을 통해 "혼합육을 알기만 하는 것으로는 부족합니다. 혼합육과 친해집시다!"라고 경쾌하게 주장했다. 한편 미국 전시 식량관리청은 '새로운 음식을 먹은 경험'이라는 제목의 글과 같이 혼합육을 주제로 한 수필을 모아 음식 절약 교육 책자를 펴내기도 했다. 전시식량관리 청은 캠페인의 초점을 음식을 낭비하지 않는 데 맞추었다. 아마도 열 살짜리 에게 뇌와 심장을 먹으라고 설득하기에는 이미 늦었다는 걸 알아서였을 것 이다. 제안된 실천 계획 중에는 아직 멀쩡한데도 쓰레기통에 버려진 음식의

---

3 아이들도 머리카락을 조심할 만큼은 똑똑했다. 머리카락을 잘못 먹으면 위장에서 덩어리져 굳어 버리는 참사가 벌어진다. 이것을 털위석이라고 한다. 심하면 위에서 소장까지 늘어지는 경우도 있는 데, 그 모양이 마치 수달이나 털로 뒤덮인 대변 덩어리와 비슷하다. 실제로 이런 사례가 의학 학술지 에 보고된 적이 있다. 놀란 의사는 사진을 찍어 논문에 게재하면서 이 현상을 '라푼젤 신드롬'이라 고 명명했다. 참고로, 미국에서는 4월 27일이 전국 털위석 인식의 날임을 알아두면 좋겠다.

사진을 무료로 전시하는 것 등의 형태로 학생들을 교과 외 활동에 참여시키는 것도 있었다. 말로만 백날 떠들어 봐야 아무 소용 없었기 때문이다.

그런데 아이들의 식습관을 바꾸기가 어려운 이유가 하나 더 있었다. 바로 저녁 식사 메뉴를 정하는 것은 아이들이 아니라는 사실이다. 미드 연구 팀은 이 결정권을 쥐고 있는 수문장, 즉 엄마들에게 다가가야 한다는 점을 깨달았다. 너룬가육도 여기에 동의했다. 나는 17년 뒤 너룬가육을 다시 찾아가 그 동네에서는 어떤 성과가 있었는지 물었다. "별로 효과가 없었어요." 그가 자신의 사무실에서 말했다. "아이들은 부모가 만들어 주는 대로 먹으니까요. 부모를 먼저 설득해야 했는데."

하지만 부모의 마음을 움직이는 것도 결코 쉬운 일은 아니었다. 미드의 동료 커트 레빈Kurt Lewin은 NRC 연구 프로젝트의 일환으로 주부를 대상으로 동물 내장의 영양학적 장점에 관한 강연을 여러 차례 실시했다. 그는 항상 애국심을 부추겨 협조하도록 간청하면서 강연을 마무리했다.[4] 하지만 설문조사에 따르면, 강연을 들은 주부 중 집으로 돌아가 혼합육으로 요리를 만든 비율은 단 10퍼센트였다. 토론회라는 방법도 있었지만 강연보다 아주 조금 더 효과가 있었을 뿐이다. 결국은 죄책감을 자극하는 것이 가장 효과적이었다. 브라이언 완싱크Brian Wansink가 쓴 「국내 전선에서 벌어진 식습관 전투Changing Eating Habits on the Home Front」에는 이런 대목이 있다. "그들은 주부에게 이렇게 말했다. '전쟁 때문에 많은 사람이 값진 희생을 치르고 있다. 당신도 혼합육을 가지고 당신 몫을 할 수 있다'라고. 갑자기 주부들 사이에

---

4 고기와 애국심은 언뜻 봐도 어울리지 않는다. 그러니 이 둘을 연결해서 슬로건을 만드는 것은 골치 아픈 일이었다. '자유를 위해 음식으로 투쟁하자Food Fights for Freedom'라는 구호는 국익을 위한 개인의 희생보다는 요식업계의 파업 현장을 연상시킨다.

서 '나 혼자 빠지는 것은 비겁한 짓'이라는 분위기가 조성됐다."

맹세를 하는 것도 탁월한 효과가 있었다. 지금 같으면 상상할 수 없는 일이지만, 정부 소속 인류학자가 학부모 단체를 떠밀어 한 사람씩 "나는 앞으로 2주일 동안 혼합육을 적어도 ×번 이상 먹겠습니다"라고 선언하도록 만들기도 했다. 완싱크는 사람들 앞에서 공표하는 것이 엄청나게 효과적이었다고 저서에 적고 있다. 여기서 잠깐 함께 들여다보자. "1940년대에는 맹세와 서약이 난무했다.[5] 사람들은 보이스카우트 회관에서, 학교 강당에서, 자선단체 사무소에서 습관처럼 서명란에 이름을 적거나 한 손을 든 채 서서 선언문을 읽었다. 심지어 1942년에는 해군 사령관이 깨끗이 다 먹기 클럽Clean Plate Club이라는 단체를 창시했는데, 회원들은 이런 내용의 선서를 했다. '나, 아무개는 깨끗이 다 먹기 클럽의 성실한 회원으로서…… 밥그릇에 담긴 음식을 남김 없이 깨끗하게 먹는다는 데 동의하며…… 미합중국이 일제와 히틀러를 박살 낼 때까지 계속 실천하겠습니다.'"

음식에 관한 한, 사람들의 마음을 움직이려면 그들의 입부터 열리게 만들어야 할 때가 종종 있다. 오랜 시간 공을 들이면 결국 사람들의 마음이 기운다는 연구 결과도 있다. 전쟁 중에 식습관 연구 팀이 실시한 한 조사에 따르

----

5 이 유행의 열기는 1942년에 가장 뜨거웠다. 『실용가정경제학』 6월호에 캘리포니아 주 앨햄브러 시 학생회 회원들이 작성한 서약서 20편이 실렸는데, 그중에는 '되도록이면 지우개를 아껴 쓰겠다'는 내용과 '지각 사유서를 쓰느라 낭비되는 종이를 절약하기 위해 지각하지 않겠다'는 내용도 있었다. 같은 페이지의 고민상담란에서는 누군가가 금속, 고기, 종이, 고무 부족 사태보다 더 심각한 문제는 '국내에 젊은 남자가 부족하다는 사실'이라고 지적했다. 뭔가 조치를 취하지 않으면 무료한 나날이 끝없이 이어질 거라면서 말이다. 다행히도 이 잡지는 몇 가지 해결책을 내놓았다. 우선, 유행이 지난 뜨개옷의 털실을 풀어서 빤 다음 다른 색깔로 물들여 새 아기옷을 짓는다. 그래도 지루하면, 해진 레이온 원피스 두 벌을 짜깁기해서 나들이용 조끼 한 벌로 리폼한다. 거대한 곤충이나 팔이 네 개 달린 사람이라면 굳이 팔을 잘라 내어 조끼를 만들지 않고 두 벌을 이어 붙이기만 해도 재단한 듯이 꼭 들어맞겠지만.

면, 여자대학교 학생 중 14퍼센트만이 연유를 좋아한다고 응답했다. 하지만 한 달 동안 열여섯 번에 걸쳐 연유를 맛보게 한 뒤 다시 질문했을 때는 무려 51퍼센트가 연유에 호감을 표했다. 커트 레빈은 이 변화를 이렇게 설명했다. "사람들은 뭔가를 좋아해서 먹는 게 아니라 자신이 먹는 음식이기 때문에 좋아합니다."

이런 습성은 생각보다 일찍부터 형성된다. 태아는 양수를 하루에 수십 그램씩 마신다고 하는데, 산모가 먹은 음식의 향이 모유는 물론 양수에도 실려 오기 때문이다. 아기가 자라면서 엄마 배 속에 있을 때와 엄마젖을 먹는 동안 맛봤던 음식을 더 쉽게 받아들인다는 사실을 증명하는 연구 결과도 꾸준히 발표되고 있다. 모넬 연구소의 줄리 메넬라^Julie Mennella와 게리 보상^Gary Beauchamp은 이 분야에 정통한 최고 전문가다. 두 사람은 마늘 기름이 들어 있는 캡슐을 삼킨 임산부와 그렇지 않은 임산부로부터 양수와 모유를 채취했다. 그리고 특별히 모집한 실험 참가자에게 이 시료의 냄새를 맡게 했다.[6] 그 결과, 이들은 모두 같은 의견을 내놓았다. 즉 마늘 기름 캡슐을 삼킨 임산부의 시료에서는 마늘 냄새가 난다는 것이다. 정작 당사자인 아기들은 별로 신경 쓰지 않는 것 같았지만, 보고서를 보면 "아기들은······ 모유에서 마늘 냄새가 날 때 젖을 더 많이 먹었다"라고 적혀 있다.

브라이언 완싱크는 식품 마케팅 컨설턴트로서 대두 제품의 세계 소비를 활성화하는 프로젝트에 참여한 적이 있다. 그런데 이런 일의 성패는 타

---

[6] 이 실험을 할 때는 냄새만 맡고 맛을 보지는 말도록 미리 양해를 구해야 한다. 양수에는 태아의 소변이 섞여 있기 때문이다. 가끔은 태변이 섞이기도 한다. 태변은 점액, 담즙, 상피세포, 체모 등의 양수 쓰레기로 구성되어 있다. 위키피디아 검색창에 치니 친절하게도 찐득한 짙은 황갈색 태변이 묻은 일회용 기저귀 사진을 모유를 먹은 신생아의 황금색 변이 묻은 기저귀 사진과 비교해서 보여 준다. 두 사진 모두 1,280×528 픽셀의 해상도로 확대해서 볼 수 있다.

깃 지역의 문화에 크게 좌우된다. 중국, 콜롬비아, 일본, 인도처럼 전통을 엄격하게 지키면서 음식을 만들어 먹는 가족 중심주의 사회는 이방 문화가 비집고 들어가기가 어렵다. 반면 미국과 러시아처럼 전통 수호에 대한 압박이 덜하고 개인을 중시하는 사회에 진출하는 것은 충분히 도전해 볼 만하다.

한편, 제품의 가격도 성패의 결정 요인이다. 싸다고 해서 언제나 환영받는 것은 아니지만 말이다. 즉 저렴한 데다 맛있어서 기꺼이 구매하는 게 아니라 돈을 아끼기 위해 마지못해서 사먹는다는 것이다. 동물 내장은 값이 싸다는 것이 오랜 통념이지만, 바로 그 때문에 '사람이 먹을 수는 있지만 내가 먹을 만한 것은 아닌 어떤 것'으로 치부된다고 미드는 지적한다. 1943년에는 누가 동물 내장을 먹는다고 하면 스스로 채신을 깎아먹는 꼴밖에 안 되었다. 미국인에게 살코기는 상류층의 상징이었기에 당시 미국 사람들은 되도록이면 순 살코기만 먹으려고 했던 탓이다.

당시에는 전 세계적으로 인종과 사회적 지위에 관한 고정 관념이 몹시 뿌리 깊었다. 탐험가들은 원주민처럼 먹느니 차라리 굶어 죽는 편을 택할 정도였고, 이런 편견은 영국의 북극 탐험대가 특히 심했다. 로버트 피니Robert Feeney는 『북극 여행기Polar Journeys: The Role of Food and Nutrition in Early Exploration』에 이렇게 적고 있다. "영국 사람들은 에스키모의 음식이 영국 선원의 식사보다도 못하다고 여겼다. 그러니 영국 장교가 그런 음식을 입에 댄다는 것은 상상도 못할 일이었다." 1860년에 꾸려진 버크Burke와 윌스Wills의 호주 원정대 대원들은 호주 원주민이 즐겨 먹는 호주 나방의 몸통과 유충을 거부한 끝에 결국 모두 괴혈병에 걸리거나 굶어 죽었다. 나방을 먹는다는 것은 말만 들어도 소름이 돋긴 하지만 비타민 C 함량은 같은 양의 시금치와 맞먹을 정도이고 칼륨과 칼슘, 아연도 풍부하다.

하지만 이른바 혼합육을 구성하는 부위 중에서 가장 논란이 많은 것은 아무래도 생식기관이라고 할 수 있다. 그런 면에서 나는 미국 본토에 돼지 고환 요리를 정착시키고자 노력하는 디나 푸치아렐리Deanna Pucciarelli에게 격려의 박수를 보낸다. 볼 주립대학교에서 외식경영학과를 이끄는 그녀는 기밀정보 비공개 계약에 묶여 돼지 고환 요리를 누가, 왜 먹는지 밝힐 수 없다고 했다. 하지만 안타깝게도 보양식으로 소문이 나거나 로키 산맥에서 나는 산굴처럼 희귀 음식으로 주목받지 않는 한, 생식기관이 우리네 저녁 식탁에 오를 일은 없어 보인다. 내 생각에 당분간은 현대 사회에서 난소, 자궁, 음경, 질이 먹을 만한 음식으로 받아들여질 것 같지 않다. 미국 식육협회 대변인인 재닛 라일리Janet Riley도 여기에 동의했다.

그러나 옛날, 즉 고대 로마에서는 상황이 달랐다. 시카고 음식사학자협회 회장인 브루스 크레이그Bruce Kraig는 고대판 요리책 『아피시우스Apicius』에 실린 돼지 자궁 소시지 조리법을 재현해 선보이기도 했다. 한 메뉴의 조리법 설명은 "도살 직후 사체가 굳기 전에 목구멍을 통해 내장을 뽑아낸다"는 문구로 시작될 정도로 이 책의 요리 스타일은 상당히 파격적이다. 보통 우리는 고기에 소금과 후추를 뿌리지만 『아피시우스』의 자궁 소시지 조리법에는 '익힌 뇌를 원하는 만큼 넣어서' 간을 맞춘다고 되어 있다. 또한 1951년에 『식육백과Meat for the Table』를 발표한 슬리터 불Sleeter Bull7에 따르면, 고대 그리스인들은 유방 요리를 사랑했다. 그는 암퇘지가 출산하자마자 새

---

7 일리노이 대학교 축산학과 교수로서 슬리터 불 육류 장학금Sleeter Bull Meats Award의 창시자이기도 하다. 그는 장학금 사업을 운영하는 것 외에도 특정 학생 동아리의 지도교수를 맡아 축산학과 육류 전공 학부 과정을 널리 알리는 데 힘썼다.

끼가 젖을 물기 전에 잘라 낸 젖통이 가장 맛있다고 구체적으로 설명했다. 역사상 이렇게 잔인한 요리법이 또 어디에 있을까 싶다.

사실 샅샅이 찾아보면 겉보기에는 거부감이 들어도 막상 먹어 보면 맛도 나쁘지 않고 영양가도 높은 혐오식품이 생각보다 많다. 식품학자인 앤서니 블레이크Anthony Blake는 이런 글을 남겼다. "인류가 먹는 음식을 광범위하게 살펴보면, 인체에 무해하면서 영양소가 풍부한 먹을거리를 역겹다고 낙인찍는 것이 과연 옳은 일인지 의문이 든다. 어떤 사람이 아주 어릴 때부터 어떤 혐오식품을 긍정적으로 여기는 환경에서 자란다면 그는 그 음식을 아무 거리낌 없이 먹을 수 있을 것이다." 블레이크는 소의 오줌을 발효시켜서 만든 수단식 양념을 이런 혐오식품의 예로 들었다. 이 문화권에서는 이 양념이 동양의 간장처럼 약방의 감초로 사용된다.

2005년 여름에도 비슷한 성격의 사건이 있었다. 중국의 한 중소기업이 콩 대신 사람 머리카락으로 더 저렴한 간장 대용품을 제조한 사실이 세상에 알려진 것이 발단이었다. 사람의 머리카락 중 14퍼센트는 아미노산의 일종인 L-시스테인L-cysteine으로 되어 있다. L-시스테인은 고기 맛을 내거나 빵 반죽에 탄력을 줄 때 흔히 사용된다. 유대교의 식사 계율 전문가들 사이에서 논란거리가 되기에 충분할 정도로 흔하다. 『코셔 푸드 프로덕션Kosher Food Production』이라는 책을 낸 랍비 주슈 블레흐Zushe Blech는 자신의 홈페이지 Kashrut.com에서 "인모는 딱히 맛있다고 할 수는 없지만 율법에 따른 코셔 식품이긴 하다"라고 인정했다. 나는 '엄밀히 말해 못 먹을 성분은 없다'는 내용의 이메일 답장을 통해 그의 견해를 재확인할 수 있었다. 머리카락에 염산을 떨어뜨리면 L-시스테인이 녹아 나오면서 머리카락이 형체도 없이 사라져 버리고 소독 효과도 있다. 그런 면에서 랍비들이 걱정하는 것은 위생 문제가 아니다. 이들이 머리카락에 민감한 것은 우상 숭배의 가능성 때문이다. 블레흐는 머리카락을 길러서 자른 다음 우상에게 바치는 여성들이 있다고 지적했다. 실제로 인도에서는 일부 성지 참배객이 헌물로 바쳐진 머리카락을 훔쳐서 가발 제조상에게 판다고 하는데, 유대교 지도층은 이 머리카락이 L-시스테인 함유[8] 제품을 만드는 업체 쪽으로 흘러들 수도 있다며 우려한다. 진위 여부는 아직 밝혀지지 않았지만, 블레흐는 코셔 제품 생산에 사용되는 인모는 모두 검증된 지역 이발소를 통해서만 조달한다고 못 박았다. 휴, 다행이다.

많은 사람의 식습관을 단시일 내에 바꾸는 데 존망받는 한 사람의 솔선수범보다 효과적인 것은 없다. 심장 꼬치 요리를 즐기던 열정으로 골뱅이를 일품요리로 탈바꿈시킨 어느 왕처럼 말이다. 폴 로진은 이렇게 썼다. "모두가 질색하던 것도 높으신 분들이 고개를 한번 끄떡하면 사람들은 싫은 내색을 감추고 좋아하기 시작한다." 오늘날에는 전 세계 최고급 레스토랑과 인기 TV 프로그램의 유명 셰프들이 이런 왕 역할을 한다. 〈철인 요리왕Iron Chef〉이라는 TV 요리 대결 프로그램의 '내장 전쟁' 에피소드를 보면 심사위원들이 소금과 후추 간만 한 생심장, 양 간 트뤼플, 곱창, 췌장, 모래주머니 요리를 맛보고 황홀해한다. 일반 가정에서는 이런 내장 요리가 10년에 한 번 식탁에 오를까 말까 할 텐데 말이다.

....

8 흔히 사용되는 또 다른 L-시스테인 공급원은 깃털이다. 블레흐는 탈무드의 게모라 중 안식일 편 145b에 나오는 닭고기 수프가 감기에 효과적인 것이 이 깃털 L-시스테인 덕분일 것이라고 추측한다. 그가 말하길, L-시스테인은 점액을 묽게 만드는 약효 성분인 아세틸시스테인acetylcysteine과 비슷하다고 한다. 비중은 훨씬 낮지만 닭 껍질에도 L-시스테인이 들어 있다. "의사가 처방하는 감기약이나 닭고기 수프와 L-시스테인이 다를 바 없는 셈이죠." 블레흐가 경쾌하게 말했다.

AFB의 팻 밀러는 이런 생소한 토속음식이 전파되는 과정은 고급 레스토랑에서 시작해 동네 식당과 각 가정의 식탁을 거쳐 슈퍼마켓의 냉동식품 코너로 이어지는 동선을 따른다고 설명한다. "보통은 전채 요리로 시작합니다. 위험 부담이 적으니까요. 그러다가 주요리로 발전하죠. 그러면 곧 재료를 어디서나 쉽게 구해 집에서도 자주 해 먹는 고정 메뉴가 됩니다."

내막을 벗겨 내는 등의 손질 과정이 필요한 내장은 적응 속도가 느린 편이다. 내장은 덩어리째 굽거나 국거리로 쓰는 살코기와 달리 모양이 너무 적나라한 탓이다. 딱 봐도 신체 장기임을 알 수 있으니 말이다. 그런데 동물 내장이 거부감을 일으키는 또 다른 이유가 있다. 로진의 표현대로, 내장은 사람과 동물이 공통점이 많다는 사실을 상기시킨다. 시체가 죽음을 떠올리게 하듯이, 혀와 위장은 우리에게 무언의 메시지를 보낸다. 당신도 음식을 입에 넣고 씹어서 위장관으로 내려보내 소화시키는 하나의 생명체일 뿐이라고.

내 몸에도 똑같은 게 하나 들어 있다는 사실을 알면서도 간을 먹자니 식인의 금기를 깬다는 찜찜함을 지울 수 없는 것은 사실이다. 정서적으로 또는 계통발생학적으로 더 가까운 동물종일수록 먹는 사람 입장에서는 거부감이 크고, 도축업자 입장에서는 살인이라도 저지르는 듯한 죄책감이 강하게 든다. 하지만 다행히 마거릿 미드는 애완동물과 영장류는 식용으로는 꿈도 꾸지 않는 부류라고 못 박았다. 원숭이 고기를 먹는 문화권에서도 전통적으로 유인원은 절대로 손대지 않는다고 한다.

내가 이글루릭을 방문했을 당시 이누이트 사회에는 반려 동물을 키우는 관습이 없었다. 그들에게 썰매 개는 생활 도구의 하나일 뿐, 그 이상도 그 이하도 아니었다. 마카베 나르톡에게 내가 고양이를 키운다고 말하자, 그는 이렇게 물었다. "고양이를 뭐에다 쓰려고요?" 그러나 미국에서 애완동물은 가족이지 식량이 아니다. 제2차 세계 대전 중에 식량배급제가 시행되었을 때도 말과 토끼를 비롯한 각종 애완동물에 대한 이런 애정은 변함이 없었다. 말고기와 토끼고기는 적어도 바다 건너 프랑스에서는 진미로 찬양받는 데다 살코기를 선호하는 미국인에게는 내장보다 훨씬 나았을 텐데도 말이다. 이런 분위기 속에서 캔자스시티에 사는 과학자 B. 애슈턴 키스B. Ashton Keith는 1943년에 '식육 공급량 부족분을 토끼고기로 충당해야 한다Jackrabbit Should Be Used to Ease Meat Shortage'는 제목의 사설을 발표했다. 토끼의 사체는 훌륭한 동물성 단백질 공급원인데, 목장에서 코요테나 까마귀의 먹이로 버려지는 현실이 안타깝다는 내용이었다. 그런데 보아하니 이렇게 버려진 토끼고기를 키스의 모친이 그러모아 살뜰하게 활용한 것 같다. 그가 어릴 때 어머니가 만들어 주신 토끼 튀김, 토끼 구이, 토끼고기 국, 토끼고기 파이를 먹던 추억을 애틋해한 것을 보면 말이다.

그런 와중에 호러스 플레처Horace Fletcher라는 자칭 영양경제학자는 전시 식육 부족 사태를 배급제나 토끼고기에 의존하지 않고 아주 간단하게 해결할 수 있다고 주장했다. 처음에 몸이 적응하는 데 시간이 걸린다는 점을 제외하면 플레처의 방법보다 더 경제적인 묘책은 없어 보였다.

4

꼭꼭 씹어서 천천히 먹으면
나랏빚도 갚는다

호러스 플레처의 논문은 부피로 따지면 얇은 카디건 한 벌을 접은 크기의 마분지 상자에 다 들어갈 정도로 얼마 되지 않는다. 영양경제학자를 자처하는 그는 하버드를 나오지 않았지만,[1] 그가 남긴 자료는 하버드 대학교 도서관의 한구석에 깊숙이 보관되어 있다. 그렇게 나는 5월의 봄날, 하버드 대학교를 찾아갔다. 창문 너머로 텅 빈 객석을 마주한 채 학위 수여식 예행연습이 한창이었다. 나는 자료 분량이 적다는 사실에 안도했던 기억이 난다. 두어 시간 안에 한번 쭉 훑어보고 나가 케임브리지 교정에서 광합성을 하며 따스한 봄날을 만끽하면 좋겠다는 생각이 들었다.

하지만 이건 속임수였다. 타이프 용지가 양파껍질처럼 얇디얇았던 것

---

1 그럼에도 그는 유산을 하버드 대학교에 기증했고, 그중 일부는 호러스 플레처상의 기금으로 사용되었다. 이 상은 매년 '영양경제학적 측면에서 생리 현상을 조절하는 데 유용한 성곽 유두와 타액의 용도'를 주제로 작성된 우수 논문에 수여하도록 제정되었다. 하지만 하버드 포상위원회에 문의해 보니 지원자나 수상자의 기록이 전혀 남아 있지 않았다.

이다. 그것도 모자라 뒤로 갈수록 여백이 점점 줄어들더니 종국에는 빈틈이 거의 없이 온 지면이 알파벳으로 빽빽했다. 그의 절약 정신은 이해가 되지만 도를 넘어 편집증에 가까웠다. 음식을 꼭꼭 씹어 먹어서 가능한 한 많은 영양소를 섭취한다는 그의 신념 그대로 종이 한 장도 최대한 활용하려고 악착같이 애쓰는 모습이 눈에 훤했다. 1913년에는 줄 간격을 두 줄에서 한 줄로 줄이고 앞뒤 양면에 타자를 치기 시작했다. 배경이 비칠 만큼 종이가 얇았기 때문에 글씨가 앞뒤로 겹쳐서 알아보기 힘들 정도였다.

효율성에 너무 집착하는 것도 병이다. 그뿐만 아니라 돈과 물자를 아끼려다가 다른 소중한 것을 낭비하게 된다는 맹점도 있다. 플레처는 평생 동안 이 핵심을 놓친 것 같다. 그럼에도 그의 주장이 진지하게 받아들여진 것을 보면 신기할 따름이다.

그가 주장한 바는 한마디로 음식을 천천히 꼭꼭 씹어 먹자는 것이다. 전영국 수상 윌리엄 글래드스턴William Gladstone처럼 한 입에 서른두 번 씹는 것은 플레처의 방식에 비하면 약과다. 플레처가 남긴 기록에는 "샬롯 양파의 심지 5.7그램은 형태가 없어져 저절로 식도로 넘어갈 때까지 722회 정도 씹는다"라고 되어 있다.

그런데 호러스 플레처라는 사람 자체는 그가 주장한 이론만큼 유별난 인물은 아니었다고 한다. 기록에 따르면 그는 쾌활하고 친절한 신사였다. 갈색으로 그을린 피부를 더욱 돋보이게 하고 백발과도 잘 어울리는 상아색 양복을 즐겨 입었다고 전해진다. 또한 몸매를 가꾸고 청결을 유지하고 예의를 지키며 좋은 음식을 먹는 것을 중요하게 생각했다고도 한다.

그의 특이한 발상이 이렇게까지 인정받을 수 있었던 것은 이런 둥글둥글한 성격과 넓은 인맥 덕분이었다. 많은 고위 관료와 유명 인사가 이른바 '플레처 이론'을 몸소 실천했고, 그중에는 헨리 제임스Henry James, 프란츠 카프카Franz Kafka, 아서 코난 도일 경Sir Arthur Conan Doyle도 있었다. 유명세가 절정에 이른 1912년에는 오클라호마 주 상원의원인 로버트 L. 오언Robert L. Owen이 플레처 이론을 핵심 기조로 하는 국립보건부를 신설하자고 촉구하는 성명을 발표했다. 오언은 전국 국공립학교에서 이렇게 꼭꼭 씹어 먹는 방식을 의무적으로 가르칠 필요가 있다고 주장했다. 그로부터 얼마 뒤에는 제1차 세계 대전 기간에 미국의 정치가 허버트 후버Herbert Hoover가 조직한 벨기에 난민구제위원회에서 플레처 이론을 전격 채택했다.

플레처의 카리스마가 이 이론을 전파하는 기폭제 역할을 한 것은 사실이지만 플레처 이론은 논리적으로도 흠잡을 데가 없었다. 플레처는 건더기 없이 국물만 남을 때까지 씹어 먹으면 비타민과 기타 영양소를 두 배 정도 더 섭취할 수 있다고 확신했다. 1901년에 그가 쓴 편지 한 통에는 "평소 식사량의 절반만 먹어도 충분하다"는 대목이 있다. 그는 이것이 경제적일 뿐만 아니라 건강에도 더 좋다고 굳게 믿었다. 전 국민이 플레처 이론을 실천한다면 하루에 50만 달러를 절약할 수 있다는 것이 그의 계산이었다. 또한 씹는 둥 마는 둥 해서 위장으로 넘긴 음식은 위장에 부담을 주고 박테리아 분해 작용으로 생긴 부산물이 세포를 오염시킨다고 여겼다. 일각에서는 관장을 통해 음식물을 배설기관으로 빨리 보내 버리는 게 낫다는 주장도 있었지만 플레처는 반대로 배설기관이 처리할 양을 최대한 줄이는 쪽을 권했다.

플레처는 이 방법을 제대로만 실천하면 배설물의 양이 10분의 1로 줄어들 것이고 건강과 위생면에서도 그편이 훨씬 유익하다고 주장했다. 1903년

7월 워싱턴의 한 호텔에 머물면서 읽기 능력 시험을 준비한 익명의 수험생은 플레처 방식으로 꼭꼭 씹어 먹었더니 우유 한 잔과 옥수수 머핀 4개만으로도 하루를 거뜬히 버틸 수 있었다고 진술하기도 했다. 하지만 이것은 모든 조건이 완벽하게 맞아 떨어졌을 때의 얘기다. 실제로 이 사내가 8일 동안 입 밖으로 쏟아 낸 단어는 6만 4천 개나 되지만 큰일을 보기 위해 화장실에 간 횟수는 단 한 번에 불과했다.

이 사내의 주치의가 플레처에게 보낸 편지에는 이렇게 적혀 있다. "방바닥에 쪼그리고 앉아서 힘을 전혀 주지 않은 상태에서 둥근 공 모양의 한 덩어리가 항문에서 쏙 빠져나와 그의 손바닥으로 떨어졌습니다…… 손에 묻어나는 것도 없었고 냄새도 갓 구운 비스킷과 비슷했습니다." 사람의 배설물이 이렇게 깔끔하고 단정하다니. 의사는 이것을 플레처 이론의 바람직한 성공 사례로 삼기로 결심했다. 플레처의 부연 설명에 따르면, 이것과 비슷한 딱딱한 시료를 5년 동안 관찰했는데 전혀 변질되지 않았다고 한다. 부디 비스킷과 가까운 곳에 뒀다가 헷갈리는 일이 없었기를 바랄 뿐이다.

하지만 그의 이론에는 중요한 허점이 있었다. 1초에 한 번 씹는다고 가정할 때, 양파 한 입을 플레처 방식으로 먹으려면 10분 이상 걸린다. 식사 시간에 가족과 대화라도 한마디 나누려면 여간 어려운 일이 아닐 것이다. 자본가 윌리엄 포브스William Forbes는 1906년 일기에 이렇게 적었다. "호러스 플레처의 집에서는 식사 시간에 음식을 씹는 데 집중하느라 정적만 감돌았음이 틀림없다." 플레처 이론을 믿지 않지만 억지로 등 떠밀린 사람들은 역사학자 마거릿 바넷Margaret Barnett의 표현을 빌려 '식은땀이 나고 등이 쭈뼛 서는 정적 속에서 음식을 씹는 데만 열중해야 하는 끔찍한 고문'을 견뎌야 했다. 그래서 존 하비 켈로그John Harvey Kellogg는 자신이 운영하는 요양원에 플레처 이론을 도입하면서[2] 4인조 중창단을 고용해 식사 시간마다 식당에서 일명 '꼭꼭 씹자 노래The Chewing Song'[3]를 부르게 했다. 침울한 식사 시간에 활기를 불어넣기 위해 켈로그가 직접 작사 작곡한 노래였다. 동영상을 찾으려고 샅샅이 뒤졌지만 허탕치고 말았다. 하지만 '플레처식 식사가 그다지 즐겁지 않았을 것'이라는 바넷의 추측이 정확했던 것 같다. 카프카의 부친은 저녁 식사 시간마다 자신을 감시하는 아들의 눈을 피해 신문으로 얼굴을 가리고 식사를 했다고 하니 말이다.

이 재미없고 숨 막히는 식사법이 어떻게 유행하게 된 것일까? 그것은 인맥이 태평양만큼 넓은 마당발 플레처가 과학자들과도 두터운 친분을 유지한 덕분이다. 그는 의학적 배경 지식이 전혀 없었지만, 의학과 생리학에 정통한 친구를 여럿 두었다. 1900년 베네치아의 한 호텔에 머무는 동안에는 호텔 주치의인 어니스트 반 소메런Ernest van Someren을 만나 친구가 되었다. 소메런은 처음에는 플레처 이론보다 플레처의 딸에게 더 관심이 있었지만 결국 플레처의 설득에 넘어가고 말았다. 아니면 장광설로 가득한 플레처의 편지 공세에 지쳐 포기한 것일지도 모른다. 소메런은 "베수비오 산이 놀라운 속도로 용암을 토해 내듯이"라며 당시 상황을 더 유쾌하게 묘사했지만 말이다. 어쨌든 이런 경위로 그는 '2차 연하반사'라는 의학 신조어를 만드는 등

---

2 하지만 대변 형태에 관한 켈로그의 의견은 플레처와 달랐다. 켈로그는 매일 묽은 변을 네 덩어리씩 배출하는 것이 이상적인 건강 상태라고 생각했다. 반면에 플레처의 이상적인 모델은 일주일에 바싹 마른 공 몇 덩어리를 배설하는 것이었다. 이런 의견 대립은 개인적인 감정으로 악화되었다. 켈로그는 "그의 혀는 몹시 두껍고 그가 내쉬는 숨에서는 악취가 진동한다"며 플레처를 비웃었다.

3 나는 전체 가사 중에서 한 대목을 겨우 찾아냈다. 하지만 이 부분만 봐도 전체 분위기를 짐작하기에는 충분할 것 같다. "꼭꼭 씹어 먹을 거야/내가 그러고 싶으니까/이게 자연스러운걸/형편없는 국물 요리는 필요 없어/제대로 먹는 방법은 씹고, 씹고, 또 씹는 것뿐."

플레처 이론에 살을 붙이는 데 적극 협조했다.

두 사람은 학계의 인정을 받으려면 데이터를 모아야 한다는 데 동의했다. 그래서 플레처는 자전거로 프랑스를 일주하는 동안 자기 자신과 그가 '내 친구 칼'이라고 칭한 짐꾼을 실험 대상으로 삼아 매일 먹는 양과 배출량의 무게를 재고 기록했다. 플레처가 1900년 한 후원자에게 보낸 편지에 따르면, 칼은 저울을 짊어지고 오르막길에서는 자전거를 대신 끌고 가도록 고용된 티롤 지역 출신 청년으로, 늘 전통의상을 입고 유능했다.

소메런은 이 데이터를 정리한 논문을 1901년에 영국의학협회 모임에서 공개하고 곧 세계생리학회의에서도 발표했다. 런던 왕립학술원과 케임브리지 대학교의 저명한 과학자들은 회의적인 태도를 유지하면서도 호기심을 보였다. 이에 예일 대학교의 러셀 치헌던Russell Chittenden은[4] 1904년에 직접 추적 관찰 연구를 진행했다. 참가자에게 저칼로리, 저단백질 식단을 플레처 이론대로 천천히 꼭꼭 씹어 먹도록 한 이 실험은 플레처와 치헌던이 공동으로 진행했으며, 미 육군 파견 의무병 13명이 복무 기간 6개월을 면제받는 조건으로 실험에 동원되었다. 그런데 이번에는 무게를 재고 방을 청소해 줄 하인이 없었기 때문에 실험 참가자들은 하루 일과를 오전 6시 45분부터 시작해야 했다. 기록을 보면 매일 "소변과 대변의 무게를 달고 이 시료를 실험실로 운반한 다음 요강을 씻고 기숙사를 정리하는" 데 한 시간 반이 걸렸다고 한다.

실험 결과는 일관성 없이 뒤죽박죽이었다. 하지만 치헌던은 플레처식 식

----

4 치헌던의 연구 결과를 요약한 논문은 1903년에 『월간 대중과학Popular Science Monthly』 6월호에 실렸다. 이 요약문은 앞발 없이 기형으로 태어난 망아지 하버Havre에 관한 기사와 같은 페이지에 실렸다. 하버는 두 앞발이 없어 캥거루와 비슷한 모양새를 지녔지만 캥거루는 앞발이 짧더라도 달려 있긴 했으니 하버보다 나은 편이라는 내용이었다. 불행 중 다행으로 하버는 염소젖을 잘 먹고 매우 건강했다고 한다.

사법을 따르면 현행 기준에서 권하는 칼로리의 3분의 2와 단백질의 절반만 섭취해도 사람이 살아가기에 충분하다는 증거를 확보했다고 주장했다. 학계는 이 주장을 거세게 비판하고 무시했지만, 적은 예산으로 굶주린 병사들을 배불리 먹여야 하는 장교들과 기타 관계자에게는 희소식이 아닐 수 없었다. 미국과 유럽에 있는 구빈원, 교도소, 학교의 운영자들은 플레처 이론을 쌍수 들어 환영했다. 미 육군 의무국은 '경제적인 영양소 섭취 요령Method of Attaining Economic Assimilation of Nutriment'이라는 제목으로 플레처 방식을 도입한 공식 지침서까지 내놓았고, 지침서에는 고형 음식이 건더기 없이 완벽한 액체가 될 때까지 씹는다고 명시되었다. 이런 사회적 호응에 힘입어 치헌던은 1917년에 허버트 후버의 학술고문이 되었고 미국 식량관리청 청장 자리도 꿰찼다. 한편 제1차 세계 대전 동안 벨기에에 머물렀던 플레처는 그사이 또 벨기에 주재 미국 대사와 친해져 그를 연줄로 이용해 허버트 후버와 안면을 트는 데 성공했다. 그의 목표는 '소화관 전문 명예고문'이 되어 후버의 난민구제위원회에 영향력을 미치는 것이었다. 플레처와 치헌던은 플레처 이론을 미국 경제 정책에 편입시키도록 후버를 설득하기 위해 해외 파병군에게 보내는 민간인 식량을 지금 수준의 3분의 1로 줄일 수 있다면서 양쪽에서 총공세를 폈다. 하지만 후버는 이 제안을 거절했다.

언뜻 보면 플레처가 정의감 넘치는 부유한 몽상가 같겠지만 그는 가끔씩 부지불식간에 진짜 속내를 드러냈다. 그가 1910년에 쓴 편지 한 통에는 어느 5인 가족이 플레처식 식사법을 실천한 덕분에 15개월 만에 방 5칸짜리 아파트에 가구를 들여놓을 만한 돈을 모을 수 있었다고 적혀 있다. 그런데 이어지는 한마디가 가관이다. "물론 그렇게 고급 가구는 아니었겠지만." 여러 해 동안 뉴욕의 최고급 호텔 월도프 아스토리아의 스위트룸에 장기투

숙한 사람의 입에서 나온 말이니 알 만하지 않은가. 그는 이 편지 말미에 자신의 신념을 한마디로 표출했다. "경제학 전문가가 욕심만 많은 우둔한 무리를 선도해야 할 시점이다." 갑자기 빵이 부족하다면 케이크를 먹으면 되지 않느냐던 프랑스의 어느 왕비가 떠오른다.

19세기와 20세기 초는 아무렇지 않게 편법을 일삼은 구호 사업가가 많았다. 대개는 이들이 처음부터 못된 마음을 먹은 것이 아니라 주어진 예산이 빠듯했기 때문이다. 장 다르세Jean d'Arcet 부자도 비슷한 경우이다. 그들의 제안을 따르느니 차라리 진짜 가죽 구두끈을 씹어 먹는 게 낫다는 말이 나올 정도였다. 화학자인 다르세 주니어는 1817년에 파리 복지기금의 후원을 받아 뼈에서 젤라틴을 추출하는 기술을 발명했다. 다르세는 젤라틴 57그램의 영양가가 고기 1.4킬로그램 정도와 맞먹는다는 터무니없는 주장을 했지만 공립병원과 구빈원은 이를 곧이곧대로 받아들여 고기 대신 젤라틴을 넣은 수프를 배식하기 시작했다.

하지만 도처에서 불평불만이 쏟아지자 1831년에 빈민 병원의 의사들은 전통 방식으로 만든 고기 수프와 젤라틴 수프를 비교하는 실험을 실시했다. 그러고는 젤라틴 수프는 끔찍한 맛이 나고 상하기 쉬우면서 소화가 잘 안되고 영양가도 없다는 분석 결과를 발표했다. 무엇보다도 설사를 자주 일으킨다는 것을 문제점으로 지적했다. 이에 프랑스 과학아카데미가 나서서 젤라틴 구호사업 지도부에 사업 재검토를 권고했다. 이들은 무려 10년 동안이나 갈팡질팡하다 마침내 사업을 포기한다는 내용의 성명을 발표했다. 젤라틴을 동물에게 줬더니 차라리 굶어 죽을 정도로 끔찍하게 싫어했다는 사실을 고백하면서 말이다.

이쯤에서 재미있는 기사 하나를 소개하고 넘어갈까 한다. 『캘리포니아 농부와 실용과학저널California Farmer and Journal of Useful Sciences』의 1859년 발행본에 페루 바닷새 배설물에서 영양분을 추출하는 방법이 실렸다.[5] 기술 개발자인 잉글랜드의 미스터 윈 클라크Mr. Win. Clark of England는 이 농축 육수를 모든 사회 계층에 권하면서 고기를 살 형편이 안 되는 육체노동자에게 특히 적합하다고 말했다. 미스터 클라크는 2~3테이블스푼에 고기 900그램의 영양분이 들어 있다고 주장하면서, 인부들이 자주 먹는 감자와 콩에 이 육수를 조금 첨가하면 맛이 훨씬 좋아진다고 구체적인 활용 방법을 소개하기까지 했다.

그로부터 60여 년이 지난 1979년에 미니애폴리스의 한 연구 팀이 또다시 플레처 이론에 관심을 보였다. 이들은 지역 재향군인병원에서 실험 참가자 10명을 모집하고 땅콩과 땅콩버터를 준비했다. 처음에는 지방을 땅콩으로만 공급하는 식단을 짜서 이들에게 제공한 뒤 이어서 땅콩을 땅콩버터로 교체했다. 성분은 똑같지만 꼭꼭 씹어 먹고 말고의 차이만 있다는 점에서 이 조합은 안성맞춤이었다. 그런 다음, 연구 팀은 플레처가 배설물이라고 부르기 좋아했던 이른바 '소화 잔해물'을 분석해서 땅콩 지방이 체내에 흡수되지 않고 얼마나 많이 배출되는지 알아봤다.

이 실험의 결과는 1980년 10월에 『뉴잉글랜드 저널 오브 메디슨New England Journal of Medicine』에 발표되었다. 논문의 결론 부분에 "음식을 꼭꼭

---

5 기사의 내용은 이렇다. "에나멜 냄비에 담긴 배설물 1.1킬로그램에 물 2.8리터를 붓고 3~4시간 동안 끓인 다음 그대로 식힌다. 건더기가 가라앉으면 투명한 국물만 따라 낸다. 그러면 영양 만점의 육수 약 0.9리터가 나온다." 기자는 친절하게도 한꺼번에 너무 많이 마시면 후추나 식초처럼 불쾌한 맛이 느껴질 수 있으니 조심하라는 경고의 말을 덧붙였다.

씹어 먹지 않는 사람은 자연의 벌을 받는다'라는 말이 어느 정도는 맞을지도 모른다"는 문장이 있다. 땅콩을 그대로 먹었을 때는 섭취한 지방 중 18퍼센트가 배설물로 나왔지만, 땅콩버터로 바꾸자 지방 배출량이 7퍼센트로 줄었다는 자료를 근거로 이런 결론을 내린 것 같다.

그러나 땅콩이 모든 먹을거리를 대표한다고 볼 수는 없다. 『뉴잉글랜드 저널 오브 메디슨』에서는 '대변 검체를 시각적으로 분석한다'는 등 어려운 말로 포장했지만, 간단하게 변기 물을 내리기 전에 한번 쓱 보기만 해도 땅콩 덩어리가 덜 소화된 채로 위장관을 통과해 나온다는 사실을 누구나 확인할 수 있다. 견과류는 소화가 잘 안 되기로 유명하다. 특히 땅콩과 옥수수알은 매우 단단해서 장 통과 시간6을 가늠하는 지표 식품으로 널리 사용된다. 여기서 장 통과 시간이란 음식을 먹은 후 배설할 때까지 걸린 시간을 말한다. 마틴 스톡스Martin Stocks 역시 땅콩을 장 통과 시간을 측정하기에 가장 유용한 식품으로 꼽았다. 스톡스가 소속된 영국의 소화관 연구 대행 기관 모델 거트Model Gut에서는 인체 소화관을 재현한 컴퓨터 모델7을 이용해서 흡수 연구를 실시한다.

나는 모델 거트에서 플레처 이론 실험을 대신 해줄 수 있는지 알아보기 위해 스톡스에게 연락을 취했다. 나는 가능하긴 하지만 1~2만 달러의 비용이 들 것이라는 답변을 받았다. 그는 견과류와 생고기를 예로 들며 일부 씹기 어려운 음식의 경우는 턱이 빠지도록 씹어서 먹으면 열량과 영양소를 조

---

6 사람의 소화관은 시애틀에서 로스앤젤레스까지 운행하는 광역철도와도 같다. 한 번 완주하는 데 30시간 정도 걸리고 종착역에 다다를 때쯤에는 창밖 풍경이 단조롭기 짝이 없다는 면에서다.
7 설계자는 이 모델에는 토하는 기능도 있다며 자랑스러워했다. 그래서 나는 배설하는 기능도 있는지, 그렇다면 어디로 배설하는지 이메일로 물었다. 하지만 그는 답장을 보내지 않았다.

금 더 얻을 수 있을지 모르지만 전체적인 면에서는 거의 차이가 없다고 말했다.

스톡스는 내가 보낸 이메일을 모델 거트의 상임연구원인 리처드 포크스Richard Faulks에게도 전달했는데, 포크스는 이렇게 씹는 행위에 집착하는 것을 경멸할 뿐만 아니라 흡수율을 높이겠다고 뭐든지 갈아 버리는 요즘 세태도 못마땅해했다. 침에 들어 있는 소화 효소가 전분을 분해하는 것은 사실이지만 이런 효소를 만드는 것은 췌장이기 때문이다. 다시 말해 어떤 음식도 대충 씹어 삼키면 뒷일은 소장에서 다 처리한다는 뜻이다. 포크스는 사람의 소화관은 애초에 음식에서 짜낼 수 있는 것은 최대한 짜내도록 생겨 먹었기 때문에 먹는 것을 가지고 유난 떨며 애쓸 필요가 없다고 설명했다. "남들이 조금이라도 좋다고 하면 무조건 다다익선인 줄 아는데 다 착각입니다. 진화생물학을 무시하고 생존의 법칙에 거스르는 짓이에요." 만약 호러스 플레처가 살아 있었다면 포크스와 대판 싸웠을 것 같다.

그래도 플레처식 식사법에 장점이 하나 있긴 하다. 바로 천천히 먹는 습관을 들일 수 있다는 것이다. 특히 다이어트를 하는 사람이라면 한 번 시도해 볼 만하다. 포만감이 느껴질 때까지만 먹는다고 치면 한 입에 서른두 번 씹는 사람은 다섯 번 씹는 사람보다 덜 먹게 되기 때문이다. 하지만 플레처가 말하는 '꼭꼭 씹어서'는 고작 서른두 번을 의미하는 게 아니다. 포크스는 플레처의 주장대로 한 입에 100회 정도 씹는다면 정반대 효과가 나타날 수 있다고 반박한다. 식사 시간이 지나치게 길어져 몇 술 뜨기도 전에 첫 한 입이 소장으로 넘어가 버리면 아무리 먹어도 배가 부르지 않아 자꾸 먹게 된다는 것이다. 그러므로 어찌어찌해서 접시를 싹 비우더라도 자리를 털고 일어서는 순간 다시 배가 꼬르륵거릴 수밖에 없다.

그뿐만이 아니다. 아침을 먹느라 오전 일과를 통째로 날린다는 것도 심각한 문제다. 메이요 재단의 소화기내과 전문의 하이메 아란다미셸Jaime Aranda-Michel은 이런 반응을 보였다. "요즘 이렇게 시간이 남아도는 사람이 어디에 있습니까? 아침 식사를 하는 데만 하루 온종일 걸리겠네요. 그러면 틀림없이 직장에서 잘릴 거예요!"

미니애폴리스에서 재향군인의 대변 검체를 분석하거나 모델 거트에서 컴퓨터 프로그램을 돌리기 한참 전에 과학 발전을 위해 평생 헌신한 사람이 한 명 있다. 바로 알렉시스 세인트마틴Alexis St. Martin이다. 1800년대에 미국의 한 모피 가공 회사의 사냥꾼으로 일하던 열여덟 살 청년 세인트마틴은 사고로 옆구리에 총을 맞았다. 수술을 받고 상처는 치유되었지만 커다란 구멍이 남았다. 위에 뚫린 구멍에 근육층과 피부가 눌어붙어 그대로 아문 것이다. 그런데 세인트마틴의 치료를 담당한 의사 윌리엄 보몬트는 이 특이한 구멍을 문자 그대로 창문 삼아 사람 위 안에서 벌어지는 일과 위액이 하는 신비스러운 작용을 밝혀낼 수 있겠다고 생각했다. 당시에는 이 모든 게 미스터리 그 자체였으니 연구할 가치가 매우 높은 소재였다.

그리하여 1825년 8월 1일 정오에 실험이 시작되었다. 보몬트의 실험 일지에는 이렇게 적혀 있다. "천공 부위를 통해 명주실을 묶은 음식 덩어리를 위에 집어넣었다…… 실험에 사용한 음식은 간을 세게 한 스튜의 쇠고기 건더기 한 조각, 소금만 치고 익히지 않은 돼지고기 비계 한 조각, 소금만 치고 익히지 않은 쇠고기 살코기 한 조각…… 오래된 빵 한 조각, 익히지 않은 양배추 한 조각 등이었다…… 피험자는 평소대로 움직이며 집 안을 돌아다녔다."

실험 첫날, 보몬트는 플레처 이론에 정면으로 배치되는 현상[8]을 목격하게 된다. 이 이론이 나오기 무려 75년 전에 말이다. "오후 2시. 양배추, 빵, 돼지고기, 익힌 쇠고기는 모두 흔적도 없이 완벽하게 소화되었다. 명주실을 당겨보니 아무것도 남아 있지 않았다." 이것은 씹지 않아도 음식을 소화시킬 수 있다는 의미였다.[9] 형체가 남은 것은 생 쇠고기뿐이었다.

그는 세인트마틴을 대상으로 수백 회 이상 실험하고 그 결과를 한 권의 책으로 발표했다. 이 책 덕분에 그는 의학 역사에 이름을 남기게 된다. 오늘날의 생리학 교재에도 '미국 생리학의 아버지'니, '미국 생리학의 수호성인'이니 하면서 그의 이름이 거론될 정도다. 그러나 세인트마틴 입장에서 보몬트는 성인도 아버지도 아니었다.

---

8 최근에는 한 건강한 성인 남성이 씹지 않고 그냥 삼킨 뼛조각 131개 중 28개만 남을 정도로 왕성한 소화 기능을 보였다. 플레처를 물 먹이려고 일부러 벌인 일은 아니었다. 이 실험의 본래 목적은 먹이의 유해를 토대로 사람과 동물의 식량에 관한 성급한 결론을 내리는 고고학자들에게 주의를 주는 것이었다. 논문 말미 감사의 글에는 뼛조각의 주인에게 감사를 표한다는 문구가 있다. 나는 감사 대상이 실험 참가자가 아니라 뼛조각인 걸 보고 이 익명의 성인 남성이 논문의 제1저자인 피터 슈탈Peter Stahl이라는 의심이 들었다. 그는 내 추측을 확인시켜 주면서 '스파게티 소스 약간'의 도움을 받았다고 덧붙였다.

9 1909년에 뉴욕 주 로체스터에서 열린 치과학회 모임에서 플레처의 강연 후 이어진 토론 시간에 청중석에서 누군가가 보몬트의 실험 결과를 언급했다. "음식을 삼키기 전에 꼭꼭 씹는 것과 작은 덩어리 하나를 통째로 삼키는 것 사이에는 사실상 차이가 없어 보입니다." 하지만 플레처가 답변하려고 입을 열기도 전에 청중석에 앉아 있던 치과의사들 사이에서 설전이 벌어졌다. 마침내 플레처가 발언 기회를 얻었을 때는 이야기가 너무 많이 진행되어 모두가 보몬트의 실험 얘기를 잊었거나 무시해 버렸다. 어느 쪽이든 플레처는 의견을 개진할 기회를 영원히 잃은 셈이었다.

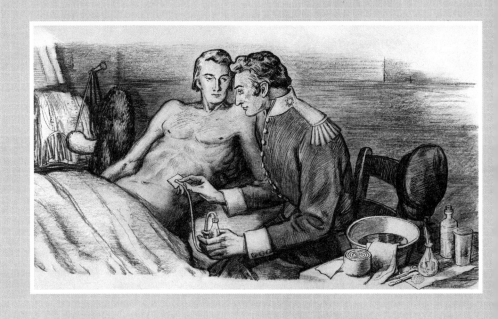

5

위, 위산 그리고
두 남자의 애증

젊은 시절의 알렉시스 세인트마틴을 모델로 한 그림 중 세 장이 특히 유명하다. 나는 이 그림들을 윌리엄 보몬트의 전기, 저서, 논문을 통해 여러 차례 접했다. 하지만 그림을 아무리 뜯어봐도 세인트마틴의 외모가 어땠는지는 짐작조차 할 수 없다. 그의 왼쪽 하복부와 그 유명한 구멍만 묘사되어 있기 때문이다. 덕분에 나는 누군가 사진 여러 장을 쭉 늘어놓고 누가 세인트마틴이냐고 물어본다면 젖꼭지만 보고도 정확하게 짚어 낼 수 있을 정도가되었다. 생각해 보면 이렇게 세인트마틴의 얼굴 그림이 별로 없다는 사실은 그다지 이상할 것도 없다. 보몬트는 연구자로서 세인트마틴을 사람이 아니라 실험 대상으로 여긴 까닭이다. 30여 년 동안 알고 지내면서 10년간은 숙식을 함께 하기도 했는데, 그사이 조금도 정이 들지 않았을까? 두 사람은 정확히 어떤 관계였을까? 세인트마틴이 학대를 당했을까, 아니면 고된 육체노동보다는 과학 발전을 위해 이 한 몸 바치는 게 훨씬 편하다며 만족했을까?

때는 1822년 6월, 두 사람은 미국모피회사 소유의 매키노 섬^{Mackinac Island}

교역소에서 처음 만났다. 세인트마틴은 원래 프랑스계 캐나다인 선원이었지만 사냥꾼으로 고용되어 미시간 영토의 숲을 누비며 카누로 동물 가죽을 운반하는 일을 했다. 그는 이날의 역사적인 만남을 거의 기억하지 못했다고 전해진다. 누군가가 실수로 총을 발사했고, 총알이 그의 옆구리를 관통하는 바람에 의식을 거의 잃은 채 바닥에 쓰러져 있었기 때문이다. 마침 근처 수비대에 파견 나와 있던 군의관 보몬트는 이 소식을 듣고 급히 달려왔다.

그는 상처를 살펴보고 다음과 같은 장황한 기록을 남겼다. "구멍 주위에는 화상 흔적이 있었으며 이 구멍을 통해 폐의 일부분이 칠면조 알만 한 크기로 튀어나와 있었다. 그 아래쪽에 튀어나온 또 다른 것은 위의 일부분으로 짐작되었다. 처음에 나는 폐와 위가 튀어나온 상태에서 어떻게 숨이 붙어 있는지 믿을 수 없었다. 위에 난 구멍은 검지가 들어갈 정도로 컸고 아침 식사로 먹은 음식이 구멍으로 빠져나와 환자의 옷을 더럽혔다."

보몬트가 세인트마틴의 셔츠를 들어 올렸을 때 옆구리에 난 구멍으로 반쯤 소화된 고기와 빵의 모습이 일순간 언뜻 보이자, 아마도 그는 그의 앞날에 서광이 비치는 느낌을 받았을 것이다. 이탈리아에서 줄을 매단 스펀지에 음식을 적셔서 살아 있는 동물의 위에 넣었다 뺐다 하는 실험이 실시된 적은 있었지만, 사람을 실험 대상으로 삼은 선례는 어디에도 없었다. 그러니 보몬트에게 세인트마틴의 옆구리 구멍은 인체 내에서 소화액이 어떤 작용을 하고 음식물이 어떻게 소화되는지를 최초로 입증할 천재일우의 기회였다. 사람의 위 안에서 실제로 어떤 일이 벌어지는지는 나중에 자세히 얘기할 것이므로 여기서는 우연한 사고가 맺어 준 세기의 커플에 집중하자.

당시 벌써 서른일곱 살이었던 보몬트는 알아주는 이 없이 병사들 뒤치다거리나 하며 허송세월하는 이 촌구석 생활에서 벗어나고 싶어 했다. 그가 정확히 언제 세인트마틴의 구멍이 가진 잠재적 가치를 깨달았고, 이 구멍을 메우기 위해 또는 열어 두기 위해 얼마나 노력했는지는 여전히 미스터리로 남아 있다. 기록에 따르면 사고의 유일한 목격자인 거든 허버드^{Gurdon}Hubbard가 이렇게 진술했다고 한다. "저는 보몬트 선생님을 잘 압니다. 그는 첫날 환자를 진료하자마자 상처 구멍이 열린 채로 회복되게 해서 구멍을 통해 음식을 위에 넣는 실험을 하겠다는 계획을 세웠습니다."

보몬트는 이것을 부인했다. 그의 일기장을 보면 "위에 난 구멍을 막기 위해 할 수 있는 모든 일을 했다"고 적혀 있다. 아마도 진실은 둘 사이의 중간 어디쯤일 것이다. 하지만 보몬트가 생면부지의 가난뱅이 청년에게 왜 그렇게 지나치게 헌신적이었는지를 보면 허버드의 기억이 더 정확한 것 같다. 세인트마틴은 '돼지고기를 먹는 사람', 즉 선원 중에서도 최하위 계층에 속했다. 그럼에도 1823년 4월에 지원금이 바닥나서 더 이상 입원 치료를 받지 못할 지경에 처하자 보몬트는 그를 자신의 집으로 데려왔다. 이에 대해 보몬트는 일기에 "순수하게 자선을 베푸는 의도에서"였다고 설명했다. 믿을 수는 없지만 말이다.

세인트마틴이 어느 정도 회복되자 집 안에서 실험이 시작되었다. 처음에는 말 그대로 구멍을 들여다보기만 했다. 보몬트가 남긴 일기에 따르면, 반대쪽으로 돌아누워 있을 때 구멍을 통해 위 내부가 바로 보였고 음식물 소화 과정을 관찰할 수 있었다고 한다. 출발이 이렇게 양호했다면 도대체 정확히 언제부터 보몬트가 연구 원칙을 위반했는지 알고 싶을 따름이다. 확인할 길은 없지만 말이다. 세인트마틴은 과학적 배경 지식이 전혀 없는 사람이었다. 그는 영어를 읽을 줄도 말할 줄도 몰랐다. 세인트마틴이 억양 강한 캐나

다식 프랑스어 사투리를 썼기 때문에 보몬트는 실험 일지 첫 장에 그의 이름을 '사마타'로 적기도 했다. 의학윤리학자 제이슨 카를러위시Jason Karlawish는 두 사람의 이야기를 소재로 역사소설을 집필하기 위해 자료를 모으는 과정에서 보몬트가 세인트마틴에게 이 해괴한 제안을 한 당시의 상황을 알 수 있는 기록을 찾았다고 한다.

역사학자 알렉사 그린Alexa Green이 쓴 「세계 대전 이전 미국 의학연구의 노동관: 윌리엄 보몬트와 알렉시스 세인트마틴의 사례Working Ethics: William Beaumont, Alexis St. Martin, and Medical Research in Antebellum America」에는 두 사람이 '주인과 하인'의 관계로 묘사되어 있다. 즉 주인이 양고기 조각을 옆구리 구멍으로 밀어 넣겠다고 하면 군말 없이 따라야 하는 것이다. 그러니 그 밖의 여러 가지 임무도 마찬가지였을 것이다. 세인트마틴이 어느 정도 기력을 찾은 뒤 자신을 계속 돌봐 주겠다는 의사 양반의 약속이 계책임을 알아채자, 보몬트가 보수를 지급하긴 했다.

그래도 신분과 고용 구조상 두 사람이 워낙 서로 극과 극이었다는 점을 감안하면, 보몬트는 이상할 정도로 세인트마틴을 신경 썼다. 그는 세인트마틴의 은밀한 부위에 신체를 접촉하는 것도 전혀 꺼리지 않았다. "위 점막에 혀를 대봤지만 아무 느낌도 없고 위산 맛을 느낄 수도 없었다."[1] 나는 사람다운 세인트마틴의 그림을 겨우 찾아냈다. 화가 딘 콘웰Dean Cornwell이

---

1 혀를 대보는 것은 생각보다 그렇게 이상하지 않다. 당시에는 의사가 환자의 체액 검체를 분석실에 보내기 전에 맛을 보고 냄새를 맡는 것이 관례였다. 가령 소변의 맛이 이상하게 달면 당뇨병 진단을 내렸다. 새뮤얼 쿠퍼Samuel Cooper 박사가 1823년에 발표한 『실용외과학사전Dictionary of Practical Surgery』을 보면 '달콤하면서도 역한 맛'과 '특유의 냄새'로 가래와 객담을 구별할 수 있다고 되어 있다. 쿠퍼는 의학을 책으로만 배운 탓에 감을 잡지 못하는 의사들에게 "가래는 가라앉고 점액은 뜰 테니 물에 띄워 보라"고도 조언했다.

1938년에 와이어스 연구소의 의뢰를 받아 광고에 활용할 '미국 의학의 선구자' 연작 중 하나로 그린 그림 한 장이 그것이다. '보몬트와 세인트마틴'이라는 제목의 이 그림에 묘사된 세인트마틴은 그리스 조각상을 떠올리게 한다. 넓은 광대에 매부리코가 도드라지고 햇볕에 그을린 팔과 가슴의 근육은 터질 것만 같다. 보몬트는 또 어떤가. 관복을 차려입은 그는 보기만 해도 믿음직스럽다. 숱이 많은 머리카락은 짤주머니로 짜낸 생크림 케이크 장식처럼 윤이 나고 곱슬곱슬하다. 그러나 현실에서 세인트마틴은 보몬트의 반쪽 역할을 하느라 창창한 젊은 날을 불행하게 보내야 했다.

이 그림의 배경은 1830년경이다. 이즈음 보몬트는 미시간 영토의 포트 크로퍼드Fort Crawford에 살면서 위액이 몸 밖으로 나와 소위 '생명력'이 사라진 상태에서도 소화액으로서의 기능을 하는지 확인하는 데 열중했다. 세인트마틴도 여전히 함께였다. 보몬트는 작은 유리병에 세인트마틴의 위액을 담아 보관했다가 온갖 종류의 음식에 몇 방울씩 떨어뜨렸다. 세인트마틴은 이제 위액 제조기가 된 것이다. 콘웰의 그림을 자세히 보면 보몬트가 세인트마틴의 위에 연결된 고무 튜브의 한쪽 끝을 잡고 유리병에 위액을 한 방울씩 모으고 있다.

나는 이 그림을 한참 동안 뚫어져라 응시했다. 두 사람의 진정한 관계는 그림을 있는 그대로 해석하면 더없이 자명해 보인다. 세인트마틴은 무릎이 다 해진 작업복 바지 차림인 반면에 보몬트는 장교 관복을 완벽하게 차려입었다. 금빛 견장이 달린 재킷의 황동 단추는 목까지 채웠고 정교하게 장식된 반바지 끝단은 무릎 높이 가죽 부츠에 넣어 깔끔하게 정리했다. 그림에서 이렇게 말하는 콘웰의 목소리가 들려오는 것만 같다. "맞습니다. 우리 친구 세인트마틴 입장에서는 유쾌하지 않은 상황이에요. 하지만 보세요. 제대로 잘 보세요. 그가 얼마나 멋진 분을 모시고 있는지. 그로서는 영광이죠."
추측건대 콘웰은 의상을 조금 수정해 자신의 작품을 미화한 것이 틀림없다. 이렇게 차려입고는 염산을 만질 수 없다는 사실을 알 만한 사람은 다 안다.

그런데 이 그림에서 두 사람의 미묘한 감정을 읽어 내기는 쉽지 않았다. 세인트마틴의 얼굴은 무표정해서 행복해 보이지도 침울해 보이지도 않는다. 그저 팔꿈치로 몸을 지탱하고 비스듬히 누워 있을 뿐이다. 자세나 먼 곳을 응시하는 시선은 모닥불을 음미하는 야영객과 비슷하다. 한편 보몬트는 침대 옆에 놓인 가죽 의자에 등을 곧추세우고 앉아 있다. 더 이상 할 말이 없어서 그저 멍하니 벽에 걸린 TV만 보는 문병객처럼 시선은 정면 벽을 향한다. 이 그림에서는 전체적으로 엄숙함이 흐른다. 한 사람은 과학 발전을 위해, 다른 한 사람은 생계를 위해 이 한 몸 바친다는 결의가 느껴지는 것도 같다. 다만 이 그림의 목적이 의학의 업적을 찬양하는 것임을 감안하면, 환자의 감정 따위는 무시되었을 가능성이 높다. 분명한 사실은 어느 쪽에도 즐거운 시간은 아니었을 것이라는 점이다.

보몬트의 일기에는 세인트마틴이 "화를 잘 내고 참을성이 없다"고 여러 차례 언급되어 있다. 위액을 모으는 과정은 지루할 뿐만 아니라 물리적으로도 불쾌했을 것이다. 위액을 빼낼 때는 위가 쪼그라드는 특유의 느낌이 들었고, 가끔씩 너무 어지러우면 시술을 잠시 멈춰야 했다고 한다. 보몬트와 의학계 기득권층이 세인트마틴을 무시한 것은 당연했다. 그는 서신에서 30대에 접어든 세인트마틴을 '그 녀석'이라고 지칭했다. 그에게 세인트마틴은 '살아 있는 시험관' 또는 '전매 특허 소화관 모델'에 불과했던 것이다. 체외에서도 위액이 똑같이 기능을 하는지 알아보는 실험을 하면서도 그는 온도와 움직임을 위의 상태와 비슷하게 흉내 내기 위해 세인트마틴에게 위액 병을 겨드랑이에 끼고 계속 움직이라고 지시했다. 실험 일지에는 이렇게 적혀 있다. "위액 병을 액와에 넣은 상태에서 한 시간 반 동안 자주 흔들어 준다." '액와'라는 단어가 생소한 사람은 이것이 무슨 실험 장비라고 생각했겠지만 액와는 겨드랑이를 말하는 의학 용어다. 보몬트는 위액 병을 품는 시간을 6시간, 8시간, 11시간, 심지어 24시간으로까지 늘려 가며 세인트마틴에게 이 노동을 수십 차례 강요했다. 24시간이라니, 옥수수 알이라면 팝콘이라도 튀겼을 시간이다. 세인트마틴이 캐나다에 있는 가족을 보겠다는 핑계를 대고 두 번이나 떠나 버린 것도 당연하다. 처음에 보몬트는 이 행동을 무단이탈이라며 마뜩잖아했지만 두 번째는 계약 위반이라고 분노했다. 이즈음 그가 미국 공중위생국장에게 보낸 편지에 이런 감정의 골이 잘 드러나 있다. 보몬트는 세인트마틴을 '지독한 고집불통에 형편없는 놈'이라고 칭했다.

하지만 보몬트에게는 별수가 없었다. 위에 구멍이 뚫린 채로 멀쩡하게 살아 있는 사람을 또 어디서 찾겠는가. 결국 우여곡절 끝에 실험을 마쳤지만 그는 세인트마틴을 계속 곁에 두어야 했다. 앞으로 해외에 진출하려면 그가 필요했다. 훗날 보몬트는 유럽의 한 과학자 단체를 알게 되어 그들에게 위액 시료를 보내면서 성분 분석을 의뢰했다.[2] 이 시기에 작성된 편지들을 보면 그가 일을 맡기면서도 얼마나 매정하고 오만했는지 잘 알 수 있다. 보몬트가 받은 답신의 내용은 대충 이런 식이었다. "위액 시료를 보내 주셔서 대단히 감사합니다." "지난번에 서신을 통해 알려 주신 덕분에 쇠고기 소화 실험

----

2 1800년대에 체액 시료를 바다 건너로 보낸다는 것은 쉬운 일이 아니었다. 편도에 4개월이나 걸리는 바람에 시료가 도착하면 다 새거나 변질되거나 둘 다이기 십상이었다. 그래서 어느 철두철미한 의뢰인은 보몬트에게 위액 시료를 "린치 앤드 클라크Lynch & Clark사에서 나오는 파인트 크기 국제회의 납품용 물병에 넣어 특별 표시를 하고 질긴 가죽과 노끈으로 입구를 막아 밀봉한 다음, 이 병을 다시 양철통에 넣어 주둥이를 납땜해 막아 달라"고 매우 구체적으로 주문하기도 했다.

을 무사히 마칠 수 있었습니다." 결국 어느 누구도 위액의 성분을 정확하게 밝혀내지 못했지만 그중 한 명이 강연을 해주십사 보몬트를 유럽으로 초청했다. 그런데 문제가 하나 있었다. 살아 있는 인체 모형 자격으로 세인트마틴도 함께하는 조건을 달았던 것이다.

바로 이때부터 무려 10년 넘게 쫓고 쫓기는 추격전이 이어졌다. 보몬트와 세인트마틴 사이에 60여 통의 편지가 오갔고 미국모피회사는 중간에서 세인트마틴의 소재를 파악해 돌아오라고 구슬리느라 진을 뺐다. 말하자면 세인트마틴은 절대 독점 시장의 유일한 판매자였던 셈이다. 아쉬울 것 없는 그는 이런저런 핑계를 대며 늘 공손하게 '선생님의 가정이 늘 평안하시기를 빕니다'라는 인사로 거절 답신을 마무리했다. 보몬트는 하는 수 없이 연봉을 250달러로 올려서 제시했다. 그가 등 뒤로는 '가축 떼'라고 불렀던 세인트마틴 식솔의 정착 비용 50달러는 별도였다. 세인트마틴의 마음을 돌리려면 정부 연금과 작은 땅뙈기라도 약속해야 했을까? 보몬트는 가족을 두고 오는 조건으로 1년에 500달러를 주는 방법도 생각했지만, 이 비장의 카드를 내밀기 직전에 슬쩍 말을 흐리며 밀고 당기기 기술을 시도했다. "자네가 나에게 돌아오면 성심성의껏 돌봐 주겠네. 진심이네." 하지만 세인트마틴은 끝까지 유혹에 빠지지 않았다.

결국 세상을 먼저 떠난 것은 보몬트였고, 세인트마틴은 몇 년 뒤 그 뒤를 따랐다. 소식을 들은 한 과학자가 구멍 난 위를 박물관에 전시해야 한다고 주장하자, 세인트마틴의 유족들은 그에게 전보를 보냈다. 아마도 전보를 받아 쓴 교환원은 중간에 흠칫했을 것이다. 이런 내용이었기 때문이다. "부검실에 코빼기라도 비추면 죽을 줄 아쇼."

오늘날의 기준에 따르면 윌리엄 보몬트는 공명심과 특권의식에 사로잡혀 권력을 남용했다고 볼 수 있다. 그가 비도덕적인 사람이라서 그랬다는 소리가 아니다. 그가 일기에도 썼듯이 그는 도덕적으로 완벽한 경지에 이르기 위해 수양한다는 벤저민 프랭클린Benjamin Franklin의 정신을 따르고자 했을 뿐이다. 모든 것은 계급 구조가 지나치게 엄격하고 의학 윤리의 개념이 없던 19세기라는 시대 탓이다. 당시 의학계에서는 피험자에게 동의를 구하거나 피험자 인권을 보호하는 문제에 거의 신경 쓰지 않았다. 19세기 사회에서 과학 발전을 위해서든 개인의 성공을 위해서든 일개 가난뱅이 천민을 조금 주물럭댔다고 해서 보몬트를 비난할 사람은 아무도 없었다. 세인트마틴은 보상을 받았고, 그 점이 중요했다. 어쨌든 억지로 강요하지는 않은 것이다. 반면 세인의 눈에 보몬트는 생리학의 발전에 오롯이 헌신한 위인으로 비쳤다. 그렇게 지금까지도 의학 역사의 위대한 인물로 칭송받는 것이다.

보몬트와 세인트마틴 이야기의 본질은 바로 집착이다. 한 남자가 수천 달러에 달하는 사재를 털어 위액 연구에 전성기를 통째로 바쳤다. 그 남자는 과학이라는 미명하에 사람의 위에서 반쯤 녹은 닭고기 조각을 맛보고는 아무렇지 않은 듯 싱겁지만 달콤하다고 말했다. 그는, 전기 작가 제시 마이어Jesse Myer가 표현한 대로, 자신의 실험 대상에 너무나 몰두해 다른 사람들은 왜 이 연구 분야에 무관심한지 이해하지 못했다. 이 남자, 보몬트는 『위액 관찰 실험과 소화 생리학Experiments and Observations on the Gastric Juice, and the Physiology of Digestion』이라는 책을 발간했지만 미국과 영국에서 아무도 관심을 보이지 않고 결국 재고정리 세일 대상으로 전락하자 큰 충격을 받았다. 한 출판사는 별로 구미가 당기지 않아 원고를 돌려보낸다는 매몰찬 거절 편지를 보내기도 했다. 나는 베커 의학도서관에서 보몬트가 해군장관과 육군 장관에게 보낸 서신을 찾아냈다. 이 책을 100권씩 구매하도록 종용하는 내용이었다. 마음 약한 해군장관은 실제로 열두 권이나 사주었다. 그뿐만 아니라 고위층 친구가 많았던 보몬트는 한 명 한 명에게 친필로 서명한 책을 한 권씩 보냈다. 멋들어진 가죽 등받이 의자에 기대어 앉아 이 책을 아무 데나 펼쳐 읽는 척하는 미국 부통령 마틴 밴 뷰런Martin Van Buren의 사진도 있다. 펼쳐진 책 페이지에는 "오전 9시, 나는 늙은 돼지의 갈비뼈 한 조각을 오늘 아침에 갓 채취한 위액이 든 유리병에 넣었다"라고 쓰여 있지만, 밴 뷰런이 한 자라도 제대로 읽었는지는 의심스럽다. 그 밖에도 외교관, 대법관, 상원 의원, 하원 의원 등 상당수의 정부 관료가 공무로 바쁜 와중에 보몬트에게 보낼 답신을 직접 쓰느라 귀중한 시간을 쪼개야 했다. 편지 내용은 한결같이 이런 식이었다. "참으로 흥미진진한 걸작입니다. 찬찬히 읽어 볼 시간이 없는 것이 안타까울 따름입니다."

집착은 사람의 눈을 가려 진실을 보지 못하게 한다. 보몬트도 예외는 아니었다. 그는 위산의 중요성만 강조하고 소장으로 분비되는 다양한 췌장 효소와 펩신이 음식 소화 과정에서 하는 역할을 깡그리 무시했다. 위산 역류 질환 환자 수만 명이 위산 분비를 억제하는 약물 치료를 받는다는 사실로도 알 수 있듯이, 위산은 사람이 살아가는 데 그리 많이 필요하지 않다. 사실 위산의 주된 임무는 박테리아를 죽이는 것이다. 말하자면 보몬트는 수십 년을 허송세월하면서 완전히 헛다리를 짚은 것이다. 그렇다면 여기서 우리가 얻는 교훈은 무엇일까? 소화가 물리적 작용이 아니라 화학 반응이라는 것? 이것은 이미 두 세기 전에 유럽 과학자들이 동물 연구로 입증해 냈다. 그렇다면 단백질이 채소보다 더 빨리 소화된다는 것 정도일까? 아니면 위액이 몸에서 떨어져 나와 소위 '생명력'을 잃어도 제구실을 한다는 것? 어느 쪽이든, 별로 대단할 것은 없어 보인다.

나는 침에 관한 241쪽짜리 책 한 권을 가지고 있다. 그 책의 저자인 에리카 실레티Erika Silletti에게 선물로 받은 것이다. 실레티는 직접 서명까지 해주었다. 그녀는 윌리엄 보몬트만큼이나 이 책을 자랑스러워하지만 소화관을 전문적으로 연구하는 과학자들만이 겪는 특별한 고충을 호소한다. 왜 이런 일을 평생의 업으로 삼는지 이해하지 못하는 사람들이 그녀를 냉소적인 시선으로 바라보기 때문이다. 심지어 똑똑한 딸자식이 외과 의사나 신경과학자가 되길 바랐던 부모님도 그녀의 선택에 실망했고, 소개팅 상대들은 그녀의 직업을 알고 나면 다시는 연락하지 않았다.

이런 사람들의 반응에 익숙한 실레티 박사는 내가 연구실을 방문하고 싶다고 했을 때 무척이나 반가워했다. 이런 부탁을 하는 사람이 거의 없다면서 말이다. 하지만 내가 그녀를 만나고자 한 이유는 타액 연구의 내용이 진심으로 궁금하기도 했지만 학문적 집착이 과학 연구에 어떤 영향을 미치는지 알고 싶기도 해서였다. 양질의 과학 연구를 위해서 어느 정도의 집착이 반드시 필요한 것은 틀림없는 사실이다. 집착하는 지성이 있어야만 과학의 혁신도 일어난다. 나는 보몬트의 연구 방법이 다소 편법적이고 그가 세인트마틴을 막 대했다는 면에서 개인적으로 좋지 않은 인상을 가지고 있지만, 만약 내게 윌리엄 보몬트의 연구실을 직접 방문할 기회가 있었다면 그런 생각이 말끔히 사라졌을지도 모른다. 그의 모든 행실의 중심에 창의성과 헌신이 숨어 있음을 깨닫고 존경심 비슷한 마음이 생겼을 수도 있다. 물론 세인트마틴이 안쓰러운 마음은 여전했을 것이다. 하지만 그가 학대를 당했기 때문이 아니라 신분 제도에 얽매어 평생 보몬트와 같은 기회를 얻지 못했다는 이유에서다.

물론 보몬트가 그를 연구실에 잡아 두지 않았다면 세인트마틴은 가족과 함께 단순하지만 행복한 삶을 살았을 수도 있다. 각자 자신의 가족에게 충실하면서 말이다. 하지만 보몬트는 일이 우선인 사람이었고, 여느 실험 연구자와 마찬가지로 지나치게 꼼꼼하고 예민했다. 인간이란 계획성 없고 예측 불가능한 존재다. 하지만 과학은 통제가 가능하다. 그런 면에서 과학자 보몬트가 보기에 세인트마틴은 구제불능의 골칫거리였다.

보몬트는 침에 관해 이런 말을 한 적이 있다. "내 생각에 타액의 쓸모 중 유일하게 가치 있는 것은 음식의 표면을 촉촉하게 만들어 덩어리 상태에서도 식도로 잘 넘어가게끔 하는 것이다." 그가 남긴 말 중에는 맞는 것도 있고 틀린 것도 있지만, 타액에 관한 한 그는 완전히 잘못 알고 있었다.

6

더러운 침, 무서운 침,
착한 침

에리카 실레티는 네덜란드 바헤닝언에서 사람의 타액을 연구한다. 볕이 잘 드는 꼭대기 층에 있는 그녀의 연구실 벽면에는 가우디 포스터 한 장이 걸려 있고 창문은 최근에 닦은 듯 매우 깨끗했다. 그녀는 적당한 길이의 모직 스커트와 연회색 캐시미어 스웨터 차림으로 나를 맞았다. 검은색 가죽 부츠도 잘 어울렸다. 그녀는 잡지 사진으로만 봤다면 분명히 포토샵으로 손을 봤을 거라고 착각할 정도로 잡티 하나 없는 창백한 피부에 좌우 대칭이 완벽한 이목구비를 가지고 있다. 이곳에서 내가 상상했던 침 연구실의 모습에 들어맞는 특징은 딱 한 가지밖에 없었다. 바로 60센티미터 길이의 철제 휴지걸이에 세상에서 가장 뚱뚱한 두루마리 휴지가 꽂혀 있다는 것이다.

나는 한 치과학회에서 논문 초록 게시판 주변을 어슬렁거리던 중에 그녀를 처음 만났다. 그녀는 그날 그녀의 논문 초록을 본 사람들의 반응이 미적지근했다고 기억했다. "사람들은 침이 음식을 촉촉하게 적시는 역할만 한다고 생각해요." 그녀는 섭섭한 마음에 그날 저녁 호텔방으로 돌아가 홀쩍이며 남자 친구에게 전화를 걸었다고 한다.

하지만 이것만은 확실하다. 이 세상에서 에리카 실레티만큼 침을 잘 알고 침의 가치를 인정하는 사람은 없다는 것이다.[1]

사람은 두 가지 종류의 침을 흘린다. 하나는 자극을 받아 분비되는 침이고, 다른 하나는 평상시에 일정하게 나오는 침이다. 두 가지 침의 관계는 형제자매 사이와도 같다. 조금 있다가 다시 설명하겠지만 사랑을 더 받는 쪽은 전자다. 이 침은 볼과 귀 사이에 있는 이하선에서 만들어진다. 맛있는 음식을 앞에 두고 군침이 돈다는 표현은 이 침을 두고 하는 말이다. 보통 사람은 하루에 1.1~1.7리터의 침을 흘리는데, 그중 70~90퍼센트가 이런 종류의 군침이다.

실레티와 나는 이 군침을 모을 준비를 하려고 파란색 라텍스 장갑을 양손에 꼈다. 파란색 장갑은 마치 그녀의 회색 스웨터와 원래 한 쌍이었던 것처럼 잘 어울린다. 그녀는 마개가 씌워진 작은 플라스틱 병 두 개를 집어 든다. 플라스틱 병에는 면봉 막대가 꽂힌 더 작은 병이 하나씩 들어 있는데, 이 이중병의 정식 명칭은 살리베티Salivette 타액 채취 세트다. 실레티는 유성펜을 꺼내 하나에는 메리의 M, 다른 하나에는 에리카의 E를 적는다.

---

1 어쩌면 어윈 만델Irwin Mandel은 예외로 칠 수 있을지도 모른다. 그는 타액을 주제로 수백 편의 논문을 냈고 이른바 우수 타액연구상Salivary Research Award을 수상했다. 1997년에는 『저널 오브 덴탈 리서치Journal of Dental Research』에 그의 연구를 칭송하는 장황한 헌사가 실렸다. 문제는 만델이 같은 해에 이 학술지의 편집자였다는 것이다. 그렇다고 만델이 자화자찬을 늘어놓을 정도로 뻔뻔한 인사는 아니었다. 찬사의 글을 바친 사람은 B. J. 바움B. J. Baum, P. C. 폭스P. C. Fox, 그리고 L. A. 타박L. A. Tabak이다. 세 사람이 책임을 나눴으니 이 헌사에 "그에게 타액은 전진의 매개체였으며, 그는 이 탈것에 자신을 맡기고 순리를 따를 뿐이었다"라는 문구가 과하다고 해서 누구 하나를 콕 집어 비난할 수도 없는 노릇이다.

살리베티 설명서는 여섯 가지 언어로 적혀 있다. 이탈리아 태생에 영어를 유창하게 구사하면서 현재 네덜란드에 살고 있는 실레티는 이 중에서 세 가지 언어를 읽을 수 있다. 모두 '면봉을 1분 동안 자근자근 씹으세요'라는 뜻이다. 이렇게 하면 타액 분비를 자극하는 음식이 섞이지 않도록 하면서 침만 간단하게 모을 수 있다. 이 동작을 나중에 자세히 살펴볼 미각 자극이나 후각 자극과 다른 종류라는 의미에서 일명 '기계적 자극'이라고도 한다. 실레티는 침으로 충분히 촉촉해진 면봉을 다시 병에 넣고 원심 분리기를 돌린다. 그러면 면봉에서 침이 털어져 나와 바깥쪽 병에 모인다.

누군지 몰라도 살리베티 세트를 개발한 사람은 사람의 이하선은 대상을 가리지 않는다는 핵심을 제대로 간파하고 있었던 듯하다. 면봉은 먹을 수도 없고 먹을 만하지도 않다. 그럼에도 이하선은 충실하게 제 할 일을 묵묵히 해낸다. 입이 달려 있다면 "주인님이 무엇을 잡수시든 모조리 녹여 드릴게요"라고 말할 것도 같다.

우리가 침 덕분에 음식을 맛있게 먹을 수 있는 것은 사실이지만 침이 하는 일은 이것만이 아니다. 실레티는 가방에서 와인 식초 병을 꺼내더니 스포이트로 내 혀에 몇 방울 떨어뜨린다. "느껴지세요? 산을 희석하려고 침이 나오죠?" 마치 미지근한 물을 한 모금 마신 느낌이다. 실레티는 신나게 설명한다. "뇌와 입이 신호를 주고받는 속도가 감탄할 정도로 빠르지 않나요?"

식초와 콜라, 오렌지주스, 와인은 모두 pH 2~3 정도의 산성에 속한다. pH 4 이하인 모든 액체는 치아 법랑질의 성분인 인산칼슘을 녹인다. 이렇게 산성 액체가 법랑질을 녹이는 것을 '탈회화脫灰化 반응'이라고 한다. 아무거나 산성 음료를 마시고 잘 주시하면 입안에서 갑자기 따뜻한 물결이 밀려오는 것이 느껴질 것이다. 입안의 pH를 안전한 수준으로 되돌리기 위해 이하선에서 만들어진 침이 마치 구원병처럼 입안에 당도한 것이다. 앞서 실레티는 네덜란드어로 된 전문 서적을 펼쳐서 구강건조증 환자의 입안을 근접 촬영한 사진 몇 장을 보여 주었다. 외분비선이 모두 파괴되는 쇼그렌 증후군에 걸리거나 방사선 치료로 타액 분비선이 손상되면 잇몸 능선을 따라 갈색 얼룩이 퍼지는 상태가 된다고 한다. "충격적이죠? 이런 환자의 치아는 음식을 제대로 씹을 수 없을 정도로 몹시 약해요." 그녀가 말했다.

흔히 사람들은 설탕이 충치의 주범이라고 알고 있지만 이것은 헛소문이다. 그저 박테리아도 사람처럼 단것을 좋아할 뿐이다. "박테리아는 설탕에 미쳐요. 설탕을 먹고 분해해서 대사체를 배설하는데, 이것이 산성을 띱니다."[2] 다시 말해 설탕 자체가 충치를 유발하는 것이 아니라 박테리아가 설탕을 먹고 배설한 산성 물질이 이빨을 썩게 하는 것이다. 이런 까닭에 산성 음식을 먹었을 때 침이 산을 희석해서 입안의 pH를 중성으로 회복시키는 과정이 중요하다.

그렇다면 신생아는 보호해야 할 이빨이 없는데도 왜 항상 침을 줄줄 흘리는지 궁금할 것이다. 실레티는 아주 간단한 답을 내놓았다. "댐 역할을 하는 이빨이 없으니까요." 즉 앞니가 방벽 역할을 해서 침이 흘러내리지 않도록 막아 준다는 것이다. 그런데 여기에는 또 다른 이유가 있다. 신생아는 지방이 풍부한 우유만 먹는다. 따라서 리파아제lipase의 대부분이 소장으로 분비되는 성인과 달리 아기는 침에 지방을 분해하는 효소인 리파아제가 많을 수밖에 없다. 다시 말해 침이 많으면 리파아제도 많다는 뜻이다. 아기가 우유 말고 다른 음식도 먹게 되면 침에 들어 있는 리파아제의 양도 점차 줄어든다.

----

2 단, 콜라나 와인보다는 약한 산성이다.

하지만 이런 군침에 들어 있는 소화 효소 중 가장 대표적인 것은 남녀노소를 불문하고 아밀라아제amylase다. 실레티의 리듬감 넘치는 이탈리아어 억양으로 들으니 이 단어가 마치 칵테일이나 유럽 소녀의 이름처럼 느껴진다. 아밀라아제는 전분을 단순당으로 분해한다. 전분은 덩어리가 크기 때문에 이렇게 단순당으로 잘게 쪼개야만 신체가 에너지원으로 바로 사용할 수 있다. 침이 전분과 섞이면 달콤한 맛이 나기 때문에 빵을 먹으면 입안에서 이 분해 과정을 맛으로 느낄 수 있다. 또한 슈크림 한 스푼에 침 한 방울을 떨어뜨리면 몇 초 이내에 크림이 물처럼 흘러내리는 광경을 눈으로 확인할 수 있다.

그렇다면 사람의 침으로 옷에 묻은 음식 얼룩을 지울 수 있지 않을까? 세탁세제 광고마다 효소가 들어 있다며 떠들어 대는데, 여기서 말하는 효소가 그 소화 효소 아닐까? 나는 진실을 알고 싶어서 미국세정연구회에 이메일을 보내 문의했다. 미국세정연구회는 최신 연구 시설처럼 그럴싸한 명칭이지만 사실은 비누세제협회가 이름만 바꾼 일종의 상업 단체다.

이 단체의 대변인 브라이언 샌소니Brain Sansoni는 루이스 스피츠Luis Spitz라는 화학자를 소개해 주었고, 스피츠 박사는 이런 답변을 보내왔다. "죄송하지만, 저는 비누 관련 사항밖에 모릅니다." 그러자 샌소니는 이번에도 역시 아주 정중하게 세제 산업 컨설턴트인 키스 그림Keith Grime의 전화번호를 알려 주었다.

나는 마음을 가다듬고 전화기를 들었다. 이번에는 성공이었다. 그림은 고급 세탁 세제에는 소화 효소가 적어도 세 가지 이상 들어 있다고 말했다. 아밀라아제는 탄수화물 얼룩을 없애고, 프로테아제Protease는 단백질을 지우고, 리파아제는 기름때를 없앤다고 한다. 여기서 기름때는 식이지방이 아니라 피지 같은 신체의 기름을 말한다. 그러니 세탁 세제는 한마디로 상자에 든 소화기관인 셈이다. 우리의 소화기관이 미처 처리하지 못하고 남긴 음식을 세제의 프로테아제와 리파아제가 먹어 준다고나 할까.

소화 효소를 세제로 쓴다는 기발한 생각을 처음 한 사람은 화학자이자 창문용 유리 발명가인 오토 룀Otto Röhm이다. 그는 1913년 가축의 췌장에서 소화 효소를 추출해 애벌빨래에 사용하는 실험을 했다. 자세한 기록은 어디에도 남아 있지 않지만, 빨랫감은 아마도 도축장에서 쓰는 작업복이었을 것이다. 동물의 소화관에서 효소를 추출하는 작업은 비싸고 손이 많이 간다. 그래서 최초로 시판된 세탁용 효소 제품에는 동물이 아니라 박테리아의 프로테아제가 사용되었다. 곧이어 리파아제도 그런 식으로 생산되었다. 방법은 간단하다. 박테리아의 유전자를 곰팡이에게 이식하면 된다. 곰팡이는 박테리아보다 덩치가 더 크고 다루기 쉽다는 장점이 있기 때문에 곰팡이가 잘 자라는지, 효소를 충분히 만들어 내는지 확인하려고 눈 빠지게 현미경을 들여다볼 필요가 없다.

그림은 숲의 바닥에서 고사한 나무의 셀룰로오스cellulose 성분을 분해하는 효소가 발견되었다는 이야기를 꺼냈다. 그는 P&G에 근무하던 시절, 이 효소로 섬유 유연제를 개발하는 연구를 했다고 한다. 기본적으로 섬유 유연제의 원리가 섬유를 매우 약하게 소화시키는 것이니 그럴듯한 발상이라는 생각이 들었다. 그러나 그의 계획은 실현되지 못했다. 이 효소가 면 스웨터의 보풀을 소화시켜 제거하는 데는 탁월했지만 안타깝게도 모직 옷감의 보풀에는 효과가 없었기 때문이다.

한참 동안 그와 대화를 나누다 보니 이야기가 너무 재미있어서 정작 물어봐야 할 것은 아직 얘기도 꺼내지 못했는데 삼천포로 빠져 버렸다. 그래서 나는 화제를 다시 침으로 돌렸다.

"음식을 먹다가 옷에 흘렸을 때 침으로 닦는 것에 어떤 과학적 근거가 있을까요? 일종의 천연 애벌빨래 세제라든가?"

"재미있는 발상이군요."

그는 직접 침을 뱉지 않고 펜 형태의 얼룩 제거제를 사용한다.

그런데 미술품 복원 전문가들은 진짜 침을 사용한다. 인터뮤지엄 보존협회의 그림 복원가 안드레아 슈발리에Andrea Chevalier는 이렇게 말했다. "우리는 직접 제작한 대나무 면봉에 우리 침을 묻혀서 사용해요." 그림 표면이 너무 약해서 용제나 물을 함부로 쓸 수 없을 때 침이 특히 유용하기 때문이라고 한다. 1990년에는 포르투갈 복원 팀이 흔히 사용되는 화학 세척제 네 가지와 침을 비교하는 실험을 실시했다. 금박 유약을 바르고 낮은 온도에서 구워 낸 점토 작품의 표면을 깨끗하게 닦되 손상하지는 않는다는 조건을 기준으로 했을 때, 가장 뛰어난 세척제는 바로 침이었다고 한다. 열을 가해 효소 활성을 없앤 침도 평가했지만, 바로 뱉어 낸 싱싱한 침의 효과를 따라잡지는 못했다고.

그런데 요즘은 미술품 복원 작업 전용 소화 효소 제품도 나온다고 한다. 단백질을 소화시키는 프로테아제 제품으로는 달걀흰자 성분 광택제나 가죽 아교를 녹여 낸다. 옛날에는 물감이 마르면서 벗겨지지 않도록 고정하기 위해 토끼 가죽으로 만든 아교를 캔버스에 펴서 발랐다. 한편 지방을 소화시키는 리파아제 제품으로는 아마씨 오일 층을 벗겨 낸다. 18세기와 19세기에 화가들은 빛 굴절률을 높이고 물감이 캔버스에 잘 먹도록 아마씨 오일을 자주 사용했다.

슈발리에는 어떤 복원가들의 침은 세척 효과가 유독 좋다면서 그럴 때마다 이 사람이 점심에 마티니를 얼마나 마셨는지 의심이 든다고 덧붙였다. 하지만 원래 사람 침의 화학 성분에는 적지 않은 개인차가 있다.

침의 양도 마찬가지다. 예를 들어 실레티와 나는 똑같은 시간 동안 면봉을 씹었지만, 그녀는 1.4밀리리터를 만들어 낸 데 비해 내 침은 0.78밀리리터에 불과했다. 그녀는 침이 잘 나온다고 해서 반드시 좋은 건 아니라면서 나를 위로한다.

"저는 침도 제대로 못 만드는 속 빈 강정인가 봐요."

"그런 말 마세요."

그러면서 실레티는 자리에서 일어난다. "저 잠깐 얼음 좀 가져올게요. 1분만 지나도 침에서 고약한 쉰내가 나거든요."[3]

그녀가 자리를 비운 동안 후각 자극에 관한 심각한 오해 한 가지에 대해 설명하고 넘어가야겠다. 흔히 사람들은 음식 냄새가 침 분비를 자극한다고 알고 있지만 이것은 사실이 아니다. 과학적으로도 이미 여러 차례 증명된 바 있다. 1991년 런던 킹스 칼리지에서 실시된 실험에서도 마찬가지였다. 이 실험에서는 참가자들에게 후각 검사용 비닐 마스크를 쓰게 하고 이하선 끝부분에 동전만 한 래슐리Lashley 타액 수집판을 대어 침 분비량을 측정했다. 침 분비를 자극할 냄새 시료로는 바닐라, 초콜릿, 페퍼민트, 토마토, 쇠고기를 사용했다. 그런데 침 분비를 자극한 것은 쇠고기 냄새 단 한 가지에 불과

---

3 이것은 내가 보증한다. 언젠가 힐탑 연구소Hill Top Research의 냉장실을 구경한 적이 있다. 이 연구소는 구강 세척제나 애완동물 변기 세정제처럼 악취를 제거하는 제품의 성능을 실험하는 곳이다. 당시 연구소장인 잭 와일드Jack Wild는 겨드랑이 악취의 원인 성분을 찾는 작업을 진행하고 있었고 나는 냄새를 맡아 보게 해달라고 부탁했다. 그는 시료통의 뚜껑을 하나씩 열어 보며 이렇게 말했다. "아니야, 이건 발 냄새구나. 이것도 아니야. 이건 생선 비린내고." 어떤 냄새가 가장 고약하냐는 질문에 그는 고민하는 기색도 없이 바로 "오래된 침 냄새"라고 대답했다. "셀마와 저는 코가 썩는 줄 알았습니다." 셀마의 직위가 무엇이었는지는 잊어버렸지만, 뭐였든 간에 그녀는 월급을 더 받아야 마땅하다.

했고, 그것도 참가자 10명 중 단 1명만 그런 반응을 나타냈다. 공교롭게도 이 참가자는 채식주의자였는데, 그 냄새를 맡고 토할 것 같다고 말했다. 즉 침 분비가 구토의 전조 증상이었던 것이다.

사실 이 실험에는 허점이 많다. 실험실에서 비닐 마스크를 쓰고 앉아 합성 화학 물질 냄새를 맡다니, 평소 밥상머리 광경과 비교하면 너무나 부자연스러운 상황이다. 오히려 래슐리 타액 수집판이 발명되기 한참 전인 1960년에 알렉산더 커Alexander Kerr가 실시한 실험이 훨씬 더 현실적일 것이다. 눈매가 초롱초롱하며 도톰한 입술을 가진 젊은 생리학자 커는 하버드 대학교 연구실에서 실험 참가자 세 명을 앉혀 놓고 그 앞에서 베이컨과 달걀을 구웠다. 침 분비량은 II형 타액분비 기록계[4]라는 장비로 측정했다. 그런데 이 실험에서도 요리를 시작하기 전과 후에 분비량의 변화가 없었다고 한다. 이니셜 A. G.로 알려진 한 실험 참가자는 먹기 직전에 군침이 고이는 것을 느꼈다고 진술하기도 했지만, 커는 사실은 그렇지 않다고 설명했다. 모든 의식이 갑자기 입안으로 집중되면서 그런 느낌이 들었을 뿐 실제로 분비량이 증가한 건 아니라는 것이다. 나는 실험 데이터를 직접 봤음에도 이 설명을 믿기가 힘들었다.

오전 내내 눈이 내리고 있다. 실레티의 연구실 밖에 서 있는 나무들은 가지마다 촉촉한 눈이 쌓여 흰 옷으로 갈아입은 것 같다. 실레티가 창가에 서

---

4 이 장비는 이름에 비해 훨씬 원시적이다. 처음에 고안된 사용 방법은 실험 참가자가 2분마다 고개를 숙여 기록계에 침을 뱉는 것이었다. 1935년경에 기술을 약간 보완했다지만 별 차이는 없는 것 같다. 설명서에는 "머리를 앞으로 약간 숙이고 입을 약간 벌려 그 사이로 흘러내리는 침을 받는다"고 되어 있다. 커의 실험 장면 사진을 보면 단정하게 차려입은 단발머리 여성이 양손으로 테이블을 짚고 이마를 지지대에 댄 채로 앉아 있다. 턱 밑에 놓인 법랑 그릇으로 침을 뚝뚝 흘리면서 말이다.

있는 내 곁으로 다가온다. 그녀의 손에는 방금 전에 채취해서 원심 분리한 타액 시료가 담긴 작은 유리 비커가 들려 있다.

"참 아름답네요." 내가 말한다. 실레티는 내 말에 동의를 표하지만 그녀의 시선은 창문 밖이 아닌 다른 곳을 향해 있다. 그녀는 내가 비커 내용물을 보고 그런 말을 했다고 생각할까? 그럴 수도 있을 것 같다. 비커에 든 액체가 침이라고 보기에는 너무나 맑고 투명하기 때문이다. 이 액체는 색깔, 맛, 점성 면에서 흡사 물처럼 보인다. 실제로도 원심 분리한 침은 약간의 단백질과 무기질이 섞인 순도 99퍼센트의 물이라고 한다. 온천수에 지방색이 있듯이 침도 무기질 조성이 사람마다 약간씩 다르다. 침에 염분이 많은 사람은 음식의 짠맛에 둔한 것도 그런 이유에서라고 한다.

"그러니까 직업으로 침을 맛보는 사람이 있을 수도 있다는 얘기네요."

"기꺼이 그럴 의향이 있는 사람이라면 그렇겠죠."

웬만큼 용감한 사람이 아니라면, 아니 사실상 어느 누구도 그런 일에 나설 것 같지는 않다. 나는 'E'라고 적힌 비커를 가리키며 말한다. "본인 침을 맛보는 것은요? 혹시 당신은 그런 적 없어요?"

"아뇨, 없어요. 내 것이라도 말이에요. 엄밀히 말하면 누구나 늘 자기 침을 들이마시긴 하지만요."

"맞아요, 그러니 한번……."

"아니요, 싫어요."

우리는 자기 자신의 침에도 이중 잣대를 적용한다. 입안에 있는 침은 마시는 물만큼이나 깨끗하고 무해하다. 그러나 일단 입 밖으로 나오면 모르는 사람이 뱉은 것인 양 더럽고 해롭다고 질색한다. 펜실베이니아 대학교의 심리학자 폴 로진은 이와 관련된 실험을 실시했다. 그는 실험 참가자들에게 눈앞에 맛있는 수프 한 그릇이 있다고 상상하고 점수를 매기도록 했다. 그런 다음, 상상 속에서 그 수프에 침을 뱉은 후 다시 점수를 매기도록 했다. 실험 결과, 참가자 50명 중 49명이 점수를 낮춘 것으로 드러났다. 에드워드 하퍼Edward Harper가 쓴 논문 「카스트 철폐 원동력으서의 종교적 불순Ritual Pollution as an Integrator of Caste and Religion」을 보면 인도의 특정 카스트 계층에서는 남에게 침을 뱉으면 그 침의 일부가 본인에게 튄다고 생각해 침을 뱉는 것을 자기 자신도 심각하게 더럽히는 행위로 여긴다는 내용이 있다. 해석이 지나친 감은 있지만 요지는 충분히 납득이 가지 않는가?

이렇게 전 지구적으로 침을 금기시하는 사고방식 때문에 타액 연구자들은 애로 사항이 많다. 르네 드베이크René de Wijk는 여러 해 전에 한 실험을 실시했다. 타액의 전분 분해 반응에 지방이 얼마나 활용되고, 그러면 향미가 얼마나 좋아지는지 알아보는 것이 목적이었다. 그는 실험 참가자들에게 침을 한 방울 떨어뜨린 슈크림과 있는 그대로의 슈크림을 맛보고 점수를 매기도록 했다. 하지만 그는 대놓고 침을 섞을 수 없었다. 그랬다간 참가자들이 맛을 보기는커녕 근처에도 가지 않으려고 할 터였다. 그래서 그는 참가자들에게 이유를 밝히지 않고 그들의 타액을 채취한 뒤 다른 곳에 숨어서 슈크림에 한 방울씩 떨어뜨렸다. 마치 꼴불견 상사의 커피에 몰래 침을 뱉듯이 말이다.

폴 로진은 이런 이중 잣대가 침에만 국한된 것이 아니라 모든 '신체 생산물'에 적용된다고 말한다. 인간은 살아 움직이는 거대한 드럼통과 같다. 그 안에는 따로따로 떼어 놓고 보면 저절로 눈살이 찌푸려지는 다양한 물질이 들어 있다. 하지만 이 물질들은 몸 밖으로 나오지 않는 한 우리가 아껴 마지않는 내 몸의 일부이기 때문에 전혀 거부감이 들지 않는다.

로진은 이런 인간 심리의 배경을 깊이 연구하고 이른바 '구강의 심리조직학'이라는 그럴싸한 이론으로 정리했다. 이 이론의 핵심 명제는 자아와 비자아의 경계가 정확히 어디인가 하는 것이다. 음식을 먹을 때는 혀가 들락날락하기 마련인데, 그럴 때 우리는 침이 묻은 음식이 더럽다고 느끼지 않는다. 말하자면 자아의 경계는 혀의 이동반경인 것이다. 입술도 구강 내부의 연장선에 있으므로 자아로 인정할 수 있다. 물론 문화마다 조금씩 차이가 있다. 하퍼의 글에 따르면, 신앙심이 투철한 인도 브라만 계층에서는 자기 자신의 입술에 묻은 침도 '극도로 불결하다'[5]고 여긴다. 그래서 그들은 실수로 손가락이 입술에 닿으면 목욕을 하거나 옷이라도 갈아입어야 한다고.

반대로 어떤 경우에는 자아의 경계가 사랑하는 이의 체액으로 확대되기도 한다. 여기서 로진의 설명을 직접 들어 보자. "연인 사이에서는 침이나 질 분비물 또는 정액이 애정을 돈독하게 만들어 주기도 합니다. 또 부모들은 어린 자녀의 배설물을 더럽다고 여기지 않죠."

그러고 보니 오래전 초등학교에 다닐 때 에스키모인은 코를 문질러 인사한다고 배운 기억이 난다. 남의 침이 묻는 것이 싫어서 그런 것일까? 아무리 친한 사이라도? 이누이트 문화에 관한 한 모르는 것이 없는 가브리엘 너룬가육은 '쿠닉'이라고 하는 이 전통 인사법은 이누이트 사회에서 여전히 통용된다고 확인해 주었다. "제 자식들은 이미 장성했지만 요즘에도 저는 오랜만에 만나면 아이들에게 전통 방식으로 인사합니다." 하지만 그가 10대였을

---

5 하지만 아무리 불결해도 까마귀 배설물에 비길 만한 것은 없다. 인도 브라만은 까마귀 똥이 묻으면 정화 의식으로 1,001번 목욕하는 것이 전통이라고 한다. 샤워기의 발명과 허술한 종교 규칙 덕분에 절차가 훨씬 간소해지긴 했지만 말이다. 개정된 힌두교 규칙에 따르면 개수 구멍 하나마다 목욕 1회로 친다.

때 백인들 방식으로 키스하는 것이 유행하면서부터는 아무리 이누이트족이라도 여자 친구에게는 절대로 코를 문지르지 않는다고 한다. 어쨌든 이누이트 사람들은 자아의 경계를 넓히는 데 거리낌이 없다. 오히려 이 분야에 관한 한 그들을 선도자로 볼 수 있다. "가끔씩 손녀가 콧물을 질질 흘리면 제 아내나 제가 입으로 빨아들여 뱉어 내곤 합니다. 하지만 내 핏줄이 아니라면 절대로 이렇게 하지 않아요."

그런데 모유에도 비슷한 논리가 성립한다. 아이가 엄마젖을 먹는 것은 극히 자연스러운 일이고, 경우에 따라 연인끼리 그러는 것까지도 눈감아줄 수 있다. 하지만 남은 안 된다. 2010년에 뉴욕의 한 식당 주인이 아내의 젖으로 만든 치즈를 가지고 시식회를 열었을 때 말이 많았던 것도 그 때문이다. 모유를 먹는다는 것은 가족이라는 확실한 표식 행위이기에 남녀 구분이 엄격한 이슬람 사회에서는 '젖아들'이라는 범주를 따로 만들어 유일한 예외로 인정할 정도다. 이 세계에서 여자와 남자가 단둘이 있는 것이 허용되는 경우는 그 남자가 직계가족이거나 어릴 때 자신의 젖을 먹은 젖아들일 때뿐이다.[6] 자매들끼리는 가끔씩 서로의 아이들에게 젖을 먹이기도 하므로 자연스럽게 모유로 이어진 친족 관계가 형성된다. 이들에게 모유는 피보다 진하다.

---

6 2007년에 이 연령 제한을 없애자는 주장이 나왔다. 이집트 출신 학자 에자트 아티야Ezzat Attiya가 성인 남성이라도 '상징적인 모유 수유 행위'를 한 경우에는 그 여성의 젖아들로 인정한다는 내용의 이슬람 종교 칙령을 발표한 것이다. 발표 내용을 보면 운전사와 배달부도 어떤 여성의 모유를 다섯 잔 이상 마시면 그 여성과 단둘이 있을 수 있다고 되어 있다. 그런데 세부 사항을 두고 갑론을박이 끊이지 않고 있다. 혹자는 여성의 유방에 직접 입을 대고 젖을 먹어야 한다고 주장했다. 2009년에는 사우디아라비아 법정에서 한 여성이 빵 배달부를 집 안에 들였다는 죄목으로 채찍질 마흔 대와 4개월 징역형을 선고받은 일이 있었다. 만약 그녀가 이 사내에게 젖을 물렸다면 무죄 판결을 받을 수 있었을까? 그 답은 이 여성이 75세임을 감안해서 각자 내려 보기 바란다.

실레티가 플라스틱 컵 하나를 건네고는 초시계 버튼을 누른다. 이제 우리는 자극 없이 평상시에 나오는 침을 모으려고 한다. 분비 속도는 훨씬 느리다. 1분이 흐른 뒤, 우리는 서로 등지고 각자의 컵에 침을 뱉는다.

"아까 것과 비교해서 어떻게 다른지 보세요." 실레티가 자신의 컵을 약간 기울이며 말한다. "잘 따라지지 않죠. 끈적끈적해서요." 그녀는 유리 스포이트 끝을 담가 찐득한 액체를 뽑아낸다. 그녀는 이것을 섬유질액이라고 부르는데, 가늘게 쭉 늘어나는 점성 액체에 잘 어울리는 멋진 단어라는 생각이 든다.

이 종류의 침에 관한 연구는 그다지 활발하지 않다. 실레티가 말하길, 아무도 이런 연구를 하고 싶어 하지 않는 것도 그 원인 중 하나라고 한다.

"더러워서요?"

"시료를 모으기 어려워서요. 여과하기도 쉽지 않아요. 덩어리로 뭉쳐서 필터를 통과하지 않거든요. 배수구에 머리카락이 뭉치듯이요. 게다가 너무 점성이 높아 분석의 정확도도 떨어지고요."

"그렇군요."

실레티는 귀엣머리 한 가닥을 뽑는다. "이 침은 다루기가 정말 어려워요."

이 종류의 침이 이렇게 끈적이는 것은 뮤신mucin이라는 물질 때문이다. 긴 아미노산 사슬이 거미줄처럼 사방팔방으로 얽힌 구조로 된 뮤신이 없다면 침이 이렇게 역겨울 정도로 찐득하고 끈끈해지지 않는다.[7] 그러나 뮤신이 반

----

7 침의 거품은 뮤신이 만들어 내는 것이 아니다. 거품이 생기는 것은 단백질 고유의 성질인데, 침에는 수천 가지 단백질이 존재하기 때문에 침에서 거품이 이는 것이다. 단백질은 원래 공기와 결합한다. 휘핑크림이나 달걀을 젓는 것도 그 안에 들어 있는 단백질이 공기와 최대한 접촉하게 하기 위한 것이다. 그래야 거품이 더 많이 나기 때문이다. 가령 경주마는 입을 우물거리는 동작이 침을 휘젓는 효과를 내어 침 거품이 볼과 목으로 흘러내리는 경우가 많다. 반면에 정액의 거품은 침 거품과 달리 응고인자라는 물질 때문에 생긴다. 더 자세한 내용을 알고 싶다면 인터넷이라는 끈적끈적하고 촘촘한 정보망을 활용하기 바란다.

드시 나쁜 것만은 아니다. 뮤신이 들어 있는 침은 치아 표면을 둘러싸 보호 막 역할을 한다. 그러면 침에 들어 있는 단백질 성분이 치아의 칼슘과 인산에 결합해서 법랑질을 덧칠해 강화한다. 뮤신 망은 박테리아를 포획하는 일도 한다. 이대로 침을 삼키면 박테리아가 위산에 파괴되어 죽는데, 우리 입안에는 수많은 박테리아가 살고 있기 때문에 이 기능이 매우 중요하다. 우리가 음식을 먹을 때, 입으로 손가락을 빨 때 박테리아도 함께 입안에 들어가니 말이다.

케이크 장식에 쓰이는 작은 은구슬[8] 하나를 상상해 보자. 이 구슬의 은색 코팅을 벗기고 주물러 뭉그러뜨리자. 이게 바로 평상시에 나오는 침 1밀리미터에 들어 있는 박테리아 덩어리다. 실레티는 세포질만 분리하기 위해 방금 전에 모은 침 시료를 원심 분리기에 넣고 돌린다. 여기에는 자연스럽게 떨어져 나온 구강세포 조각도 섞여 있지만 이 세포질의 대부분은 박테리아다. 40종 넘는 박테리아 수억 마리가 이 한 방울에 바글거리는 것이다.

그런데 생각해 보니 이렇게 박테리아 천지인 구강에 베인 상처나 물집이 생겼을 때 균에 감염되어 고생한 적은 지금껏 단 한 번도 없는 것 같다. 침에 넘쳐나는 박테리아는 모두 착한 녀석들뿐이라 유해균을 죽이는 항생제 역할을 하는 까닭이다. 살균 효능만 따지면 침은 구강 세척제 저리 가라 할 정

----

8 이 코팅의 성분은 문자 그대로 진짜 은이다. 제품 설명서에 '장식용으로만 사용할 것'이라는 주의 사항이 적힌 것도 다 그 때문이다. 하지만 설명서를 제대로 읽지 않고 먹어 버리는 사람이 간혹 있는 모양이다. 환경운동가이자 변호사인 마크 폴록Mark Pollock은 2005년에 페이스트리위즈Pastry-Wiz, 마사 스튜어트 리빙 옴니미디어Martha Stewart Living Omnimedia, 딘앤델루카Dean & DeLuca와 케이크 장식용 구슬 판매업체 여섯 군데를 고소하고 캘리포니아 주에서 판매 금지 명령을 끌어내는 데 성공했다. 하지만 염려 마시라. 온라인 마켓에 가면 각종 크기의 장식용 은구슬, 금구슬, 오색 구슬을 원하는 대로 구할 수 있으니. 아, 끝부분이 숟가락처럼 움푹 들어간 구슬 집게도 함께 판매하니 모래알만 한 구슬을 줍느라 진땀 뺄 걱정도 할 필요가 없다.

도인데,[9] 박테리아가 치아와 잇몸에 붙어 번식하지 못하도록 막아 준다. 침 단백질에는 항균 활성이 있는데, 분해된 단백질 조각에도 이런 활성은 그대로 남는다. 실레티는 설명한다. "이런 조각의 효과가 단백질이 분해되기 전보다 더 클 수도 있어요. 정말 신기하죠?"

침에 이런 항균 효과가 있다니, 1600년대에 유행한 민간요법들이 전부 터무니없는 것은 아니었던 모양이다. 1763년에는 "70~80대 노인의 입안에서 빈속에 만들어지는 침"을 매독에 걸린 성기의 궤양에 바르면 상처가 낫는다는 내용의 논문이 발표되었다. 또한 고대 중국 처방집에는 "침을 겨드랑이에 바르면 고약한 땀 냄새가 약해진다"는 내용도 있다. 어디다 바르든, 부디 혀 말고 별도의 도구를 사용했기를 바랄 뿐이다.

18세기에 헤르만 부어하페Herman Boerhaave라는 의사는 이런 글을 남겼다. "개가 상처를 혀로 핥는 것은 상처를 소독하고 빨리 아물게 하는 데 침이 효과적이기 때문이라는 속설이 있다." 그런데 이 말은 틀린 것이 아니다. 피부에 난 상처는 아무는 데 몇 주일이 걸리지만 입안에 난 상처는 일주일 안에 사라진다. 실제로 2008년에 수행된 한 실험에서는, 타액 분비선을 절단해서 침이 나오지 않는 실험쥐를 자연 상태의 실험쥐와 비교한 결과, 침으로 핥은 상처가 그렇지 않은 경우보다 더 빨리 나았다.

침의 활약은 단순한 소독 효과에서 그치지 않는다. 침은 상처를 빨리 아

---

9 구강 박테리아의 99퍼센트를 죽인다는 구강 세척제 제조회사들의 주장은 과장된 것이다. 실레티의 설명에 따르면, 구강 박테리아의 절반 정도는 실험실에서 배양할 수 없는 종류이다. 이런 박테리아는 입안에 머무르거나 다른 박테리아에 기생한 상태로만 목숨을 부지한다고, 실레티는 이렇게 덧붙였다. "회사에 근거 자료를 보여 달라고 하면 그들은 자사 실험실에서 배양할 수 있는 박테리아의 통계치만 공개할 겁니다." 그러니 구강에 다른 종류의 박테리아가 얼마나 많은지, 구강 세척제가 그런 박테리아도 죽이는지는 아무도 정확히 모르는 셈이다.

물게 한다. 실험쥐의 침에는 신경 성장 인자와 피부 성장 인자가 들어 있는데, 이것이 바로 이런 효과를 발휘하는 주인공이다. 비슷한 물질로, 사람의 침에는 히스타틴histatin이 들어 있다. 이것은 네덜란드의 한 연구 팀이 인공적으로 배양한 피부 세포를 작은 멸균 핀셋으로 긁어 상처를 내고 사람의 침에 담가 둔 다음, 상처가 치유되는 데 걸리는 시간을 재는 실험을 통해 증명해 냈다. 그뿐만 아니라 침은 바이러스를 무력화하는 작용도 한다. AIDS의 원인균인 HIV도 침에는 꼼짝 못한다. 흔히들 감기와 독감 환자가 사용한 물컵을 공유하면 옮는다고 생각하지만 이것은 사실이 아니다. 독감에 걸리려면 바이러스가 직접 몸에 닿아야 한다. 따라서 환자의 손가락을 통해 바이러스 입자가 묻은 자리에 다음 사람이 손을 대고 그 손으로 눈을 비비거나 코를 파서 바이러스가 호흡기로 들어가지 않는 한 독감에 걸리지 않는다.[10]

하지만 보통 사람들은 이 사실을 잘 모른다. 침을 질질 흘리는 괴물이 나오는 할리우드 영화를 너무 많이 본 탓일까. 침을 아무리 좋게 봐주려고 해도 마음 깊숙한 곳에서부터 주저하게 되는 것은 어쩔 수가 없다. 의료계에서도 침을 무슨 유독한 위험 물질처럼 취급하니 말 다 했지 않은가. 병원 응급실에서는 보통 사람에게 물린 상처가 특히 병원균에 감염되어 패혈증으로

---

10 1973년에 버지니아 대학교 의과대학에서 호기심 왕성한 한 연구 팀이 감기를 주제로 연구를 진행하면서 이른바 '평상시에 비강 점막과 손가락이 접촉하는 빈도'를 조사했다. 쉽게 말해, 사람들이 평소에 코를 얼마나 자주 후비는지 조사한 것이다. 연구자는 입원 병례 검토회 시간에 일곱 차례에 걸쳐 각각 30~50분 동안 계단식 강당 앞좌석에 앉아 필기를 하는 척하면서 주변 사람들을 몰래 관찰했다. 그 결과, 의사와 의대생 124명이 총 29회 코를 팠다. 한편 일요일 청장년부 성경공부 시간에는 이 빈도가 조금 낮아졌는데, 연구 팀은 교인들이 의학도보다 더 점잖기 때문이 아니라 사람들이 서로 마주보도록 의자가 원형으로 배치되었기 때문이라고 분석했다. 또 다른 실험에서는 연구 팀이 실험 참가자들이 코를 파는 손가락에 감기 바이러스 입자를 묻히고 그들을 관찰한 결과, 7명 중 2명이 감기에 걸렸다. 자 어떤가. 이제 코 후비는 습관을 버리고 싶은 마음이 들지 않는가?

악화되기 쉽다고 간주하고 응급 처치를 한다. 감염이 상처 부위에서 시작되어 전신으로 퍼지면 죽을 수도 있다고 보는 것이다. 그런 맥락으로 『저널 오브 이머전시, 트라우마, 쇼크』Journal of Emergencies, Trauma, and Shock』에 실린 논문 「사람에게 물린 상처 관리법Managing Human Bites」의 저자는 이런 상처를 치료하는 방법을 설명하면서 "아무리 가벼운 상처라도 식염수로 충분히 세척하고 이물질이 묻은 피부를 잘라 내는 시술을 해야 한다"고 경고했다.

그런데 비슷한 의학 학술지 『미국 응급의학학회지American Journal of Emergency Medicine』에 실린 논문에서는 조금 다른 이야기를 한다. '어떤 물린 상처는 항생제를 쓰지 않아도 감염될 위험이 낮다Low Risk of Infection in Selected Human Bites Treated without Antibiotics'라는 제목만 봐도 금방 논지를 알 수 있을 것이다. 이 연구에서는 사람에게 물려 상처가 났지만 항생제를 투여하지 않은 환자 62명을 조사했는데, 그중에서 실제로 상처 감염이 일어난 사람은 단 1명이었다고 한다. 이 연구에는 싸우다가 손을 물린 상처와 같이 감염 위험성이 높은 상처 종류를 빼먹었다는 맹점이 있기는 하다. 상대방의 이빨 공격에 손가락 관절이 찢어지면 다른 곳을 물렸을 때보다 더 위험한 것은 사실이다.[11] 하지만 침도 침이지만 관절 자체의 문제도 있다. 손가락 관절을 둘러싼 근육과 신경막에는 혈류량이 적어서 면역력이 상대적으로 약하기 때문이다. 귀 연골도 마찬가지다. 이곳도 혈관 분포가 성기기 때문에 잘못 다치면 큰일날 수 있다. 만약 핵주먹 마이크 타이슨Mike Tyson과

----

[11] 과장이 아니라, 관절을 물리지 않도록 최대한 조심해야 한다. 잘못하면 패혈성 관절염에 걸릴 수 있다. 이런 환자 100명 중 18명이 손가락을 절단했다는 조사 결과도 있다. 굳이 하나를 절단해야 한다면 가운뎃손가락이기를 바란다. 가운뎃손가락이 없는 것이 오히려 앞으로 성질을 죽이고 평탄한 인생을 사는 데 더 유리할지도 모르니 말이다.

대결이라도 할 계획이라면 미리 상처 봉합법을 철저히 연습해 두는 것이 좋겠다.

큰 덩치만큼이나 침을 많이 흘리기로도 세계에서 으뜸가는 코모도 큰도마뱀과 관련해서도 떠도는 헛소문이 많다. 하나를 예로 들면, 코모도 큰도마뱀이 멧돼지나 사슴처럼 자기 몸보다 큰 먹이를 잡아먹을 수 있는 것이 침에 치사량의 병원균이 들어 있기 때문이라는 것이다. 이 가설은 필 브론스타인Phil Bronstein의 아찔한 경험담 덕분에 신빙성이 더해진다. 「샌프란시스코 크로니클San Francisco Chronicle」의 편집장인 그는 2001년에 당시 아내였던 여배우 샤론 스톤Sharon Stone과 함께 로스앤젤레스 동물원 내부 참관을 갔다가 코모도 큰도마뱀에게 발을 물려 항생제 수액 바늘을 팔에 꽂은 채 여러 날을 지내야 했다. 풍문에 따르면, 파충류는 먹잇감을 현장에서 붙잡아 바로 죽이지 않고 한 입 콱 문 다음 상처를 통해 독이 퍼져 패혈증으로 죽기를 기다린다고 한다. 이 추측이 실제로 증명된 적은 한 번도 없다. 그 대신 텍사스 대학교 알링턴 캠퍼스의 한 연구 팀이 실험쥐에게 야생 코모도 큰도마뱀의 타액에서 분리한 박테리아를 주사기로 주입해서 재현하는 실험을 했다. 그 결과, 어느 한 종류의 박테리아를 주입한 실험쥐 집단에서만 치사율이 유독 높았다고 한다. 그 주인공은 바로 파스튜렐라 멀토시다Pasteurella multocida라는 균이다. 하지만 호주의 연구 팀은 이 박테리아는 코모도 큰도마뱀에 물리지 않았어도 몸이 약하거나 스트레스를 받은 포유류에서 흔히 발견된다고 지적하면서, 도마뱀이 이미 약해진 동물을 사냥감으로 점찍는 거라고 추측했다. 그 맥락으로 도마뱀 독과 혈액응고 억제 성분이 복합적으로 작용해 쇼크를 유발한다는 가설이 제시되었다. 코모도 큰도마뱀에게 물린 동물이 이상하리만치 조용한 걸 보면 이 설명이 맞는 것도 같다. 단, 필

브론스타인은 오히려 이상할 정도로 말이 많아졌다.[12] 그의 해명을 들어 보면 이해가 되기도 한다. "그때 제가 몹시 열 받았거든요."

침이 불쾌하다는 선입견이 생긴 것은 박테리아에 관한 오해와 기분 나쁘게 찐득한 겉모습 때문이지만, 서양 의학의 선구자 히포크라테스Hippocrates와 갈레노스Galenos의 잘못된 가르침을 후손들이 너무 오래 받든 탓도 있다. 각각 1세기와 기원전을 대표하는 두 철학자는 병을 일으키는 불순물이 땀과 침을 통해 배출된다고 믿었다. 그런 이유로 매독과 말라리아의 원인이 유해 미생물이라는 사실이 과학적으로 밝혀지기 전에는 환자를 이른바 '타액 배출실'에 집어넣고 치료하곤 했다. 오늘날 노폐물을 땀으로 배출하기 위해 증기를 쬐거나 사우나를 하듯이 독소를 빼내기 위해서였다. 단, 옛날에는 타액 분비를 촉진하려고 증기에 수은[13]을 섞었다는 것이 다른 점이다. 당시에는 과도한 타액 분비가 급성 수은 중독의 증상이라는 사실을 아무도 몰랐다. 1700년대에는 정신병원을 비롯해 모든 병원이 타액 배출실을 갖추고 있었고, 환자들은 침 3.4리터를 쏟아 내기 전에는 이 방에서 나올 수 없었다. 3.4리터는 보통 사람이 하루에 분비하는 침의 세 배에 달하는 양이다.

하지만 모든 문화권에서 침을 기피하는 것은 아니다. 도교에서는 예로부터 침을 옥액이라 칭하며 기를 보하고 면역력을 강화한다고 여겼다. 7세기에

---

12 반대로 동물원 관계자들은 입에 자물쇠를 단 듯 침묵으로 일관했다. 브론스타인은 이메일을 통해 이렇게 비꼬았다. "그들에게는 도마뱀 침 중에서 입을 무겁게 만드는 성분만 튀었나 보죠." 나는 이것이 샤론 스톤을 염두에 둔 발언은 아니라고 확신한다.

13 독일어 단어 돌팔이의사quacksalber의 돌팔이quack는 수은의 별칭인 'quicksilver'에서 파생된 것이다. 애석하게도 의료계가 수은의 유해성을 인정하기까지는 짧지 않은 세월이 걸렸다. 1899년까지도 화학약품집 『머크 매뉴얼Merck Manual』에는 수은이 '타액 분비를 촉진하는' 매독 치료제로 기재되어 있었다. 매독 환자들이 수은을 포기하지 못했기 때문만은 아니다. 당시 머크사가 열여덟 가지나 되는 다양한 '의료용' 수은 제품을 팔아 엄청난 이윤을 얻었던 탓도 있다.

살았던 한 도교 학자는 "침이 재앙을 막아 준다"라는 글을 남기기도 했다. 그런데 정작 이런 전통이 있는 중국에서 노인들은 왜 그렇게 아무 때나 침을 뱉어 대는 걸까? 실레티는 그들이 입으로 배출하는 것은 침이 아니라 폐나 비강에 뭉쳐 있던 가래라고 설명한다. 손수건이나 화장지를 사용하는 것이 번거로워서 그냥 뱉어 버리는 거라고 말이다. 중국인은 오히려 아무리 화장지를 사용하더라도 일종의 배설물을 손으로 싸 모으는 것이 더 불결하다고 생각한다.

그런데 타액에 우호적인 태도로 치면 그 누구도 그리스 사람들을 따라올 수 없을 것 같다. 필라델피아 의과대학에는 토머스 무터Thomas Mütter가 수집한 의학 관련 골동품을 전시하는 무터 박물관[14]이 부속 시설로 딸려 있다. 이곳의 전시 담당자로 일하는 에비 누멘Evi Numen의 설명에 따르면, 그리스 사람들은 악귀를 쫓거나 행운을 빌고자 할 때 대상을 가리지 않고 무조건 침을 뱉는다고 한다. 누멘은 직업 덕분에 신체와 관련된 충격적인 비화에 빠삭하지만 그녀가 사람의 타액에 관대한 것은 순전히 그리스계라는 태생 때문이다. 그리스 사람들은 축복의 의미로 아기나 신부에게 침을 뱉고, 심지어 자기 자신에게도 침을 뱉는다. 사실은 뱉는 흉내만 내는 것이지만. "대부분은 진짜 뱉는 게 아니라 '퉤퉤퉤'라고 소리만 내죠."

이 전통은 사제가 세례를 베풀 때 침을 뱉는 로마 가톨릭 의식에 기원을 두고 있다. 사제들이 예수가 자신의 침으로 흙을 짓이겨 발라 소경의 눈을

---

[14] 너터 D. 마블Nutter D. Marvel 마차 박물관이나 버터Butter 박물관과 혼동하지 말길. 버터 박물관은 다양한 버터 요리부터 시작해 버터의 역사에 이르기까지 버터의 모든 것을 전시하는 곳으로서, 어느 농장의 부속 시설이다. 이곳에서 버터의 유구한 역사를 배우고 나면 1972년 영화 〈파리에서의 마지막 탱고〉에서 관객에게 충격을 안겨 준 버터의 쓰임새 따위는 시시하게 느껴질 것이다.

뜨게 했다는 마르코의 복음서 구절을 차용해 이런 행동을 하기 시작한 것이다. 로마 가톨릭 사제 톰 라스트렐리Tom Rastrelli는 이런 설명을 덧붙였다. "재미있는 대목입니다. 루가의 복음서와 마르코의 복음서에도 같은 내용이 있었지만 저자들이 마르코의 복음서를 기준으로 편저했거든요." 사실 기적의 순간에 소경의 눈에 비친 것은 나무처럼 생긴 형상들이 걸어 다니는 장면이었다고 한다. 다시 말해, 치료 효과가 그리 크지 않았다는 뜻이다. 예수께서 베푼 기적이 어렴풋이 윤곽만 보이게 시력을 회복시키는 수준에 불과했다니 곤란하지 않은가. 그러니 편집될 수밖에.

네덜란드는 각 가정의 저녁 식탁에 매일 우유가 올라오고 마을마다 치즈만 파는 전문점이 있을 정도로 유명한 전통 낙농 국가다. 이런 네덜란드를 대표하는 음식은—이 대목에서 실레티는 한숨을 내쉬었다—바로 플라vla, 즉 커스터드다. 커스터드는 달걀과 우유에 설탕을 넣고 가열해서 만든다. 나는 플라와 같은 반경성 식품에 관한 한 전 세계에서 손꼽히는 식품영양학자 르네 드베이크의 집에 머문 적이 있는데, 내가 이 얘기를 하자마자 실레티는 마치 내일 당장 지구가 멸망하기라도 하는 듯이 오늘 집에서 이탈리아 요리를 해먹자며 급히 나를 초대했다.

실레티는 락토오스를 소화시키지 못하는 체질의 소유자다. 조금은 괜찮지만 어느 정도 이상으로 먹으면 틀림없이 배탈이 난다고 한다. 그녀는 전채로 햇볕에 말린 토마토를 준비하면서 말했다. "네덜란드 요리는 다 우유예요."

실레티의 집에서 차로 20분 정도 달려 독일로 넘어가면 다양한 이탈리아 식품을 파는 슈퍼마켓이 나온다. 그녀는 식재료를 사기 위해 정기적으로 국경을 넘어 이곳에 들른다. 하지만 그녀는 유제품을 먹을 수 없으니 유별나다고 탓할 수는 없다. 나는 드베이크의 집에 머물렀을 때 그의 집 근처에 있는 슈퍼마켓에 간 적이 있다. 그곳에서는 크림치즈와 비슷한 스미엠Smeer'm과 버터밀크 보리죽을 팔았다. 그때 사실 나는 입안에서 우걱우걱 씹히는 진짜 음식을 먹고 싶어서 오이 한 개와 땅콩 한 줌만 사가려고 했다. 그런데 세상에, 통로 하나 전체가 플라로 꽉 채워져 있었다.

실레티는 조용히 투덜거린다. "네덜란드 사람들과 플라는 정말……. 저에게 이건 음식이 아니에요. 먹는 데 이빨도 침도 필요 없잖아요!"

대학교와 연구 시설이 모여 있는 네덜란드의 바헤닝언 지구는 '푸드밸리'라는 별명으로도 불린다. 이곳은 음식물리학의 권위자인 한 남자와 씹는 행위, 즉 저작 운동에 관한 한 자타 공인 최고 전문가인 또 한 남자의 본거지다. 나는 내일 두 사람을 미래의 레스토랑Restaurant of the Future에서 만나기로 했다. 바헤닝언 대학교 구내식당인 이곳에는 곳곳에 카메라가 숨어 있어서, 조명이 사람들의 구매 행위에 어떤 영향을 주는지, 스스로 잘라 먹도록 빵을 덩어리째로 팔면 더 잘 팔리는지 등을 몰래 관찰할 수 있다고 한다. 실레티는 자신은 절대로 이곳에서 식사를 하지 않겠다고 말했다. 나는 이유가 궁금했다.

"카메라 때문에요?"

"아뇨, 음식 때문에요."

⑦
입으로 먹을 수 있어서
행복해요

나는 지인들에게 푸드밸리에 간다는 얘기를 하면서 이곳을 식품계의 실리콘밸리라고 소개했다. 이곳에서는 1만 5천 명의 과학자가 음식의 질을 높이는 연구에만 불철주야 매달린다. 가공식품을 바라보는 시선에 따라 음식의 질을 오히려 떨어뜨린다고 비판하는 사람도 있긴 하다. 아무튼 나는 농담 삼아 실리콘밸리를 언급할 때만 해도 며칠 뒤 진짜 실리콘을 대접받게 될 줄은 꿈에도 상상하지 못했다. 그런데 지금 내 눈앞에는 작은 주사위 모양의 흰색 고무 덩어리가 수북하게 담긴 샐러드 그릇이 놓여 있다. 안드리스 반더빌트Andries van der Bilt는 위트레흐트 의과대학의 이름도 무시무시한 두경부과 연구실에서 이것을 일부러 가져왔다고 했다.

"한번 씹어 보세요." 그가 권한다.

반더빌트는 저작 운동만 25년째 연구하고 있다. 사람을 치아에 비유한다면, 그는 앞니와 비슷하다. 키가 크고 마른 그는 고개를 똑바로 든 채로 등을 곧추세워 앉는다. 밥 때가 지나서인지 식당은 한산하고 배식대에도, 계산대에도 직원은 보이지 않는다. 유리창 너머로는 다시 눈발이 흩날리기 시작한다. 마치 영화의 한 장면처럼 사람들이 자전거 페달을 힘차게 밟으며 줄줄이 지나간다.

이 고무 덩어리는 치과에서 치아 본을 뜰 때 사용하는 컴포트 퍼티Comfort Putty라는 치과용 제품으로 특별 제작한 것이다. 원래는 이보다 더 물렁하다. 치과의사가 아니라 구강생리학자인 반더빌트는 이것을 저작력을 측정할 때 사용한다고 했다. 저작력은 음식을 얼마나 효율적으로 씹는가를 가늠하는 지표다. 실험 참가자가 이것을 15회 씹은 후 뭉개진 상태로 뱉어 내면 반더빌트는 망에 거르고 이런 식으로 얼마나 많이 씹어야 고무가 망을 통과할 만큼 연해지는지 평가한다.

나는 고무 덩어리 하나를 집어 들었다. 반더빌트, 카메라, 놀더스 페이스리더Noldus FaceReader라는 감정 인식 소프트웨어가 내 입을 뚫어져라 지켜보고 있다. 놀더스 페이스리더는 안면 근육의 움직임을 추적해 사람들이 자신이 선택한 메뉴에 만족하는지, 실망하는지, 겁내는지, 싫어하는지, 놀라는지, 화를 내는지 판단한다. 그런데 내 생각에는 실리콘 고무를 맛봤을 때의 기분을 보기 항목에 새롭게 추가해야 할 것 같다. 이건 꼭 어릴 때 무심코 질겅질겅 씹던 연필 꼭지 지우개 맛이다.

"죄송합니다, 좀 오래된 거라 그래요." 마치 신선한 실리콘은 훨씬 더 맛있다는 말투다.

음식을 씹는 모양새를 보면 저마다의 개성이 드러난다. 그런 면에서 걸음걸이나 글씨체와 똑같다. 빨리 씹는 사람이 있는가 하면 천천히 씹는 사람도 있고, 오래 씹는 사람과 얼마 씹지 않고 삼키는 사람이 있으며, 오른쪽으로 씹는 사람과 왼쪽으로 씹는 사람도 있다. 누구는 위아래로만 씹고 또 누군가는 소처럼 좌우로 옮겨 가며 씹는다. 반더빌트는 재미있는 실험 이야기를 해주었다. 튼튼한 치아를 가진 실험 참가자 87명에게 같은 양의 땅콩을 나눠 주고 씹는 횟수를 측정했더니 17회부터 110회까지 천차만별이더라는 것이다. 또 어떤 실험에서는 실험 참가자에게 다양한 질감의 음식 7가지를 씹어 먹도록 하고 삼키기 전에 씹는 시간을 가장 정확하게 예측할 수 있는 인자를 분석했다. 그 결과, 음식의 종류는 전혀 상관없고 씹는 사람이 누구냐가 중요했다고 한다. 이처럼 구강 구조가 복잡하게 맞물려 작동하는 물리적인 패턴은 손가락 지문과 같다.[1] 즉 어느 누구도 자기 자신의 구강 구조를 스스로 선택할 수 없다는 얘기다. 턱 구조 후보 여러 개를 쭉 늘어놓고 그중에 맘에 드는 것 하나를 고르는 게 아니라 생긴 대로 살아야 한다. 물론 요즘에는 의술의 힘을 빌리면 딱히 그런 것 같지도 않지만 말이다.

반더빌트의 연구 주제는 쉽게 말하면 저작 운동을 신경과 근육으로 설명하는 것이다. 턱 근육이 얼마나 놀라운 힘을 발휘하는지는 누구나 익히 들어서 잘 알고 있을 것이다. 실제로 한 동작당 표출되는 순간 압력으로 따지면 턱 근육보다 힘센 근육은 없다. 그런데 반더빌트가 경탄해 마지않으며 주목하는 것은 턱 근육의 파괴력이 아니라 정교한 방어 본능이라고 한다. 지금 입안에 땅콩을 물고 있다고 상상해 보자. 어금니 두 개가 부딪쳐 땅콩을 산산조각 내기 직전이다. 그런데 땅콩이 으스러지는 찰나, 놀랍게도 우리

---

1 지문은 크게 고리형, 소용돌이형, 아치형으로 나뉜다. 분포 빈도는 각각 65퍼센트, 30퍼센트, 5퍼센트다. 한편 반고체 식품을 씹는 유형이 네 가지가 있다. 평범하게 씹는 사람이 50퍼센트, 맛을 음미하면서 씹는 사람이 20퍼센트, 꼼꼼하게 훑어 가며 씹는 사람이 17퍼센트, 그리고 혀를 활용하는 사람이 13퍼센트다. 그러므로 커스터드를 먹는 방식과 지문을 조합하면 전 인류를 수백만 가지 범주로 세분할 수도 있을 것이다.

의 턱 근육은 절묘하게 움직임을 멈추고 물러난다. 만약 이런 반사 기능이 없다면 산산이 조각나 가루가 되는 것은 땅콩만이 아닐 것이다. 인간의 구강에는 소중한 치아에 흠집을 내지 않고 음식만 부술 수 있도록 자동 제동 시스템이 발달했는데, 이 시스템은 렉서스에 장착된 브레이크 장치보다 훨씬 더 빠르고 정교하다. 인간의 턱은 신중하고 기민해서 자신의 힘이 얼마나 센지 단 한순간도 잊지 않는다. 우리가 생각 없이 급히 입을 앙다물면 턱 근육이 알아서 힘을 뺀다. 이럴 때는 조심해야 한다는 걸 우리가 미처 의식하기도 전에 말이다.

근전도 측정기를 턱 근육에 연결하면 이 보호 반사가 일어나는 순간을 직접 확인할 수 있다. 뭔가 딱딱한 것이 씹히는 순간 전기 활성 그래프가 수평선을 그리기 때문이다. "이 기간을 침묵기라고 하죠." 반더빌트의 설명이다. 학교에서 학생들에게 벌을 주거나 퀘이커교도들이 종교 모임을 가질 때나 나올 법한 표현이다. 고백하건대 나는 여태까지 정반대로 알고 있었다. 턱과 이빨이 엄청난 위력을 가지고 있다는 사실만 알았지, 이렇게 민감할 줄은 짐작조차 하지 못했던 것이다. 사람의 치아는 쌀 한 톨은 물론 지름이 10마이크론에 불과한 모래알 한 개도 감지해 낸다. 1마이크론은 2만 5천분의 1인치, 즉 100만분의 1미터다. 코카콜라 캔을 찌그러뜨려 사람 머리카락 두께 정도로 얇게 폈을 때 알파벳 O의 높이가 10마이크론 정도 될 것이다. 이제 감이 좀 잡히는가? 반더빌트는 자신이 한 실험의 내용을 설명하기 시작했다. "사람들은 샐러드에 묻은 흙 한 톨도 금세 알아챕니다. 먹으면 안 된다는 경고인 셈이죠. 그런 맥락에서 저는 플라를 이용해서……" 또 커스터드! 네덜란드에 머무는 한 그 누구도 플라에서 벗어날 수 없는 것일까. "여기에 다양한 크기의 플라스틱 알갱이를 넣고……"

그런데 그가 갑자기 설명을 멈추고 겸연쩍게 말한다. "이 얘기를 더 이상 듣고 싶지 않으실지도 모르겠네요." 도중에 양해를 구하고 자리를 뜨는 청중에 익숙한 사람의 태도였다. 그리고 보니 그가 좀 전에 한 말이 생각난다. 1년 후에 그가 은퇴하면 그의 연구실도 함께 문을 닫을 거라고 했다. "이 분야는 별로 인기가 없어서요."

그런데 나는 이것이 무관심의 문제가 아닐 거라는 생각이 든다.

치아, 혀, 입술, 뺨, 타액 등 구강을 구성하는 모든 요소가 오로지 '덩어리'를 만든다는 단 하나의 위대한 목적을 이루고자 한 박자로 움직인다는 점을 고려하면 저작 운동 연구의 대상은 치아에 국한되지 않는다. 덩어리라는 단어에는 여러 가지 의미가 있지만 여기서 말하는 덩어리는 침에 촉촉하게 젖어 물렁해진 음식 입자들이 치아의 분쇄 과정을 거쳐 하나로 뭉쳐진 것을 말한다. 즉 그대로 삼켜도 괜찮을 만큼 반죽된 상태라고 하면 금세 와 닿을 것이다.

내가 보기에 과학자들은 이 연구에 관심이 많다. 단지 좋아하지 않을 뿐이다. 몹시 심하게. 저작 운동을 연구한다는 것은 매일같이 '구강 내 덩어리의 이동 양상'을 관찰해서 기록하거나 바헤닝언 대학교의 혀 전용 카메라로 '입안에 오래 머금었던 커드터드'의 초근접 확대 사진을 찍어야 한다는 것을 의미한다. 가령 덩어리 응집성을 수학 공식으로 수치화한다면 먼저 침의 점도와 표면장력을 측정하고 음식 입자의 평균 반지름과 입자 간 평균 거리를 계산해야 한다. 그런데 그러려면 씹다 만 음식 덩어리가 필요하다. 즉 목에 털 뭉치가 걸려 사료를 토해 내는 고양이처럼 입안의 음식을 삼키기 직전에 뱉어 내도록 실험 참가자에게 요구해야 한다는 소리다. 만약 요거트나 플라처럼 씹을 필요가 없는 반고체 음식을 잠시 입안에 머금었다가 침과 섞인 다음 뱉어 내는 실험을 한다면, 그날 저녁은 다 먹었다고 생각해야 한다. 그러니 어느 누가 이런 밥맛 떨어지는 일을 매일 하고 싶겠는가. 그럼에도 스스로를 시험해 보고 싶은 사람에게는 르네 드베이크가 쓴 교재의 그림 2.2를 먼저 살펴보길 권한다. 참고로 이 그림에는 '씹다 뱉은 커스터드에 검은색 염료 한 방울을 섞어서 찍은 사진'이라는 설명이 붙어 있다.

이 세상에 음식이 입안에 들어가면 어떻게 되는지 상상하면서 유쾌해할 사람은 아무도 없다. 심지어 비위가 좋다는 생리학자라도 말이다. 보기만 해도 군침이 흐르는 산해진미라도 일단 입안에 들어가면 2초도 안 되이 꼴도 보기 싫은 혐오의 대상으로 전락한다. 그런데 아일랜드계 미국인 노동자 톰 리틀Tom Little은 이런 고문을 평생 동안 매일 당해야 했다. 그는 아홉 살이던 1895년에 뜨거운 조개 수프를 그대로 삼켰다가 식도 벽에 화상을 입어 식도가 그대로 붙어 버리고 말았다. 치료를 담당한 의사는 뭐라도 먹고 목숨을 부지할 수 있도록 피부에 구멍을 뚫어 위까지 관을 연결하는 수술을 했다. 그때부터 그는 매번 씹다 만 음식을 깔때기에 뱉어 위에 밀어 넣는 식으로 식사를 해야 했고, 스스로도 이것을 '먹이 투입구'라고 부르며 평생 창피해했다. 의사는 농담이었는지 진담이었는지 증례 보고서에 환자의 얼굴만이 아니라 위 점막까지 벌겋게 달아올랐다고 기록했다. 리틀은 자신의 상태를 철저히 숨기고 늘 혼자서 혹은 엄마와만 밥을 먹었다. 그런 그도 결혼을 했는데, 상대는 여자로서의 매력이 전혀 없는 연상의 여인이었다. 들리는 소문에 따르면, 그가 결혼을 결심한 이유는 단 하나, 그녀가 그의 식습관에 전혀 신경 쓰지 않아서였다.

폭식증 환자들은 살을 빼기 위해 다양한 다이어트 방법을 섭렵한다. 그런 그들이 가장 기피하는 방법이 바로 'CHSP^{chewing and spitting}', 즉 '씹고 뱉기'라고 한다. 미네소타 대학병원 섭식장애 클리닉의 짐 미첼^{Jim Mitchell}은 이곳을 찾는 폭식증 환자 중에서 일주일에 네 번 이상 CHSP 요법을 시도하는 경우가 8퍼센트에 불과하다는 통계를 발표했다. 그것도 스스로 토할 수 없거나 역류한 위산이 치아와 식도를 손상시킬 때만 그런다는 것이다. 씹고 뱉는 것 자체에 문제가 있는 환자는 거의 없다면서.

CHSP 요법에 관한 유명한 일화가 하나 있다. 동서고금을 막론하고 인기 연예인은 온갖 난잡한 풍문에 시달리기 마련이지만, 엘턴 존^{Elton John}은 수년 동안 회자된 소문 하나 때문에 급기야 런던의 지역 주간지 『선데이 미러 *Sunday Mirror*』를 고소했다. 당시에 엘턴 존이 음식을 씹고 그대로 뱉어 버리는 기이한 식습관 덕분에 체중 감량에 성공했다는 소문이 한창 떠돌았는데, 1992년 이 잡지에 실린 기사가 그의 화를 북돋운 것이다. 기사의 내용은 이랬다. 어느 연휴에 매니저의 집에서 파티가 열렸는데, 그 자리에서 엘턴 존이 새우를 씹다가 냅킨에 뱉으며 이렇게 말했다고 한다. "음식 자체는 좋아. 하지만 식도로는 맛을 느낄 수 없으니 굳이 삼킬 필요가 없잖아." 잡지 편집장은 이 이야기가 거짓이라고 시인했지만 명예훼손 혐의는 인정하지 않았다. 그러나 법원은 원고의 손을 들어 주었고 35만 파운드, 즉 우리 돈으로 약 6억 원을 엘턴 존에게 배상하라는 평결을 내렸다.

하지만 CHSP 요법이 이렇게 홀대받는 데는 혐오감과 수치심 말고 다른 원인도 있다. 그것은 바로 삼키지 않고 씹기만 하는 것은 뭔가 개운하지 않고 아쉽다는 면에서 진짜 먹는 게 아니라는 인식이다. 헛소문 속의 엘턴 존은 이 부분을 보지 못했다. 그렇다. 삼킨다는 행동의 정수는 바로 만족감이다. 짐 미첼은 식도에는 보이지 않는 경계선이 있다고 말한다. "냄새를 맡고,

맛을 보고, 눈으로 감상하는 것 등 식도 위쪽에서 일어나는 모든 일은 식욕을 돋웁니다. 반면에 식도 아래쪽에서 일어나는 모든 일은 식욕을 없애죠." 음식을 씹으면 침이 나와서 이 음식물을 녹인다. 그러면 음식이 미뢰에 밀착되고 미뢰에 숨어 있는 미각 수용체는 음식의 소금, 설탕, 지방 성분을 인식한다. 신진대사가 정상적으로 일어나려면 이 성분 삼총사가 반드시 필요하기 때문에 온몸의 세포가 이 세 가지를 갈구하고 최대한 비축하려고 한다. 그러다가 위에 음식물이 조금씩 채워지면서 포만감이 들기 시작하면 뇌에서 그만하면 됐다는 신호가 내려온다. 그러고 나서 몇 분 뒤 우리는 스스로 숟가락을 내려놓게 되는 것이다. 그런데 음식을 삼키지 않고 씹기만 한다는 것은 이 경계선을 넘지 않는다는 뜻이다. 그러면 우리의 뇌는 중지 명령을 내리지 않고 영원히 침묵한다.

참고로 말하면, 이런 실망스러운 평판에는 CHSP 요법이 비싸다는 것도 한몫한다. 미첼이 상담한 여성들 중 상당수가 한자리에서 도넛 수십 개를 이런 식으로 넣었다 뺐다 하느라 순식간에 20달러 이상을 날리기 일쑤라고 한다.

점도가 높은 음식물 덩어리의 이동 속도[2]가 구체적으로 어느 정도인지는 지안셰 첸Jianshe Chen에게 물어보면 알기 쉽게 설명해 줄 것이다. 그는 리코타 치즈 덩어리를 얼마나 세게 잡아당겨야 찢어지는지, 누텔라Nutella 헤이즐넛 초콜릿 크림이 얼마나 잘 뭉개지는지, 맥비티McVitie 통밀 비스킷 하나를 최소한 몇 번 씹어야 목구멍으로 넘길 수 있는지—정답은 8회 이상

....
2 지형지물 조건이 같다고 가정하면, 이것은 거북의 주행 속도인 시간당 350미터와 맞먹는다.

이다 — 따위를 과학적으로 측정했다. 그러고는 그 데이터를 파워포인트에 정리해서 '음식 덩어리 형성 및 연하운동의 역학dynamics of bolus formation and swallowing'이라는 제목으로 인터넷에 올렸다. 나는 이 자료를 다운받아 읽어 보고 많이 배웠지만 한편으로 그가 애초에 이런 분석을 실시한 동기가 궁금해졌다. 그래서 그에게 연락했다. 그가 원고에 리즈 대학교 계정의 이메일 연락처를 남겨 두는 실수를 저질렀기에 가능한 일이었다.

챈은 평소 연구와 관련해서 인터뷰 요청을 그리 많이 받지 않는지 신속하게 답장을 보내왔다. 그는 이 연구를 하는 목적이 "먹는 게 불편한 사람들이 안전하게 섭취할 수 있는 음식을 어떻게 만들어야 할지 기준을 제시하는 것"이라고 설명했다. 음식을 질척한 덩어리로 만들어서 삼키는 것은 신경, 근육, 반사 운동이 한 치의 어긋남도 없이 순서대로 착착 맞아떨어져야만 가능한 일이다. 이 중에서 어느 한 단계라도 삐끗하면 정교한 무결점의 조합은 산산조각 난다. 뇌졸중 또는 퇴행성 신경계 질환을 앓거나 방사선 항암 치료를 받는 경우에 이런 일이 흔하다. 이 상태를 총칭해서 연하 곤란이라고 한다. 이 용어가 '순서가 뒤죽박죽된 식사'라는 의미의 그리스어에서 파생되었다고 하니, 이제야 튀긴 치즈를 전채로 먹는 등 그리스 사람들의 식습관이 왜 그렇게 특이한지 이해할 수 있을 것도 같다.

구강의 해부학적 구조를 들여다보면 보통 숨만 쉬는 상태에서는 후두, 즉 성대가 식도의 입구를 막고 있다. 그러다가 음식을 삼키기 직전에 후두가 위로 살짝 젖혀지면서 식도 입구를 여는 동시에 기도를 가린다. 기찻길의 선로 변환기처럼 음식이 폐로 빠지지 않게 하는 것이다. 바로 이 순간, 원활하게 이동하던 음식이 혀뿌리 언저리에서 제지당한다. 크기와 형태를 재기 위해서다. 일종의 검문 절차인 셈이다. 만약 연하 곤란 때문에 후두가 잽싸게 길을 트지 않으면 음식이 기도로 들어갈 수도 있는데, 그러면 질식 사고로 이어진다. 하지만 더 큰 문제는 음식이 세균 덩어리라는 것이다. 따라서 폐가 음식에 묻어 있던 병균에 감염되면 폐렴으로 악화될 수 있다.

간혹 음식이 길을 잘못 들어 비강으로 들어가기도 한다. 이 경우에는 생명이 위험하지는 않지만 음식이 콧구멍으로 나오기 때문에 우스꽝스러운 장면이 연출되기 십상이다. 한가운데 목젖[3]이 동굴 천장의 종유석처럼 대롱대롱 매달린 곳부터 뒤쪽 입천장을 연구개라고 하는데, 이 연구개가 비강 입구를 제대로 막지 못할 때 음식이 밀려 올라온다. 간혹 우유를 마시다가 콧구멍으로 뿜어져 나오는 경우가 있는데, 바로 이 때문이다. 아이들은 원래 먹으면서 잘 웃는 데다가 구강 구조가 아직 완전히 발달하지 않아 특히 아이들이 자주 이렇게 콧구멍으로 음식을 발사한다.

다섯 살 미만 어린이가 밥을 먹다가 질식사하는 사례 중에서 무려 90퍼센트가 이런 이른바 '연하운동 협응 미성숙'이 차지한다. 나머지 10퍼센트는 이빨이 다 나지 않은 탓에 일어난다. 유치는 앞니부터 나기 시작하기 때문에 어금니가 제대로 솟을 때까지 음식을 찢을 수는 있어도 씹어 먹을 수는 없다. 그런 까닭에 아이가 어릴 때는 어떤 음식도 안심할 수 없다. 그중에서도 기도 구멍에 꼭 들어맞는 둥근 모양의 음식이 특히 위험하다. 가령 포도알이 잘못해서 기도로 넘어가면 숨구멍이 꽉 막혀서 큰일 난다. 차라리 플라스틱 동물 모형이나 장난감 병정을 삼키는 편이 더 낫다. 말 다리나 장총 틈새로 숨을 쉴 수는 있으니 말이다. 발음하기도 숨찬 『국제 소아 이비인후

---

3 영문 의학 용어로는 '팔라틴 유블라palatine uvula'라고 한다. 왠지 장차 로맨스 소설을 쓸 때 필명으로 사용하면 딱 어울릴 것 같다.

과학회지』*International Journal of Pediatric Otorhinolaryngology*』라는 의학 학술지의 2008년 7월호에는 어린이의 생명을 위협하는 음식 목록이 수록되었는데, 여기서 영광스러운 메달권에 든 품목을 차례대로 보면, 핫도그 소시지, 포도, 둥근 사탕이다. 캘리포니아 대학교 로스앤젤레스 캠퍼스의 두경부외과 교수인 제니퍼 롱*Jennifer Long*은 더 나아가 핫도그를 국민 건강을 위협하는 위험 물질로 선언하기까지 했다. 또한 '리치 미니 프루티 젤스*Lychee Mini Fruity Gels*'이라는 사탕은 어린이 사망 사건이 다발하자 결국 미국 식품의약품안전처가 수입 금지 명령을 내리기도 했다.

그런데 어떤 음식은 연하 곤란이 없는 건강한 성인도 제대로 씹어 삼키기 힘들다. 쫄깃한 찹쌀떡이 대표적인 예인데, 일본에서는 매년 10명 정도가 정초에 찹쌀떡을 먹고 목이 메여 숨진다. 찹쌀떡은 전 세계적으로도 복어와 치즈 튀김과 함께 위험한 음식 다섯 손가락 안에 꼽힌다.

물론 안전하기로는 애초에 건더기 하나 없이 액상으로 만들어진 유동식 제품만 한 것이 없다. 하지만 사람이나 음식이나, 안전하고 무던한 것이 인기는 가장 낮은 법이다. 씹고 뜯고 밀고 당기는 짜릿한 기쁨을 주지 못하기 때문이다. 사람은 턱관절을 움직일 일이 없는 유동식만 먹으면 금세 진력난다. 멀쩡한 이빨로 와작와작 씹고 싶은데 아기처럼 이런 밍밍한 죽을 먹어야 한다는 생각에 짜증도 난다. 미국 군대에서 실제로 있었던 일화가 이 심리를 단적으로 보여 준다. 제2차 세계 대전 동안 전투 식량은 모조리 잘게 으깬 고기 통조림이었다. 이런 형태가 기계로 포장하기 쉽다는 단순한 이유에서였다. 하지만 식품영양학자 새뮤얼 렙코프스키*Samuel Lepkovsky*가 1964년에 쓴 보고서를 보면 병사들이 '이빨이 으스러질 정도로' 꼭꼭 씹을 수 있는 건더기 음식을 원했다고 적혀 있다. 사실 이 보고서의 원래 주제는 유인 우주선 제미니^{Gemini}호에 실을 유동식이고, 병사들의 진술은 렙코프스키가 참고 자료로 쓰려고 수집한 것이었다. 그들은 "굶어 죽기 싫어서 이 꿀꿀이죽을 억지로 먹을 뿐, 정말 지긋지긋하다"며 불만이 이만저만 아니었다고 한다. 이런 병사들의 불평에도 아랑곳하지 않고 NASA는 1964년 라이트 패터슨 공군기지의 가상 우주선 스튜디오에서 대학생을 대상으로 유동식 실험을 실시했다. 그 결과, 미처 다 먹지 못하고 바닥에 그대로 쏟아 버린 양이 엄청났다고 한다.

이쯤 되면 죽만 먹어야 하는 것보다 더 슬픈 상황은 아무것도 삼키지 못할 때뿐인 것 같다. 튜브로 영양소를 섭취한다니, 생각만 해도 우울해진다. 식도가 막혀 버린 아일랜드 사나이 톰 리틀의 경우, 씹다가 뱉지 않고 으깬 상태로 바로 위에 '투입'하는 대안이 있었고 실제로도 이 방법을 시도했다. 하지만 입으로 마시나 위에 부으나 별 차이 없는 맥주를 제외하고는 실망감만 맛봤다고 한다. 그렇다. 씹는 행위에는 끼니를 챙기는 것 이상의 큰 의미가 있는 것이다. 앞서 설명했지만, 연하 곤란 환자는 음식을 식도로 넘길 때 후두가 재빠르게 뒤로 젖혀지지 않는다. 제니퍼 롱은 연하 곤란 환자 중 차라리 성대를 잘라 내어 다시 음식을 삼킬 수 있게 해달라고 간청하는 사람이 그렇게 많다고 말한다. 평생 튜브를 달고 지내느니 차라리 말을 못 하는 편이 낫다고 생각하는 것이다.

새삼스럽게 바삭한 음식이 무척 매력적으로 느껴진다. 나는 첸에게 바삭한 식감이 도대체 뭐기에 동서고금 남녀노소 가릴 것 없이 모든 이의 사랑을 독차지하는 것이냐고 물었다. 그는 인간의 파괴 본능 때문이라고 대답했다. 인간에게는 때리고, 차고, 부수는 등의 파괴 행위를 통해 스트레스를 방출하고자 하는 이상한 습성이 있다는 것이다. 그런데 먹는 것도 그중 하나다. 이빨로 음식을 부수는 것도 일종의 파괴 행위라서 바삭한 음식을 먹으면 즐거움을 느끼거나 스트레스가 날아간다고 한다.

나는 그날 저녁 드베이크에게 이 얘기를 했다. 그는 곱슬머리가 이마를 아무렇게나 덮은 모양새로 소파에 구부정하게 걸터앉아 있었고, 옆에서는 그의 아들이 액션 어드벤처 게임에 열중하고 있었다. TV 화면에는 고깔 모양 망토를 입은 한 남자가 사람들을 무자비하게 난타하고 칼로 가르면서 한창 스트레스를 해소하는 중이었다.

그는 일단 첸의 말에 동의를 표했다. "바삭한 음식을 와작와작 부숴 먹을 때 당연히 쾌감이 느껴지죠. 정교한 구강 구조물이 완벽하게 작동하는 것만큼 멋진 일이 또 어디 있겠습니까." 사실 그는 바삭한 음식의 심리학에 관해서는 아는 바가 거의 없었다. 그래서 그 대신에 톤 반플릿Ton van Vliet에게 이메일을 넣어 보겠다고 약속했다. 반플릿은 지난 8년 동안 바삭한 식감의 모든 것을 파헤치는 데 몰두한 식품물리학자다.

드베이크는 고개를 돌려 아내에게 온도 조절기 문제를 상의했다. 보일러가 고장 나서 수리공이 다녀갔지만 여전히 작동하지 않아서 다시 A/S를 요청하려던 참이었기 때문이다. 나는 발끝으로 TV 화면의 암살자를 가리키며 말했다. "저 친구 참 백발백중이네. 차라리 저 친구에게 수리를 맡길까 봐요." 그러자 드베이크가 대답했다. "아뇨, 저 친구의 사명은 부수는 거예요. 보일러를 고치는 게 아니라 되레 산산조각 내고 말걸요."

원래 이날 오후 일정은 드베이크의 연구실에서 직접 실험에 참여하는 것이었지만 실천하지 못했다. 내 턱관절의 저작 스타일을 직접 측정한 뒤 입체 그래프로 보여 주겠다는 드베이크의 약속을 믿고 따라갔는데, 그가 어느 단자를 어디에 꽂아야 하는지 기억하지 못하고 한참을 헤맸기 때문이다. 그가 설명서를 뒤적이는 동안 나는 총천연색 전선 뭉치를 양 볼에 줄줄이 매단 채 멀뚱멀뚱 앉아 있어야 했다. 그가 회의 시간이 다 되어 자리를 뜰 때까지 말이다.

좀 섭섭했지만 그래도 괜찮다. 그를 통해서 이 분야의 다른 연구자들을 많이 소개받았으니까 말이다. 대신 그들에게 여러 가지 물어볼 수 있을 것이다. 하지만 우선 다음 날 반플릿과 만나기로 약속을 잡았다. 장소는 푸드 밸리의 미래의 레스토랑으로 정했다.

반플릿이 먼저 와서 기다리고 있었다. 그는 등을 돌리고 앉아 있었지만 드베이크는 그의 백발을 알아보았다. 긴 뒷머리가 앞으로 쏠려 얼굴까지 넘어온 것을 보니 등으로 거센 바람을 맞으면서 여기까지 걸어온 것 같았다.

드베이크와 내가 다가가자 그는 깊은 생각에 잠겨 있었던 듯 약간 놀라며 우리를 올려다보고는 곧 악수를 청한다. 그는 얼굴선이 가늘고 도인처럼 턱수염이 길었다. 게다가 남자에게 이런 표현을 쓰면 실례겠지만, 가는 테 안경까지 써서 심성이 여려 보인다.

그는 사과와 당근을 예로 들어 기초 이론부터 차근차근 설명하기 시작한다. "방울과 골격만 이해하면 됩니다." 그러면서 물이 가득 찬 세포와 이 물방울을 보호하는 세포벽으로 촘촘하게 짜인 네트워크를 종이에 그린다. 사과를 한 입 베어 물면 과육이 뭉개지고 특정 시점에 세포벽이 터지는데 우리는 바로 그 순간에 아삭함을 느낀다고 한다. 바삭한 과자도 같은 원리다. 물방울 대신 공기방울이 터진다는 점만 다르다. "신선한 과일이 아삭하면서도 촉촉한 것은 바로 이 때문이죠." 그는 가늘고 높은 목소리로 음악을 연주하듯이 말한다.

반면에 수확한 지 오래된 과일은 세포벽이 조금씩 허물어지고 수분이 빠져나간다. 그러면 더 이상 터지고 자시고 할 과즙이 남지 않고 아삭한 식감도 없어진다. 그저 푸석푸석하거나 흐늘흐늘할 뿐이다. 습기에 눅눅해진 과자도 마찬가지다. 세포벽이 늘어지고 공기가 빠져나간 과자의 맛이 어떤지는 누구나 잘 알 것이다.

과자가 얼마나 오래되었는가는 얼마나 시끄러운가로도 가늠할 수 있다. 오래된 과자는 씹어도 소리가 거의 나지 않는 까닭이다. 과자가 부서질 때 와작 소리가 나려면 한순간에 빠른 속도로 조각나는 이른바 취성 파괴脆性破壞 현상이 일어나야 한다. "바로 이렇게요." 반플릿은 또다시 그래프를 그려서 설명한다. 우리가 힘을 주어 이빨로 과자를 누르면 에너지가 발생해서 과자에 저장된다. 그러다가 과자가 산산조각 나면 저장되어 있던 에너지가 100분의 1초라는 짧은 순간에 한꺼번에 방출된다. 이렇게 파삭파삭한 과자가 갈라질 때는 소리가 난다. 소리가 파괴의 증거인 셈이다. 반면에 몽실몽실한 음식은 잘 부스러져서 에너지가 한 번에 발산되지 않기 때문에 덜 시끄럽다.

반플릿은 드베이크가 견본으로 쓰라고 사온 카사바 칩 봉지를 꺼내 뜯더니 하나를 집어 들어 두 조각으로 부러뜨린다. 순간 '탁' 소리가 난다. "이런 소리가 나려면 과자가 갈라지는 속도가 초당 300미터 정도는 되어야 합니다." 이 정도면 음속에 해당된다. 즉 우리가 과자를 씹어 먹을 때마다 입안에서는 초음속 비행기가 굉음을 내며 이착륙하는 셈이다. 그가 손바닥을 문질러 부스러기를 털어 내는 순간에도 종잇장을 넘길 때 나는 사그락 소리가 난다. 네덜란드의 겨울은 건조하기로 유명하다더니 실감이 날 정도다.

드베이크와 나는 과자 봉지를 뜯은 김에 맛있게 먹기로 했다. 반플릿에게도 권했지만 그는 손을 내저어 사양한다. "저는 과자를 별로 좋아하지 않아요." 드베이크와 나는 시선이 마주친다. 뭐라고!

그는 변명하듯 말한다. "저는 네덜란드식 러스크를 좋아해요. 토스트 빵을 둥근 모양으로 구운 건데, 아기가 태어나면 선물로 주곤 하죠."

이 말에 드베이크는 정색을 한다. "자네 제정신이야? 그렇게 딱딱한 걸! 내 말은, 턱이 얼얼할 정도로 단단하잖아. 내가 만약 막둥이를 낳으면 자네한테는 알리지 말아야겠는걸."

"얼마나 맛있는데. 버터를 바른 다음 꿀을 찍어서 먹어 봐."

나는 여기서도 이 과자를 파는지 알아보려고 일어섰지만 식당 안 어디서도 찾을 수 없었다.

반플릿은 실망한 눈치였다. "이 레스토랑은 별로네."

드베이크는 웃으며 반플릿 쪽으로 몸을 기울인다. "웬걸, 손님의 치아 건강을 생각하는 아주 훌륭한 레스토랑이라고!"

어쨌든 반플릿은 나의 궁금증을 시원하게 해소해 주었다. 우리가 아삭한 식감에 열광하는 것은 그것이 음식이 신선하다는 증거임을 알기 때문이다. 오래되어 눅눅해진 음식은 영양가가 낮은 것은 물론이고 잘못 먹으면 배탈이 나기 십상이다. 그러므로 우리 인간은 태초부터 무의식적으로 탱탱하고 아삭한 먹을거리를 좋아하도록 진화한 것이다.

또한 우리는 귀로도 음식을 먹는다. 가령 당근 같은 채소는 맛이나 냄새로는 몰라도 와작 깨물 때 나는 소리로 신선도를 가늠할 수 있다. 이와 관련해서 드베이크는 감자 칩 과자 실험 이야기를 꺼냈다. 이 실험에서는 참가자들이 감자 칩을 먹는 동안 과자를 씹는 소리를 컴퓨터로 조작해서 들려주었는데, 과자가 부서지는 소리를 묵음 처리하거나 고주파로 상쇄했을 때는 사람들이 과자가 바삭하다고 느끼지 않았다고 한다. 질감은 그대로인데도 오래된 것이라고 생각한 것이다.

반플릿은 이 이야기를 들으며 고개를 끄덕인다. "먹는다는 건 물리학적 행동입니다. 맛과 향은 살짝 들어가는 양념에 불과하고 기본적으로 물리적 특성을 먹는 것이죠. 이 물리적 특성이 맘에 들지 않으면 더 이상 구미가 당기지 않는 것이고요."

말하자면 바삭함이 건강에 유익한 음식의 상징인 셈이다. 이 사실을 너무나 잘 아는 거대 제과 기업들은 입안에서 톡톡 터지는 다양한 과자 제품을 앞세워 소비자를 유혹한다. 사실 과자의 바삭함은 건강이나 생명 연장과 아무런 연관도 없는데 말이다.

그럼에도 이 분야 연구는 사람들이 가장 선호하는 바삭함의 정도를 찾는 수준까지 구체적으로 진행된 상태다. 반플릿은 사람들이 90~100데시벨 정도의 소리를 내는 바삭함을 가장 좋아한다고 말했다. 이것은 공기방울 100개 정도가 순식간에 파바박 터질 때 나는 소리 크기다. "마치 입안에서 작은 산사태가 나는 것과 같습니다. 귀로는 하나의 소리로 들리지만 실은 100개 이상의 물방울 혹은 공기방울이 터지면서 나는 소리가 합쳐진 것이죠." 즉 이 모든 게 방울과 골격이 무너지면서 일어나는 일이므로, 얼마나 크고 얼마나 단단한지가 중요하다고 볼 수 있다.

그동안 별것 아니라고 생각했던 싸구려 간식거리에 이토록 정교한 물리학이 숨어 있을 줄이야. 내가 반플릿에게 제과업체로부터 자문 요청을 받은 적이 있는지 묻자, 그는 반가우면서도 난처하다는 듯한 표정을 지으며 말했다. "하하, 가공식품 회사들은 이렇게까지 깊이 들어가지 않아요. 그저 일단 만들고 누군가에게 먹인 다음 어떠냐고 물어보면 간단한걸요."

드베이크도 이 말에 동의한다. "그치들은 아주 단순해요. 아무 생각이 없죠." 두 사람의 말을 듣고 보니 적어도 5~10년 이내에 식품물리학 분야가 식품 산업의 영역에 진출할 일은 요원해 보인다.

그렇다면 이들은 왜 이런 연구를 하는 걸까? 적어도 반플릿의 경우에는 순전히 물리학 때문이다. 안 그래도 내가 요전에 그가 쓴 논문이 음식의 질감을 소재로 다루면서 내용에는 물리학 이론이 너무 많이 나온다고 불평하자 그는 이렇게 답했다. "사실이 그러니까요." 그러면서 충격을 받았는지 그래도 물리학은 너무나 멋진 학문 아니냐고 반문했다. 나는 마치 그의 면전에서 그의 친구를 흉본 기분이 들었다.

어느덧 12시 30분이다. 드베이크는 자세를 고쳐 앉으며 친구에게 묻는다. "점심 먹고 갈래?" 생각해 보니 이 시간까지 우리가 먹은 것은 카사바 칩뿐이다. 카사바 칩 정도는 혀만 움직이면 되니 오전 내내 어금니를 놀린 셈이다.[4]

반플릿은 잠시 고민한다. "글쎄, 그러려면 아내에게 알려야 하는데. 나는 착한 남편이라 매일 집에 가서 점심을 먹는다고. 자전거를 타고 가서 말이지." 믿거나 말거나 그는 바헤닝언 대학교에서 근무한 8년 동안 이 미래의 레스토랑에서 식사를 해본 적이 단 한 번도 없다고 한다. 드베이크가 집에 전화하라는 뜻으로 그에게 휴대 전화가 있느냐고 묻는다.

그런데 그의 대답이 압권이다. "응, 집에."

결국 우리는 백기를 들었다. 식당에서 나와 주차장으로 걸어가면서 시선

─────────────
4 쉽게 말해, 이쑤시개를 쓸 일이 없었다는 뜻이다.

을 돌리자 눈 언덕을 헤치며 자전거 도로를 여유 있게 달려가는 그의 모습
이 보인다.

8

고래에게 잡아먹혀도
살아남는 법

내 어머니의 성경책에는 요나 이야기 옆에 민소매 상의를 입은 한 어부가 수염고래에게 잡아먹히는 장면을 묘사한 삽화가 곁들여져 있다. 하반신은 고래 입속에 들어갔고 상반신만 밖으로 빠져나와 있다. 머리카락이 바닷물에 흠뻑 젖어 뒤로 홀딱 넘어가는 바람에 관자놀이 언저리부터 시작된 탈모증이 더욱 두드러진다. 그는 어떻게 해서든 빠져나가려고 한쪽 팔을 있는 힘껏 뻗지만 소용없어 보인다. 원래 수염고래는 먹이를 산 채로 입안에 가둔 다음 골라서 먹는다. 일단 바다를 한 입 크게 삼키고 수염 가닥 사이사이로 바닷물만 내보내 고기나 크릴새우와 같은 건더기만 입안에 남기는 식이다. 그런데 비교하자면 먹히는 입장에서는 마지막으로 마음의 준비를 할 여유가 생기니 수염고래는 포식자치고 관대한 편이다. 운이 좋다면 기회를 봐서 도망칠 수도 있을 것 같다. 하지만 그럴 일은 없다. 수염고래는 타고난 구강 구조 탓에 사람 발바닥보다 큰 것은 먹지 못하기 때문이다.

미국 해양대기관리처의 고래 전문 해양생물학자인 필립 클래펌은 이렇게 설명한다. "수염고래는 식도가 매우 좁습니다. 사람을 통째로 삼킬 수 없어요." 반면에 식도가 충분히 넓은 향유고래는 할 수 있다. 이빨이 있긴 하지만 향유고래는 이빨을 씹는 데 사용하지 않는다. 향유고래가 먹이를 먹는 방식은 흡입하는 것이다. 흡입력이 얼마나 센지, 1955년에는 포르투갈 아조레스 제도에서 잡힌 향유고래의 위 속에서 촉수를 제외한 몸길이가 약 2미터에 달하는 180킬로그램짜리 대왕오징어가 흠집 하나 없이 산 채로 발견되기도 했다.

그리고 여기에 제임스 바틀리James Bartley가 있다. 1896년 11월 22일, 「뉴욕타임스New York Times」에 한 선원의 이야기가 실렸다. 그는 대서양 포클랜드 제도 앞바다에서 작살에 맞은 향유고래가 고통에 몸부림치는 바람에 보트가 전복해 실종되었다. 포경선 동녘별Star of the East호의 나머지 선원들은 그가 익사했다고 생각하고 죽은 고래의 가죽을 벗기기 위해 거대한 고래 몸뚱이를 갑판으로 끌어 올렸다. 그런데 이게 웬일인가. 고래 배 속에서 뭔가가 꿈틀하고 움직였다. 이에 화들짝 놀란 선원들은 즉시 배를 갈랐는데, 그 안에 실종된 선원이 들어 있었다. 의식은 없지만 숨이 붙어 있는 채로 말이다. 고래에게 잡아먹힌 지 36시간 만이었다.[1]

---

1 고래에게 먹힌 사람 기사를 차치하고라도 1896년은 선정적 저널리즘이 정점에 달한 해였다. 이 기사가 나간 지 2주일 뒤, 「뉴욕타임스」는 장례를 수장으로 치른 또 다른 선원의 이야기를 내보냈다. 잘 가라앉도록 시신을 담은 주머니에는 도끼와 숫돌을 매달았다고 한다. 선원의 아들은 슬픔에 못 이겨 장례 도중 바다에 뛰어들었다. 그런데 다음 날 사람들이 거대한 상어 한 마리가 이상한 소리를 내며 뱃전을 맴도는 것을 발견했다. 그들은 이 상어를 포획해서 배를 갈랐다. 그런데 그 안에 선원 부자가 멀쩡하게 살아 있는 게 아닌가. 한 술 더 떠 아버지는 숫돌을 돌리고 아들은 숫돌에 도끼를 갈고 있었다. '출구를 뚫기 위해 준비하던 중'이었다는 것이다. 전하는 바에 따르면, 사실 아버지는 죽은 게 아니라 최면에 걸려 있었다고 한다. 그런데 정작 최면에 걸린 것은 이 선원이 아니라 「뉴욕타임스」 편집부였던 것 같다.

성경 직역주의자들은 이 기사에 주목했다. 이것이 사실이라면 오랜 세월 동안 종교 서적과 근본주의자의 설교를 통해 전설로만 내려오던 이야기가 현실에서 입증된 것이기 때문이다. 이에 펜실베이니아 주의 메시야 대학교에서 교수로 재직하던 역사학자 에드워드 B. 데이비스Edward B. Davis는 1990년에 진위 여부를 확인하려고 직접 나섰다. 그는 영국도서관 신문 서고부터 그레이트 야머스 공공도서관의 역사서적실까지 모든 자료를 샅샅이 뒤져 19장에 달하는 논문 한 편으로 정리했다. 그 내용을 요약하면 이렇다. 동녘별호는 포경선이 아니었으며, 당시에는 포클랜드 제도 연안에서 고래잡이가 시행되지 않았다. 승선 기록에는 제임스 바틀리라는 사람이 없고, 선장의 아내는 실종된 선원이 없었다고 증언했다.

뭐, 이런 소동도 있었다 치고, 만약 이런 일이 실제로 일어난다면 어떻게 될지 해부학적 관점에서 재조명해 보자. 고래에게 먹히고도 살아남는 것이 단순히 배 속에 내 몸이 들어가느냐 안 들어가느냐 하는 크기의 문제라면, 특별한 생존 기술이 없는 사람이라도 위기를 잘 극복할 수 있을 것이다. 향유고래보다 크기가 훨씬 작은 범고래의 전위前胃는 팽창하지 않은 상태의 크기가 가로 1.5미터, 세로 2.1미터 정도다. 객실 비품이 거의 없는 일본의 캡슐 호텔 방 하나만 한 크기인 셈이다. 생물학자 E. J. 슬라이퍼E. J. Slijper가 쓴 책 『고래Whales』에는 범고래 한 마리와 이 범고래의 배 속에서 나온 먹이들의 크기를 비교한 그림이 실려 있다. 삽화 번호 154번이다. 몸길이 7.3미터에 이르는 범고래의 배 속에서 무려 바다표범 14마리와 돌고래 13마리가 발견됐다는데, 범고래 밑에 수직으로 죽 늘어놓은 탓에 마치 비행기가 동물 모양의 폭탄을 줄줄이 떨어뜨리는 것처럼 보인다.

향유고래에게 잡아먹힌 바틀리가 하늘의 도움으로 흡입과 식도 넘김 과정을 무사히 넘기고 전위에 안전하게 도착했다고 치자. 하지만 우리의 주인 공은 여기서 또 다른 난관에 직면하므로 안심하긴 이르다. 위산이라는 복병 이 숨어 있는 까닭이다. 신문 기사에 따르면, 그의 피부가 이 위산에 닿아 새 하얗게 표백되고 쭈글쭈글해진 탓에 끓는 물에 데친 살코기처럼 변했다고 한다. 상상만 해도 흉측하지만 고래의 전위에서는 위액이 분비되지 않기 때 문에 이런 일은 일어날 수 없다. 위액의 주성분인 염산과 소화 효소는 전위 다음에 나오는 진짜 위에서만 분비된다. 더구나 첫 번째 위에서 두 번째 위 로 가는 이동 통로는 너무 좁아 사람이 지나갈 수 없다.

이렇듯 바틀리 이야기가 허점투성이인 것은 사실이지만, 그렇다고 요나 이야기가 완전히 허무맹랑한 것은 아니다. 고래가 해수면에서 요나를 집어 삼킬 때 공기도 일부 들어갔다고 치자. 아니면 타임머신을 타고 요나가 당시 산소 탱크를 매고 있었다고 상상해 보자. 그러면 고래 배 속에서도 며칠 정 도는 그럭저럭 견딜 만하지 않았을까?

아마도 그럴 것이다. 단, 한 가지 사실을 무시하면 말이다. 그것은 바로 고 래는 이빨이 아니라 위 자체로 음식을 씹는다는 것이다. 향유고래는 먹이를 통째로 삼키기 때문에 소화하기 쉽도록 음식을 잘게 쪼개려면 다른 도구를 동원해야 한다. 그 도구가 바로 전위의 근육이다. 전위 벽의 근육 두께는 고 래의 종류에 따라 7.5센티미터에 달하는 것도 있다고 한다. 슬라이퍼는 둘 다 똑같이 고기를 가는 어금니 역할을 한다는 점에서 고래의 전위를 조류 의 모래주머니에 비유한다.

그렇다면 이번에는 이런 궁금증이 든다. 사람이 요동치는 고래의 전위에 갇혀 있다면 산산조각 날까, 아니면 이리저리 튕기기만 할까? 또 근육의 수 축력은 목숨을 잃을 정도로 위협적일까, 아니면 멀미만 날 정도에 불과할까? 향유고래 전위 근육의 수축력이 정확히 어느 정도인지는 현재까지 알려진 바가 없지만 조류 모래주머니가 먹이를 쥐어짜는 힘이 얼마나 센지 측정한 실험은 있다. 1600년대에 수행된 이 실험의 목적은 조반니 보렐리Giovanni Borelli와 안토니오 발리즈너리Antonio Vallisneri라는 두 이탈리아 과학자 사이의 오랜 논쟁을 끝내는 것이었다. 두 사람은 소화의 주된 기전이 무엇이냐를 두고 대립했는데, 보렐리는 소화가 순전히 기계적인 반응이라고 주장했다. 새의 모래주머니가 화학 물질의 도움을 전혀 받지 않고 약 0.5톤의 압력을 가해 갈아 뭉개는 것이라고 말이다. 반면에 발리즈너리는 화학 반응 쪽을 고집했다. 1906년에 스티븐 패깃Stephen Paget이 동물 실험의 역사를 주제로 쓴 책을 보면, 발리즈너리가 한 실험에서 타조의 위를 열었더니 어떤 액체[2]로 가득 차 있었고, 죽은 먹이들이 흥건하게 젖어 있었다고 한다.

하지만 결정적인 실마리를 제공한 것은 발리즈너리가 아니라 프랑스 박물학자 르네 레오뮈르René Réaumur의 1752년 실험이다. 그는 다른 연구를 하던 중 우연히 고래 배 속에서 살아남느냐 마느냐 하는 이 허무맹랑한 수수께끼의 실마리를 제공하게 되었다. 즉 두 세기 반 후에나 제기될 질문의 답을 미리 찾아낸 셈이다. 레오뮈르는 애완동물로 솔개를 키웠다. 솔개는 다른 육식 조류와 마찬가지로 먹이를 다 소화한 뒤 털과 깃털만 따로 모아 압축한 덩어리를 토해 낸다는 점에서 힌트를 얻어 사료에 고기가 들어 있는 작은 튜브를 숨겼다. 모래주머니 안에서 고기가 으깨지지 않도록 하기 위해서였다. 그와 동시에 위액이 드나들 수 있도록 튜브의 한쪽 끝에 구멍을 송송

---

2 발리즈너리는 이 액체를 '아쿠아 포티스aqua fortis'라고 명명했다. 혹시라도 스칸디나비아 전통 증류주인 아쿠아비트aquavit와 혼동하지 말기를. 인터넷으로 검색해 보면 아쿠아비트는 특별한 날에만 꺼내 즐기는 술이라고 나온다. 명절이나 타조를 해부한 날처럼 말이다.

뚫었다. 그러면 솔개는 이 튜브가 평소에 먹던 사료와 다르게 크고 단단하다고 느껴 먹다 말고 토해 낼 것이 틀림없으니 그대로 건져 내어 열어 보기만 하면 되었다. 만약 고기가 조금이라도 녹아 있다면 소화 과정에서 소화액이 사용된다는 뜻일 터였다. 레오뮈르는 나중에 다양한 조류로 실험 대상을 확대하지만, 우리에게는 새가 아니라 그 새가 삼킨 튜브가 더 중요하므로 이 실험에만 집중하자. 그렇다면 과연 튜브는 어떻게 되었을까? 안타깝게도 첫 실험은 유리가 모래주머니 안에서 다 깨지는 바람에 실패로 돌아갔다. 주석으로 만든 튜브도 마찬가지였다. 레오뮈르는 마지막으로 납 튜브를 사용하고 나서야 실험을 제대로 마칠 수 있었으니, 모래주머니 근육의 수축력은 무려 0.2톤이나 되는 셈이었다.

나는 이 0.2톤의 개념이 와 닿지 않아서 인터넷을 열었다. 도대체 솔개의 모래주머니는, 그리고 향유고래의 위는 어떤 곳이기에? 검색 결과, 눈에 띄는 내용이 여럿 있었다. 사람 손가락을 절단 낼 수 있을 정도로 부리가 날카롭기로 유명한 말루쿠 앵무새가 부리로 쫄 때 낼 수 있는 최대 압력이 0.2톤이라고 한다. 한편 체중이 60킬로그램인 사람이 걸을 때의 압력도 이 정도다. 즉 모래주머니 안에 들어가 있으면 누군가가 내 몸을 짓밟는 느낌이 들거라는 얘기다. 마지막으로 미국자동차협회는 이 압력이 4.5킬로그램짜리 개가 시속 80킬로미터로 달리는 자동차의 앞 유리에 정면충돌하는 것과 같다고 설명한다.

그런데 향유고래 전위 근육의 수축력은 이보다 클 것으로 추측된다. 그러니 아무리 운이 좋은 사람이라도 향유고래 배 속에 들어갔다가 살아 돌아올 가능성은 희박해 보인다. 장담하건대, 차라리 소형 트럭에 받힌 치와와가 육체적으로 훨씬 덜 힘들 것이다.

사실 성경의 요나 이야기에 '고래'라는 단어는 단 한 번도 나오지 않고 그저 '큰 물고기'라고만 되어 있다. 캘리포니아 대학교 산타크루스 캠퍼스의 생물학자 테리 윌리엄스Terrie Williams는 하와이에서 근무하던 시절에 몸길이 5미터의 호랑이상어 배를 갈라 볼 기회가 있었다고 한다. 당시 한 여성이 수영하던 도중 상어에게 물려 목숨을 잃었고, 고인의 유해를 조금이라도 찾고자 용의자로 잡힌 상어를 해부하기로 결정한 것이다. 하지만 상어 배 속에서 나온 것은 사람 유해가 아니라 맨홀 뚜껑 크기의 다 자란 바다거북 세 마리였다. 그것도 형체가 온전한 상태로. 세 마리 모두 정면을 향해 일렬로 배열된 것으로 보아, 유유자적하게 바닷속을 헤엄치던 중 순식간에 당한 것 같았다. 말하자면 이런 상황이었을 것이다. '헤엄치기 참 좋은 날씨네. 하와이답게 물도 맑고 푸르고. 아, 이 얼마나 멋진……' 여기까지 생각하다가 갑자기 사방이 컴컴해지는 것이다. 게다가 상어의 위에서는 향유고래의 전위와 달리 위산과 소화 효소가 분비된다. 윌리엄스는 거북 삼총사는 두꺼운 껍데기 덕분에 형체를 보존할 수 있었고 근육에 저장한 산소에 의지해 반나절 정도는 살아 있었을 거라고 설명했다.

그렇다면 잠수복을 입고 산소 탱크를 멘 사람은 과연 호랑이상어 배 속에서 얼마나 오래 견딜 수 있을까? 이에 대해 christiananswers.net이라는 웹사이트는 포식자에게 잡아먹혀도 숨이 붙어 있는 한 소화 작용이 시작되지 않는다는 흥미로운 주장을 내놓았다. 만약 이 주장이 사실이라면, 우리의 잠수부와 요나에게 조금이나마 위안이 되었을지 궁금해진다.

이 소화기관이 살 만한 곳이냐 아니냐를 둘러싼 논쟁이 시작된 것은 18세기로 거슬러 올라간다. 스코틀랜드 출신의 해부학자 존 헌터John Hunter

는 적어도 현대 외과학의 문을 열었다는 면에서는 공로를 인정받는 인물이지만 해부 경험이 수백 회에 달하는 그도 오랫동안 풀지 못한 문제가 하나 있었다. 바로 시체의 위벽에 난 정체 모를 상처였다. 처음에 그는 이 상처가 사망 원인이라고 생각했다. 하지만 몸싸움 중에 철제 부지깽이로 머리를 맞아 운명했을 뿐, 그 밖에는 아무 이상 없이 건강했던 한 젊은이의 위벽에도 똑같은 흔적이 있었다. 한쪽에는 아예 구멍이 뻥 뚫려서 그날 저녁에 먹었던 치즈, 빵, 고기, 맥주가 밖으로 흘러나온 상태였다. 이 사례에서 배울 수 있는 점이 몇 가지 있다. 첫째는 맥주 주점의 메뉴가 약 200년 동안 거의 변하지 않았다는 것이고, 둘째는 술집 주인들은 벽난로 청소도구를 술 취한 손님들의 손이 닿지 않는 곳에 잘 감춰 둬야 한다는 것이다. 그런데 헌터는 세 번째 깨달음을 얻었다. 지금까지 그를 괴롭힌 이 상처가 어떤 질병의 증거가 아니라 위가 자가 소화된 흔적임을 알아낸 것이다. 그는 소화되고 있던 고기와 침식된 위 조직 상태가 똑같다고 기록했다. 즉 심장이 멎으면 위가 자기 자신을 분해한다는 뜻이다.

이 대목에서 한 가지 의문이 자연스럽게 떠오른다. 살아 있을 때는 왜 자가 소화가 일어나지 않을까? 이에 대해 헌터는 살아 있는 상태에서는 일종의 생명력이 위 조직에 방어막을 쳐서 보호한다고 설명했다. 1772년에 그가 남긴 기록에 이런 구절이 있다. "목숨이 붙어 있는 한…… 잡아먹혀 배 속에 들어가도 털끝 하나 다치지 않는다……. 사람도 마찬가지다. 만약 한 손을 사자의 위에 넣고 시간이 흐른 뒤 꺼내 보면 조금도 소화되지 않은 것을 확인할 수 있을 것이다." 뒷말은 아마도 스스로 작은 위안을 얻고자 덧붙인 내용인 것 같다.

하지만 프랑스 생리학자 클로드 베르나르Claude Bernard는 이 주장에 동의

하지 않았다. 그래서 1855년에 직접 실험을 실시했다. 그는 수십 년 전에 윌리엄 보몬트가 알렉시스 세인트마틴에게 했던 것처럼 살아 있는 개 한 마리의 위에 구멍을 뚫고는 구멍을 통해 결박한 개의 위에 개구리의 뒷다리 하나를 집어넣었다. 그로부터 45분 뒤, 개구리 뒷다리는 반 이상 소화되어 있었다. 이것은 예상했던 결과였다. 개구리가 아직 살아 있다는 점만 빼면 말이다. 이 결과를 토대로 베르나르가 내린 결론은 생사 여부는 위액의 활동을 방해하는 요소가 아니라는 것이었다. 잔인하다는 비난이 베르나르의 활동을 막지 못했듯이 말이다.[3]

그런데 영국의 생리학자 프레더릭 W. 파비Frederic W. Pavy는 한술 더 떠 1863년에 베르나르의 실험 범위를 포유류로 확대했다. 프랑스의 음식 문화를 반영한 듯 그가 고른 실험 대상은 토끼였다. 그는 베르나르처럼 개의 위에 구멍을 뚫고 개가 식사하는 동안 이 구멍에 토끼 귀 한 쪽을 집어넣고 네 시간을 기다렸다. 그러자 귀 끝 1.3센티미터 정도는 완전히 사라졌고, 나머지 부분은 갈가리 찢겨 너덜너덜한 채로 매달려 있었다. 먹이가 살았건 죽었건 소화 과정은 언제나 활발히 일어난다는 사실이 다시 한 번 증명된 셈이었다.

그렇다. 헌터의 주장은 확실히 틀렸다. 위산을 무용지물로 만드는 마법 같은 힘 따위는 없다. 그렇다면 위 자체가 위액에 녹지 않는 이유는 도대체 뭘까? 위액은 동물 내장으로 만든 요리를 금세 곤죽으로 만들면서 어떻게 위

---

3 살아 있는 장어의 머리만 빼고 몸통 전체를 위에 넣는 실험이었는지 아니면 다른 실험이었는지는 정확하지 않다. 어쨌든 어느 날 베르나르가 생체 해부 실험에 한창 열중하고 있을 때 그의 아내 마리 프랑수아즈 '파니' 베르나르Marie Françoise 'Fanny' Bernard가 연구실에 들어왔다. 그녀는 눈앞에 펼쳐진 광경에 기겁하고 말았다. 충격이 컸던지 그녀는 1870년에 남편 곁을 떠나 버렸다. 그러고는 다른 성격의 잔인함을 발휘해 생체 해부 반대운동 모임을 결성했다. 잘 했어요, 마리!

에는 홈집 하나 내지 못하는 걸까? 도대체 왜?

그런데 지금부터 얘기가 재미있어진다. 엄밀히 말하면 위는 스스로를 소화시킨다. 위산과 소화 효소가 위벽의 점막 세포를 꽤 효과적으로 분해하지만 단지 옛날 사람들은 늙은 세포가 없어지는 족족 새로운 세포가 꾸준히 생겨난다는 사실을 몰랐을 뿐이다. 건강한 성인의 내장 점막은 사흘마다 새 세포층으로 싹 물갈이된다고 한다. 놀랍게도 위산 분비 세포가 위산에 망가지는 일이 없도록 위산의 핵심 성분은 다른 곳에서 만들어진다. 인체의 신비란 정말 오묘하다. 이제 수수께끼가 풀리는가? 존 헌터가 시체의 위 속에서 발견한 화상 자국은 바로 이렇게 점막 생성 기능이 사라진 상태에서 위 조직이 위산에 분해되어 생긴 흔적이다. 만약 사람이 밥을 먹다가 죽는다면 이런 소화 효소의 작용이 한참 더 진행된다. 거기에 기온이 높아서 체온이 오래 남아 있는 환경이라면 결과는 더 확실해진다.

그런 면에서, 먹이 입장에서 그나마 가장 안전한 곳은 펭귄의 위장이라고 말할 수 있다. 펭귄은 위산이 무력화되는 수준까지 위의 온도를 떨어뜨려 음식물 소화 속도를 늦출 수 있기 때문이다. 사냥터에서 집까지 몇 날 며칠을 이동해야 하는 펭귄에게는 새끼에게 먹일 물고기를 온전하게 집까지 운반하려면 이 기능이 반드시 필요하다. 이런 내장형 냉장 시스템이 없다면 집에 도착할 때쯤이면 물고기가 다 소화되어 흔적도 남지 않을 것이다. 테리 윌리엄스는 이것을 '장을 본 음식을 집에 오는 길에 다 먹어 치우는 것'에 비유했다.

존 헌터가 생명력 가설에 끌린 배경을 따지자면 몸속 뱀에 관한 구전의 영향력도 무시할 수 없을 것이다. 옛날 옛적 바빌론과 고대 이집트에서는 사람들이 자신의 배 속에 파충류나 양서류가 살고 있다며 의사를 찾아오는 사람이 많았다고 한다. 그런데 18세기 후반에 이 가설이 다시 화제가 되었고 헌터도 여기에 매료되고 말았다. 그는 1772년 논문에 사람 위 속에서 다양한 종류의 동물을 발견했으며 그중에는 위 안에서 부화한 것도 있다고 적기도 했다. 이 열풍은 세기가 바뀐 후에도 쉽사리 가라앉지 않았다. 헌터뿐만 아니라 카를 린네Carl Linnaeus와 같은 유명한 석학조차 개구리와 뱀이 매일 위 내용물을 훔쳐 먹으며 사람 몸 안에서 기생할 수 있다고 믿었던 탓이다. 의학사학자이자 저술가인 얀 본데손Jan Bondeson은 17세기부터 19세기까지 의학 학술지에 보고된 사례 60여 건을 직접 분석하고 정리했는데, 18건이 도마뱀, 17건이 뱀, 15건이 개구리, 12건이 두꺼비에 관한 사례였다고 한다.

그런데 이상한 점이 있다. 그것은 바로 사례가 보고된 지역도 보고된 기생 동물의 종류도 다양했지만 사례자의 사연이 신기하리만치 똑같다는 것이다. 바로 이런 식이다. 한 환자가 배 속에서 이상한 느낌이 들거나 통증이 있어서 의사를 찾아왔다. 환자는 상담하던 중에 얼마 전 시골에 갔던 일을 떠올린다. 흔히 그러듯 한밤중에 귀가하던 길이었고, 목이 말라 근처 연못 혹은 시냇가, 그것도 아니면 약수터에 들러 물을 한 모금 마셨다. 그런데 깜깜한 밤중이라 아무것도 보이지 않지만 뭔가를 삼킨 것 같다고 한다. 술에 취해 모르고 넘어갔을 수도 있고. 환자는 무슨 알이나 작은 동물이었을 거라고 뒤늦게 추측한다. 간혹 자려고 눕거나 술에 취해 쓰러졌는데 길고 기분 나쁘게 차가운 생물체가 식도를 지나 위장으로 미끄러져 내려가는 느낌이 들었다는 사람도 있다.

혹여 때맞춰 요강에서 진짜 동물을 목격하기라도 하면 망상이 확신이 되었다. 1813년에 작성된 한 기록을 보면 "한 여성이 대변을 보던 중에 심한 통증을 느껴서 이상한 생각이 들어 변기 안을 들여다보는 순간 뭔가 움직였다"고 적혀 있다. 그뿐만이 아니다. 당시에는 증상을 완화하기 위해 배변 촉진제를 사용하는 것이 관례였는데, 1865년에 보고된 사례도 그런 경우였다. 이 환자는 배가 자꾸 씰룩거려 배변 촉진제를 항문으로 투입하자,[4] 조금 뒤 옷섶에서 뭔가가 꿈틀댔다고 한다.

지금 생각해 보면 문제의 개구리와 뱀은 그전부터 쭉 요강이나 침대 밑에서 살고 있었을 가능성이 더 높다. 논문의 저자가 깊이 생각하지 않았거나 관심을 좀 받아 보려고 이야기를 꾸며 냈을 수도 있다. 이런 얘기는 소문이 사실이라면 의학적으로 연구 가치가 높기 때문에 열이면 열 모두 의학 학술지나 신문에 실렸다. 그러니 이런 출세의 보증수표를 마다할 사람이 몇이나 되겠는가.

또 반대로 이런 얘기가 마냥 허무맹랑하기만 했다면 이렇게까지 오랫동안 유행하지는 못했을 것이다. 현대의 도시 괴담과 마찬가지로 위 속에 사는 개구리 이야기도, 배 속에서 꿈틀대는 뱀 이야기도, 사람들이 믿은 것은 어느 정도 신빙성이 있다는 뜻이다. 가령 배 속에 포유류가 살고 있다는 주장을 믿을 사람은 단 한 명도 없지만 개구리라면 이야기가 달라진다. 과학

---

4 '항문 투입'을 영문 의학 용어로는 'per anum'으로 표현한다. 이때 실수로 n을 2개 넣어 'per annum'으로 쓰면 큰일난다. '연간'이라는 뜻이 되기 때문이다. 반대의 실수를 저질러도 대형 사고가 난다. 이 경우, "연간 출산율이 얼마인가?"라는 물음이 "항문당 출산율이 얼마인가?"로 탈바꿈한다. 그러면 답은 0이어야 마땅하다. 아니라면 문제가 심각한 것이다. 그런데 인터넷을 뒤지면 이 맞춤법 오류 사례를 셀 수 없이 많이 찾을 수 있다. 가령 한 투자 회사는 "항문당 10퍼센트 이자"를 준다고 제안하고, 어느 나이지리아 극작가는 자신이 "항문당 6건의 영화 시나리오를 쓸 수 있다"고 자랑한다. 또 스리랑카의 한 수입업자는 "항문당 3,600톤의 마늘을 공급할 수 있는 농가를 구합니다"라는 광고를 내보냈다. 그중에서도 압권은 이것이다. Ask Jeeves 웹사이트에 어떤 사람이 "승마 도중에 목숨을 잃는 사람이 항문당 얼마나 됩니까?"라는 질문을 올렸다. 그러자 그의 질문을 비웃거나 비꼬는 댓글이 꼬리에 꼬리를 물었다.

적인 설명도 가능하다. 한때는 개구리가 물속에서도 피부를 통해 호흡할 수 있다며 개구리가 들어 있는 물 한 잔을 들이켠 뒤 살아 있는 개구리를 토해내는 엽기 쇼가 유행하기도 했다. 적어도 공연이 끝날 때까지 개구리가 버티긴 했던 모양이다.

일반적으로 냉혈동물은 체온을 유지하는 데 에너지를 쓸 필요가 없어서 기초 대사량이 적다. 따라서 훨씬 적게 먹고도 생명을 유지할 수 있고 동절기에는 아예 겨울잠을 자버린다. 개구리도 그런 냉혈동물 중 하나다. "겨울에는 생선 배 속에서 살아 있는 개구리가 발견되었다고 해도 전혀 놀랄 일이 아닙니다." 야생동물학자인 톰 피치퍼드Tom Pitchford의 설명이다. 문제는 사람 배 속은 냉장고가 아니라는 것이다. 오히려 열대 기후에 더 가깝다. 1850년경, 독일의 동물생리학자 아르놀트 아돌프 베르톨트Arnold Adolph Berthold는 기생 개구리 논란에 종지부를 찍기 위해 북유럽에서 흔히 발견되는 개구리와 도마뱀 종 몇 가지를 사람 체온 정도의 온수에 집어넣었다. 그랬더니 성체는 죽고 알은 부화되지 못한 채 썩어 버렸다.

하지만 사람들이 기생 동물로서 개구리보다 더 흔하게 운운하는 동물은 바로 뱀이다. 사람들의 말이 사실이라면 뱀은 무섭고 독하기로 악명이 높은 만큼 어두컴컴하고 좁디좁은 위장관에 정착해 살아갈 정도로 적응력도 뛰어난 동물임이 틀림없다. 클래펌은 자신이 키우는 도베르만 잡종 애완견 그레이시 이야기를 들려주었다. 어느 날 저녁 이 녀석이 부엌 바닥에 토했는데, 60센티미터짜리 가터뱀이 나왔다는 것이다. 당연히 뱀이 죽었다고 생각한 그의 아내가 내다 버리려고 휴지로 뱀을 집어 드는 순간 혀를 날름거리는 바람에 화들짝 놀라 떨어뜨렸다고 한다. 그런데 그레이시는 한동안 집 밖으로 나간 적이 없었다. "그러니 뱀이 꽤 오랫동안 집 안에 있었다는 얘기죠."

클래펌이 덧붙였다.

앨라배마 대학교에서 뱀의 소화 기능을 연구하는 스티븐 세커는 왕뱀이 또 다른 왕뱀의 배 속에 10여 분 동안 갇혀 있다가 탈출해 살아난 장면을 목격했다. 어느 날 그는 왕뱀 두 마리를 같은 탱크에 넣어 놓고 잠시 자리를 비웠다가 연구실로 돌아와 서둘러 둘을 떼어 놓아야 했다. 둘이 동족이니 한 마리가 다른 한 마리를 잡아먹으리라고는 상상도 하지 못했던 것이다. 그는 죽을 뻔한 녀석의 심장이 아직 뛰고 있다는 사실을 확인하고는 다행이라고 생각하면서도 살짝 놀랐다고 한다.

하지만 잠깐 머무는 것과 영주하는 것은 별개의 문제다. 근세의 저명한 의사들은 위 속 뱀의 실체를 정확하게 짐작하고 있었다. 그들은 이것이 사람들이 궤양, 락토오스 불내성, 폭음, 장내 가스 등으로 인한 위장 증상을 착각해서 만들어 낸 망상임을 알았기에 환자가 뱀이 어쩌구 하며 늘어놓는 설명만 듣고도 환자의 배 속에서 무슨 일이 벌어지는지 족집게처럼 맞히곤 했다. 가령 앤드루 S.라는 환자는 그가 술이나 우유를 마실 때만 뱀이 활동한다고 말했다. 그의 담당 의사 앨프리드 스텡겔Alfred Stengel은 1903년에 쓴 논문 「배 속에 어떤 동물이 살고 있다는 착각을 일으키는 감각Sensations Interpreted as Live Animals in the Stomach」에서 이 환자의 사례를 소개하며 "그는 이 느낌을 몹시 싫어했고 나에게도 위스키를 마시지 말라고 권했다"라고 기술했다. 미국 버몬트 주 캐슬턴에 사는 한 여성은 1843년에 "기름진 음식을 배터지게 먹었을 때 뱀이 가장 활발히 움직였다"고 보고하기도 했다.

한편으로는 배 속에서 뭔가 꿈틀대면서 꾸르륵 소리가 나는 것이 아무 이상 없이 건강한 장운동의 증거인 경우도 많다. 외과의사 프레더릭 트레브스Frederick Treves는 1800년대 후반 배 속에서 뭔가가 꾸물거린다거나 뱀이 살고 있는 것 같다고 호소한 환자 다섯 명의 사례를 보고했다. 이 환자들은 결국 수술까지 받았지만 완벽하게 건강한 소화관 외에 뱀이나 뱀 비슷한 생물은 흔적도 발견되지 않았다. 트레브스는 이 증상을 '장 신경증'이라고 명명했다. 오늘날에도 장 신경증을 앓는 환자가 많다. 물론 요즘에는 어느 누구도 배 속에 뱀이 산다고 믿지 않지만 말이다. 그럼에도 이 미신이 아직 완전히 사라지지 않은 모양이다. 한 소화기내과 의사가 그런 사내를 직접 만났다는데, 이 사내는 속옷만 입고 배에 동전을 올려놓은 상태에서 장이 운동함에 따라 동전이 물결치는 영상을 직접 찍고 북미 전역의 병원이란 병원은 다 돌아다니며 진료하는 의사에게 이것을 보여 주었다고 한다. 물론 그는 매번 소화기관이 완벽하게 건강하다는 진단을 받았다.

그런데 난감하게도 간혹 기생 생물을 직접 잡았다고 주장하며 의사 앞에 가져오는 환자도 있다. 그런 포획물을 어떤 의사는 박제로 만들어 전시하기도 하고, 어떤 의사는 애완동물로 키우기도 했다. 덕분에 해부를 통해 과학적 증거를 확보할 좋은 구실이 되었다. 얀 본데손이 찾아낸 기록에 따르면, 17세기에 잦은 배탈로 고생한 어느 열두 살 소년이 도롱뇽 21마리, 개구리 4마리, 두꺼비 여러 마리를 토해 냈다고 한다. 이것들이 모두 며칠 또는 몇 달에 걸쳐 모은 수집품인지는 기록에 남아 있지 않다. 어쨌든 소년을 진료한 의사 중 한 명이 소년의 말이 진실이라면 위 속 내용물이 소년이 먹은 음식과 일치할 것이라는 생각에 이 동물들의 배를 갈라 보자는 아이디어를 냈다. 하지만 아니나 다를까, 이 양서류들의 배 속은 반쯤 녹아내린 곤충 천지였다. 그런데 개구리를 온수에 담그는 실험의 주인공 베르톨트도 똑같은 추론을 하고 1850년에 독일 의학박물관 학예사에게 연락을 취했다. 이 박물관에는 이른바 사람 배 속에서 수년 동안 살다가 나왔다는 다양한 파충류와 양서류의 표본이 전시되어 있는데, 이것을 가지고 해부 실험을 하고자 부탁하기 위해서였다. 다행히도 그는 허락을 받았고, 박제 동물의 배를 열었을 때 발견된 것은 이번에도 소화되다 만 곤충의 잔해뿐이었다.

그러던 중 뉴욕 내외과대학의 생리학 교수 J. C. 돌턴이 결정적인 실험을 실시했다. 과학적 증거를 확보한다는 면에서 지금껏 수행된 것 중 가장 확실한 실험이었다. 1865년에 동료 연구자 두 명이 연이어 그를 방문한 것이 계기가 되었는데, 그들은 난감한 기색이 역력한 표정을 하고 각자 소위 사람 몸에서 배출되었다는 민달팽이가 들어 있는 표본병을 들고 왔다. 표본병 중 하나는 3주일 동안 설사로 고생한 소년의 몸에서 나온 것이라고 했다. 사연의 내용은 별다를 게 없었다. 아이가 일을 보는데 분변과 함께 이 생물체가 빠져나왔고, 그날 소년의 어머니가 빨래를 하려고 아이의 옷을 집어 들다가 살아서 꿈틀대는 민달팽이를 발견했다는 것이다. 소년의 어머니는 여름에 시골 친척집에 갔을 때 정원에서 직접 딴 샐러드를 먹다가 민달팽이 알을 자신도 모르게 삼킨 것 같다고 진술했다.

돌턴은 이 말을 곧이곧대로 믿지 않고 이것을 주제로 실험할 가치가 있다고 생각했다. 어디까지가 진실이고 실현 가능한지 확인할 필요가 있다고 판단한 것이다. 실험에 쓸 민달팽이는 상추를 키우는 이웃집의 협찬을 받았다. 실험은 이렇게 진행되었다. 그의 조수가 개의 입을 열어 붙잡고 있는 동안 민달팽이 네 마리를 하나씩 넣었다. 이때 개가 씹지 않고 그대로 삼키도록 입 안 깊숙이 넣었다. 그러고는 한 시간 뒤 개의 배를 갈랐으나 개의 위장관 어디에서도 민달팽이의 흔적을 찾을 수 없었다. 이를 토대로 시간 간격을 15분으로 줄이자, '물렁물렁해진' 민달팽이와 '흐늘흐늘해진' 도롱뇽을 발견할 수 있었다. 물론 둘 다 숨이 끊어진 채였다.

돌턴은 이런 기록을 남겼다. "소위 지식인이라는 사람들이 이런 이야기를 철썩같이 믿다니 참으로 흥미로운 심리 현상이다. 게다가 내용도 매우 구체적이다……. 어떤 이야기든 입에서 입으로 전파될수록 와전되기 마련이지만, 보려고 본인의 눈으로 직접 확인한 것조차 사실과 믿음 사이의 괴리가 작지 않을 때가 많다."

신중함이 돋보이는 조언이니 가슴 깊이 새겨들어 마땅하다는 생각이 든다. 첨단과학 시대를 사는 현대인이라면 더더욱 그렇다. 내가 이 글을 쓰고 있는 2011년 현재도 세상에는 각종 괴담이 판친다. 도마뱀과 개구리는 더 이상 이야기에 등장하지 않지만 말이다.

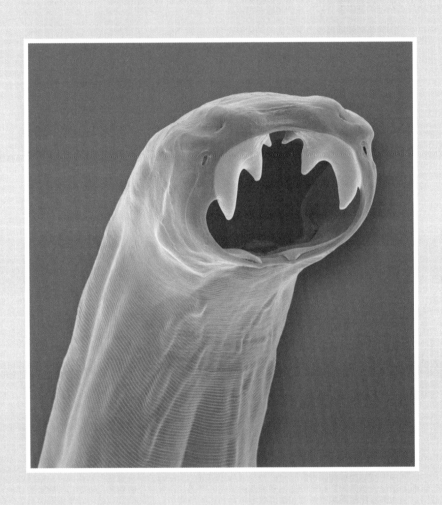

⑨

먹이의 역습

검정 딱정벌레. 앙증맞은 몸체에 수줍은 듯 무광택의 검은색 껍질을 온 몸에 뒤집어쓴 이 곤충은 밀웜mealworm이라는 유충 시절의 이름으로 더 유명하다. 밀웜과 그 사촌인 슈퍼 밀웜은 애완용 파충류와 양서류의 먹이로 사용된다. 파충류와 양서류는 죽은 먹이를 먹지 않기 때문에 밀웜을 살아 있는 상태로 주어야 한다. 그런데 꽤 오래전부터 파충류 애호가들 사이에 서 요상한 소문이 떠돌고, 심지어 스스로 목격자라며 나서는 사람도 있다. Fishguy2727이라는 아이디를 쓰는 한 Aquaticcommunity.com 회원은 "애완동물이 밀웜을 삼킨 지 10~20초 이내에 밀웜이 애완동물의 뱃가죽 을 뚫고 나오는 장면을 직접 목격했다는 사람들을 많이 만났다"라는 글을 올렸다.

사실은 나도 야생동물 전문가 톰 피치퍼드로부터 비슷한 얘기를 전해 들 은 적이 있다. 내가 그에게 기생동물이 아니지만 포식자의 배 속에서 오랜 시간 동안 살아남을 수 있는 동물이 있느냐고 물었을 때, 그는 밀웜 이야기를 꺼냈다. 그는 애완용 파충류 전문 웹사이트는 밀웜을 주기 전에 대가리를 으깰 것을 권장한다는 얘기를 들었다고 말했다. 밀웜이 고통 속에서 죽어가는 동안 도마뱀이 안전하게 먹을 수 있다는 것이다.

하지만 밀웜 사육업계는 이 얘기를 비웃는다. 벌레농장 운영자들의 커뮤니티인 Wormman.com에서는 이것이 다 실없는 헛소문이라는 평이 지배적이다. 바셋 귀뚜라미와 밀웜을 사육하는 한 농장주는 밀웜이 얇게 저민 당근 조각을 뚫고 지나가는 데 이틀이 걸린다며 분명하게 못 박았다. "살점을 안쪽에서 파먹어 나가는 건 불가능해요." 그럼에도 밀웜 판매업자들은 요즘 이 소문 때문에 경제적인 타격이 이만저만 아니라고 한다. 그렇다면 애완용 파충류 판매상들은 어떤 입장일까? 우리 집 근처에 있는 파충류 전문점 이스트베이 비바리움East Bay Vivarium의 점장 카를로스 하슬람Carlos Haslam은 이 장사를 한 지 40년째지만 단 한 번도 그런 장면을 직접 보거나 그런 얘기를 하는 고객을 본 적이 없다고 말했다. 그의 설명에 따르면, 개구리와 달리 도마뱀은 먹이를 삼키기 전에 충분히 씹는다고 한다. 그런데 여기서 핵심은 떠도는 소문의 주인공은 대부분 도마뱀이라는 것이다. Fishguy2727 역시 누군가로부터 똑같은 지적을 받고 발끈했는지 또다시 이런 글을 올렸다. "1천 명이 못 봤다고 말했다고 해서 확실히 불가능한 일은 아니다. 이것이 실현 가능한 일이라는 사실에는 의심의 여지가 없다."

미신과 소문이 늘 그렇듯 이번 경우에도 아는 사람의 아는 사람이 직접 봤다더라고 주장하는 사람은 도처에 널렸다. 그런데 정작 그 목격자를 찾는 일은 늘 왜 그렇게 어려운지 모르겠다. 하지만 나는 어렵게 그런 사람을 딱 한 명 알게 되었다. 주인공은 네바다 대학교 리노 캠퍼스의 한 연구실에서 근무하는 존 그레이John Gray라는 사육사다. 멸종 위기종을 예측하고 관리하는 이 연구실에서 그레이가 맡은 업무는 도마뱀 18마리, 두꺼비 40마리, 개구리 50마리를 돌보는 것이다. 하지만 그레이가 목격한 사건의 현장은 이 연구실이 아니다. 그 일은 그가 열두 살 때 집 뒷마당에서 잡은 울타리도마뱀에게 일어났다. 어느 날 저녁 슈퍼 밀웜을 먹이로 주었는데, 다음 날 아침에 보니 도마뱀은 죽어 있고 그 옆구리 주변을 슈퍼 밀웜이 맴돌고 있었다는 것이다.

이 연구실을 이끄는 생리생태학자 리처드 트레이시Richard Tracy는 그레이의 진술에 회의적인 태도를 보이며 소문의 근원을 1979년에 나온 영화 〈에일리언〉에서 찾았다. 그는 이 영화의 주인공인 에일리언이 사람 몸 안에서 부화해서 뱃가죽을 찢고 나오는 장면이 관객들의 뇌리에 박힌 탓이라고 지적하며 그레이의 기억력에도 잘못이 있다고 덧붙였다. 어느 누가 30년 전의 일을 세세한 부분까지 정확하게 기억하고 있겠는가. 게다가 물체 밑에 기어 들어가는 것은 밀웜의 본성이다. 애리조나 대학교에서 발간한 검정딱정벌레와 밀웜 소개 책자에는 '흥미로운 행동'이라는 소제목 아래에 "밀웜은 어두운 곳을 좋아하고 몸통을 주변 물체에 밀착하는 습성이 있다"라고 적혀 있다. 반면에 포식자의 위장관을 뜯고 나온다는 내용은 단 한 줄도 없었다. 이것이 사실이라면 책자에 자세히 언급되고도 남을 만큼 흥미로운 행동인데 말이다. 관장을 했더니 민달팽이가 나왔다든가 뱀을 목격했다든가 하는 왕년의 풍문처럼 이 밀웜도 애초에 그 자리에 있었을 확률이 높다. 짐작건대 어두운 곳을 좋아하다 보니 우연찮게 사건 현장에 발을 들인 것 아닐까.

그럼에도 야생 파충류와 양서류를 포획해서 연구하는 사람이라면 누구나 그렇듯 트레이시도 이 소문이 새빨간 거짓이라고 단정하지는 못했다. 그래서 그는 지금부터 실험생물학자라면 응당 그래야 할 일을 벌일 참이다. 바로 실험을 하는 것이다.

  리처드 트레이시 교수는 내시경 장비를 빌려 왔다. 평소에 보던 것보다 조금 가늘다 싶었는데 알고 보니 요도 내시경에 쓰는 것이라고 한다. 원래 이 것은 네바다 대학교에서 거북 생식지를 연구하던 동료의 아버지 물건이다. 그녀가 연구를 위해 비뇨기과 의사인 아버지에게 빌린 것을 다시 트레이시가 빌려 온 것이다. 그는 이것으로 밀웜의 배 속을 들여다보고 무엇이 들고 나는지, 어디서 출발해 어디로 가는지 빈틈없이 살펴보려고 한다.

  그는 열정을 유일한 밑천 삼아 이 실험을 시작했다. 모든 인맥을 총동원해 자신이 이 일을 하려는 이유를 일일이 설명했고, 그런 그에게 감복한 동료들은 기꺼이 그의 손을 잡았다. 수의학과 교수인 월트 맨더빌Walt Mandeville 은 동물 마취를 책임지겠다고 자원했다. 대학원생 리 르메니저Lee Lemenager 는 내시경을 조종하기로 했다. 르메니저는 사람을 처음 그려 본 아이의 작품 속 얼굴과 같이 둥글둥글하고 선하기 그지없는 이목구비를 가졌다. 요전에 그가 슈퍼 밀웜의 몸에 위산을 붓는 장면을 목격했는데, 그때도 그는 마치 선행을 베푸는 듯한 표정이었다.

  "그리고 이쪽은 OMED에서 나온 프랭크와 테리입니다." 그는 연구실에 막 들어온 두 사내를 소개한다. OMED는 중고 의료 장비를 파는 회사다. "두 사람이 수만 달러짜리 비디오 녹화 장비를 무상 임대해 주었어요. 40년 도 더 된 거라서 아무도 안 사가는 거라네요. 환영합니다!" 트레이시는 교수 임에도 붙임성이 매우 좋아 학생들이 졸업한 후에도 계속 연락할 정도로 인기가 많다. 그의 연구실 한쪽 벽면을 도배한 대학원 제자들의 사진도 이런 그의 품성을 증명한다. 성성한 백발은 은퇴할 시기가 머지않았음을 말해 주지만 그가 한낮에 여유롭게 골프를 치거나 TV나 보는 모습은 상상조차 할 수 없다.

그가 황소개구리가 움직이지 않도록 꽉 잡고 있는 동안 르메니저가 내시경을 개구리의 입안에 밀어 넣는다. 우리는 이 녀석이 2분 전에 삼킨 밀웜을 몰래 뒤쫓을 작정이다. 잘 휘어지는 광섬유로 된 내시경은 머리 쪽 끝에 작은 카메라와 조명이 달려 있고 반대쪽 끝은 모니터에 연결되어 있다. 이 모니터를 통해 황소개구리 위장관 안에서 벌어지는 일을 실시간으로 관찰하고 녹화할 것이다.

개구리는 약에 취한 상태지만 의식은 깨어 있다. 녀석의 몸은 화려하게 장식된 탁상램프처럼 반짝거린다. 마치 독서용이 아니라 분위기를 위해 은은하게 켜놓은 조명 같다. 반면에 모니터에 비친 장면은 온통 진분홍색 일색이다. 빛을 환하게 비춘 개구리의 내장이 분홍색이라니, 정말 의외다. 마시는 액상 지사제와 같은 바로 그 예쁜 분홍색이다.

그러던 중 어느 순간 화면이 갈색으로 바뀐다. 르메니저가 갈색, 회색, 검은색이 번갈아 반복되는 선명한 줄무늬를 가리키며 말한다. "여기 좀 보세요." 슈퍼 밀웜이 움직이지 않자 살아 있는지 확인하기 위해 맨더빌이 개구리의 식도로 생검용 겸자를 집어넣는다. 그러고는 겸자 끝으로 밀웜의 옆구리를 살짝 꼬집으니 녀석이 꿈틀한다. 이 장면을 지켜보던 우리는 한목소리로 환호성을 지른다. "살아 있네요!"

"지금 씹고 있어요?" 누군가가 묻는다. 이 한마디에 우리 모두는 그쪽으로 시선을 돌린다.

"이쪽은 꼬리예요." 가금류 검시관으로서 갈고 닦은 수년간의 경험 덕분에 눈썰미가 좋은 맨더빌이 대답한다. 그는 한 마리를 검사하는 데 4.8초밖에 안 걸린다고 한다.

르메니저가 내시경을 빼내더니 이번에는 반대쪽으로 집어넣는다. 그런데 밀웜의 입 쪽은 미동조차 없이 조용하다. 맨더빌은 이것을 '담요 효과'라고 설명한다. 예를 들면 이런 것이다. 수의사가 야생마를 치료하기 전에 진정시키기 위해 좁은 통로로 유인하는데, 이때 양옆에 매달린 땅콩이 말 옆구리를 지그시 누른다. 아기를 포대기로 싸거나 흥분한 친구를 감싸 안아 달래거나 번개를 무서워하는 애완견에게 쫄쫄이 티셔츠를 입히는 것도 같은 원리다. 밀웜에게는 위벽이 바로 이런 쫄쫄이, 즉 담요 역할을 하는 셈이다.

사실은 나중에 도로 끄집어낼 심산으로 밀웜을 개구리에게 주기 전에 르메니저가 밀웜의 허리춤에 실을 묶어 놨는데 마침내 바로 그때가 왔다. 우리는 개구리가 먹다 말고 별다른 저항 없이 반납한 밀웜을 페트리 접시에 고이 모셔 놓는다. 그런데 이번에는 존 그레이가 처크왈러 도마뱀을 가지고 오더니 밀웜을 다시 도마뱀의 입안에 집어넣는다. 밀웜은 금세 움직임을 멈추지만 이번에도 죽지는 않았다.

이 실험으로 확실해진 사실 한 가지는, 밀웜은 위산, 즉 염산에 강하다는 것이다. 많은 사람이 염산을 황산처럼 유독한 물질로 오해한다. 배터리와 배수관 세척제의 주성분이고, 앙심을 품은 범죄자가 범행 대상의 얼굴에 뿌리는 무기로 사용하기도 하는 황산만큼 위험하다고 말이다. 솔직히 나도 전에는 그런 줄로 잘못 알았다. 황산의 황 성분은 단백질과 결합해서 단백질 구조를 완전히 망가뜨리기 때문에, 만약 그것이 피부의 단백질이라면 말 그대로 대참사가 벌어진다. 반면에 염산은 부식성이 그렇게 강하지 않다.

개인적으로 내가 그런 편견을 갖게 된 것은 영화 〈아나콘다〉 탓이다. 이 영화의 한 장면에서 거대한 물뱀이 존 보이트Jon Voight를 잡아먹었다가 다시 토해 냈는데 그의 얼굴이 왁스처럼 녹아내리고 있었던 것이다. 그러고 보니 얼마 전에 실제로 이 영화의 기술자문을 맡았던 뱀 전문가 스티븐 세커의 연구실을 방문했던 기억이 난다. 산 채로 잡아먹힌다는 것이 어떤 느낌인지 알고 싶었던 나는 그에게 위산을 만져 보게 해달라고 부탁했다. 그는 대학교 연구 시설의 안전관리 책임자인 아내를 의식했는지 아내에게는 말하지 말라고 신신당부한 뒤에야 허락했다. 그는 찬장에서 염산 한 병을 꺼내 한 방울, 즉 5마이크로리터 정도를 내 손목에 떨어뜨렸다. 곧 펄펄 끓는 물 한 방울이 튀었을 때와 비슷하게 싸하면서도 화끈한 느낌이 들었다. 하지만 채 1분도 지나기 전에 살짝 따끔거리는 느낌만 남았다. 그러자 그는 한 방울 더 떨어뜨렸다. 다시 3분이 흘렀고 따끔거리던 것은 약간 가려운 정도로 한층 더 약해졌다. 그 상태로 20분 정도 지속되다가 더 이상 아무 느낌도 들지 않았고, 손목에는 흔적도 남지 않았다.

물론 위에서 분비되는 위산의 양은 그보다 훨씬 많다. 게다가 음식물 때문에 높아진 pH를 다시 낮추기 위해 계속해서 솟아나온다. 위산이 퐁퐁 샘솟는 위 안의 상황은 어떨까. 내 짐작에는 손목에 한 방울 떨어뜨렸을 때보다는 심각하지만 일본의 한 공장 직원이 2미터 깊이의 염산 탱크에 빠졌을 때보다는 나을 것 같다. 이 비운의 주인공은 염산 탱크에 빠졌다 나온 뒤 피부가 갈색으로 변하고 폐와 위장관처럼 연한 조직의 세포들이 딱딱하게 말라 죽었다고 한다. 이 사고에서 볼 수 있듯이 산이나 열로 인한 화상은 단백질을 변성시킨다. 쉽게 말하면 구조를 망가뜨리는 것이다. 그러면 달걀이 삶아지는 것이나 우유가 응고되는 것처럼 사람 피부도 뒤틀린 채로 딱딱하게 굳어 화상 흉터로 남는다. 바로 이것이 단백질 변성이다. 하지만 소화관에서 일어나는 단백질 변성은 그 의미가 조금 다르다. 위 안에서 염산은 식이단백질을 변성시키는데, 이것은 소화 효소가 단백질을 분해하기 전에 미리 잘게 쪼개 주는 밑작업으로 볼 수 있다.

위산은 한순간에 폭발하고 꺼지는 게 아니라 서서히 꾸준하게 작용한다. 특히 딱딱한 겉껍질에 둘러싸인 먹을거리를 통째로 삼켰을 때는 그편이 훨씬 효과적이다. 우리의 밀웜 실험에서처럼 말이다. 언젠가 아시아 어딘가에서 흰 배 망그로브 뱀이 세 시간 만에 토해 낸 게가 벌떡 일어나 잽싸게 도망갔다는 일화를 들은 적이 있다. 그런데 나는 이것을 신시내티 대학교에 있는 브루스 제인Bruce Jayne의 연구실에서 직접 목격했다. 제인은 뱀이 토해 낸 먹이를 연구하는데, 먹은 것을 토해 내도록 하기 위해 뱀의 배를 살살 마사지했다. 뱀에게는 토해 달라는 부탁의 말이 통할 리 없으니 이렇게 몸으로 때울 수밖에.

브루스 제인처럼 뱀의 배를 마사지하지 않고, 리 르메니저처럼 미리 묶어둔 수술용 봉합사를 당겨 빼지 않고, 하늘의 도움으로 고래가 알아서 구토하지 않는 한 우리가 배 속에 들어간 먹잇감을 다시 만날 방법은 없다.

단, 기생충은 예외다. 트레이시의 설명에 따르면, 기생충은 뚫고 지나가지 못하는 곳이 없다고 한다. 어떤 녀석은 아예 굴착용 이빨을 가지고 있는데, 드릴 같은 것이 정수리에 솟아 있는 모양새라고 한다. "기생충은 애초에 그렇게 진화했습니다. 하지만 이것은 밀웜입니다. 유충이라고요. 유충은 구석 틈새를 파고들지만 새 길을 내면서 지나가지는 못해요. 절대로요." 맨더빌도 이 말에 동의를 표하면서 갑자기 신장에 사는 기생충인 신충腎蟲 이야기를 꺼냈다. 이 기생충은 한 장기 전체를 파먹은 다음 요도를 통해 탈출한다고 한다. 그는 팔꿈치로 내시경을 가리키며 말한다. "원한다면 저 내시경으로 탈출 장면을 관찰할 수도 있어요."

트레이시는 이제 슈퍼 밀웜에게 마지막 기회를 주려고 한다. 포식자의 가죽을 잡아 뜯고 탈출할 기회를 말이다. 이 마지막 실험의 내용은 밀웜을 죽은 동물의 위에 넣는 것이다. 죽은 동물의 위에서는 위산 분비도, 근육 수축도 일어나지 않는다.

그런데 문제가 하나 있다. 죽은 동물의 위를 도대체 어디서 구한단 말인가?

"차이나타운 어때요?" 누군가가 제안한다.

"코스트코에서 팔지 않을까요?"

"정육점에 연락해 봅시다." 트레이시가 휴대 전화에 대고 과학자들이 엽기적인 요청을 할 때 애용하는 인사말 멘트를 날린다. "여보세요? 여기는 대학교 연구실인데요. 혹시 거기서 생선 위를 구할 수 있을까요?" 그는 휴대 전화를 귀에 댄 채로 한참을 기다린다. 상대방이 누군가에게 물어보러 간 모양이다. 아니면 옆 동료에게 관자놀이에 회오리를 그려 보이며 수화기 너머 정신병자를 흉보고 있거나. "어느 동물이든 위는 팔지 않는다고요? 네, 아뇨, 괜찮습니다. 감사합니다."

그러자 존 그레이가 고개를 들며 조용히 나선다. "제 냉동고에 죽은 표범 개구리 한 마리가 있긴 해요."

우리가 개구리를 온수에 담가 해동하면서 한숨 돌리는 동안, 맨더빌은 의대에서 실제로 시행된 흥미로운 대체의학 실험 이야기로 우리를 즐겁게 해 준다. 실험쥐에게 치료사가 기 치료를 했다는 것이다. 한편 트레이시는 옆방에서 아르헨티나에 답사를 갔다가 발견했다는 신종 두꺼비 표본을 가져와서 보여 준다. 그런 뒤 다시 유리 접시째 품에 꼭 안고 제자리에 돌려놓는다. 피부도 덜 울퉁불퉁하고 꽤 잘생긴 녀석이다. 내가 이대로 말하자 그는 기분이 조금 좋아진 듯 이렇게 답한다. "당신만큼 이 녀석을 마음에 들어하는 사람은 없을 것 같네요." 나는 속으로 생각한다. '천만에요, 당신만큼이야 하겠어요.'

그런데 르메니저가 거든다. "동시에 유일한 사람일걸요." 그는 두꺼비보다는 개구리 편이다.

이때 그레이가 적당히 녹은 표범개구리를 해부용 접시에 고정한 상태로 들고 와서 무리에 합류한다. 그는 수술용 칼로 배 정중앙에 직선을 내리긋고 연극 무대의 장막을 걷어 올리듯이 피부를 양옆으로 벌린다. 그러자 옆에서 대기하던 트레이시가 슈퍼 밀웜을 개구리 위에 밀어 넣는다.

돌연 1925년에 발표된 수필 한 편이 생각난다. 「산 채로 잡아먹힌 동물의 심리The Psychology of Animals Swallowed Alive」라는 이 수필은 이렇게 시작한다. "저녁을 먹고 소화되기를 기다리며 앉아서 이런저런 생각을 하자니 궁금해진다. 과연 먹이를 산 채로 삼키는 동물[1]은 녀석들이 탈출하려고 몸부림치

---

1 굴을 씹지 않고 삼킬 때 이 굴은 어떻게 될까? 미국 플로리다 어류 및 야생동물 연구소에서 연체동물을 연구하는 스티브 가이거Steve Gieger의 설명에 따르면, 형체가 온전한 굴은 사람 배 속에서 몇 분 정도는 숨이 붙어 있다. 굴은 무산소 조건에서도 살 수 있기 때문이다. 하지만 문제는 기온이다. 위 속이 굴이 살기에 너무 따뜻하다. 나는 가이거에게 사람 배 속에서 생을 마감하는 순간 굴의 기분이 어떨 것 같으냐고 물었다. 그는 짐작건대 별다른 느낌이 없을 거라고 대답했다. 가령 가리비는 원시적인 수준이나마 신경계와 눈이 있어서 뭔가를 느낄 수 있지만 굴은 신경절의 수가 적고 제대로 작동하지도 않는다는 것이다. 게다가 다행히 굴이 위에 들어가더라도 들어가자마자 낮은 pH 때문에 쇼크 상태에 빠져 의식을 잃을 공산이 크다고 한다. 과학자들이 갑각류 동물을 마취할 때 탄산수를 사용하는 것도 이렇게 낮은 pH 때문이다. 가이거는 조개를 삼켜도 비슷한 상황이 연출될 거라고 추측했다. 하지만 조개든 굴이든 통째로 삼키는 것보다는 씹어 먹는 쪽을 택하는 사람이 더 많을 것이다. 그 편이 훨씬 더 맛있으니 말이다.

면서 벌이는 배 속 소동에 신경이나 쓸까?" 만약 이 표범개구리가 살아 있었다면, 또는 제대로 작동하는 신경이 한 줄기라도 남아 있었다면 이 의문에 대한 답은 "그렇다"였을 것이다. 그 와중에 우리의 주인공 밀웜은 마치 헝겊으로 만든 손가락 인형처럼 표범개구리의 위 속에서 온몸을 활처럼 휘었다가 쭉 늘였다가 쥐어짰다가 하며 55초 동안 난리법석을 피운다. 그러다 갑자기 조용해진다. "담요 효과네요." 누군가가 말한다.

우리는 이 시점에서 밀웜을 꺼낸다. 앞의 경우와 마찬가지로 이번에도 움직이지 않지만 죽지도 않았다. 30분 뒤면 또 어김없이 정신을 차리고 완벽하게 부활하겠지. 하지만 여기서 만족할 수 없는 우리는 두 번째 선수를 출격시킨다. 이번에는 밀웜이 담요 효과를 극복하고 탈출 시도를 재개하는지 확인하기 위해 1분이 아니라 하룻밤 동안 방치하기로 한다. 하지만 이 녀석은 다음 날 아침 죽은 채로 발견되었다. 트레이시가 설명한다. "제가 보기에 밀웜은 창자를 파먹고 나오지 못하는 것 같습니다."

확신에 찬 트레이시와 달리 맨더빌은 약간 주저하는 듯하다. 아무래도 슈퍼 밀웜이 격하게 저항하는 모습에 깊은 인상을 받은 모양이다. "위벽에 특별히 약한 지점이 있다면 어떻게 될까요?" 듣고 보니 이 말도 일리가 있다. 실제로 이런 경우, 그곳을 집중 공략해서 위벽을 뚫고 탈출할 수 있을까?

2005년에 유행했던 사진 한 장을 보면 그렇게 생각할 수도 있을 것 같다. 플로리다 주의 어느 늪지대에서 옆구리가 터진 비단뱀이 죽은 채로 발견되었는데, 이 틈새로 악어의 꼬리와 뒷다리가 삐져나와 있었던 것이다.

스티븐 세커는 당시 상황을 이렇게 기억했다. "사진을 본 사람들은 한목소리로 말했습니다. 악어가 뱀 가죽을 잡아 뜯고 나왔다고요." 당시 그는 방송국 제작 팀의 요청으로 사건 현장으로 날아가 한동안 머물렀다. 내셔널 지오

그래픽에서 한 시간짜리 특집 방송을 진행할 전문가로 그를 고용한 것인데, 그는 그곳에 도착하기 전에 이미 사건 전말을 짐작하고 있었다고 한다. 먹이가 포식자를 역습해서 탈출에 성공하는 일 따위는 실현될 가능성이 거의 없기 때문이다. 게다가 비단뱀은 먹이를 먹기 전에 숨통부터 끊는다.[2] 그러니 배 속에 들어간 먹이가 자발적으로 움직일 일은 없는 셈이다.

그런데 알고 보니 이 비단뱀의 위벽에 약점이 있긴 했다. 세커는 2010년에 내가 그의 연구실로 가지고 간 사진을 보더니 한 곳을 가리켰다. 머리부터 쭉 내려가다가 3분의 2 지점에 피부 일부분이 검게 변해 있었다. 그는 이것이 죽은 피부 조직 같다면서 예전에 사고로 난 상처가 완전히 아물지 않았을 거라고 추측했다. 이 상처가 다른 악어에게 물리거나 해서 터지는 바람에 배 속에서 소화되고 있던 악어가 그곳으로 삐져나왔다는 것이 그의 설명이다. 그러니 기대에 부푼 관객에게는 실망스러운 소식이겠지만, 먹이가 안에서 복수에 성공할 일은 없다고 봐야 한다. 이 비단뱀 사체는 자연 생태계 도처에서 매일같이 벌어지는 생존 경쟁의 잔해였을 뿐이다.

참고로 일각에서는 일단 삼키긴 했는데 악어가 너무 커서 결국 비단뱀

---

2 단, 숨통을 끊는 과정에 대해서는 아직 의견이 분분하다. 나는 어디선가 비단뱀이 먹이의 숨구멍을 막아 질식시킨다는 얘기를 들었지만 세커는 이것이 틀렸다고 못 박았다. 그러기에는 먹이가 너무 재빠르다면서, "우리가 잠깐 숨을 참아도 혈관에는 여전히 산소가 돌고 있는 것과 같습니다." 그 대신 그는 혈관이 눌려 혈액 순환이 끊기는 것을 사망 원인으로 추측한다. 즉 질식사보다는 교사에 가까운 셈이다. 실제로 UCLA에서 이것을 증명하기 위한 실험을 계획했지만, 동물보호위원회의 제지로 무산되고 말았다. 세커는 아쉬운 듯 말했다. "안전장치가 충분히 마련된 상황에서 사람이 직접 거대한 뱀을 몸에 휘감는 실험을 해도 좋을 겁니다. 그러면 뱀이 몸을 옥죄는 동안 여전히 숨을 쉴 수 있는지 확실히 알 수 있을 거예요." 좀 정신 나간 생각이긴 하지만 그것도 좋은 방법이긴 하다.

몸통이 터져 버린 것일 수도 있다는 의견도 있었지만, 세커는 이 가능성도 완강히 부인했다. 그는 사진을 가리키며 이건 아무것도 아니라고 말했다. 비단뱀의 식도는 마치 풍선껌처럼 얇고 잘 늘어나는 막으로 되어 있어서 비단뱀은 덩치가 자신의 몸보다 몇 배나 더 큰 먹이도 아무 문제 없이 잡아먹는다고 한다. 세커는 컴퓨터를 켜서 비단뱀 사진 몇 장을 화면에 띄웠다. 비단뱀이 다 자란 캥거루를 잡아먹는 장면인데, 캥거루의 머리부터 어깨까지가 비단뱀의 입안에 들어가 있다. 다음 사진을 클릭하자 비단뱀이 식사의 4분의 3을 마친 장면이 등장했다. 아직 밖에 나와 있는 엉덩이와 뒷다리를 보니 이날 저녁 메뉴는 가젤이다. 비단뱀은 용수철처럼 돌돌 감긴 근육을 이용해서 먹이를 잡아 늘인다. 엿가락 끊듯이 쭉 잡아당겨서 절단하는 것이다. 그런 까닭에 뒤로 갈수록 뱀 몸통과 함께 먹이도 작고 가늘어진다. 사람과 달리 단번에 꿀꺽 삼키지 않는 것도 비단뱀만의 특징이다. 비단뱀의 턱은 소위 '날개형'으로 진행한다. 즉 군대에서 포복 훈련을 할 때 팔꿈치로 왼쪽, 오른쪽 번갈아 짚어 가며 기어가듯이 먹이를 조금씩 입안으로 밀어 넣는 것이다.

하지만 이 가설이 뒤로 밀린 결정적인 근거는 따로 있다. 세커는 비단뱀 몸통이 터질 정도가 되려면 압력이 엄청나게 높아야 한다고 지적하면서 죽은 비단뱀의 배설강을 촘촘하게 꿰맨 뒤 식도를 통해 공기를 불어넣는 실험 얘기를 들려주었다. 이런 실험까지 한 걸 보면 아무것도 모르는 사람들이 비단뱀이 폭발하는 이야기를 자꾸 떠들어 대는 것이 어지간히 지겨웠던 모양이다. 독자들이 직접 읽을 수 있도록 문헌 출처를 알려 주고 싶지만 애석하게도 그는 이것을 논문으로 발표하지 않았다. "그냥 재미로 한 실험이었어요." 그는 내가 가져온 사진을 가리키며 말을 맺었다. "소문대로 뱀이 폭발하려면 이렇게 될 때보다 훨씬 더 높은 압력이 필요합니다."

이렇게 쭉쭉 늘어나 많은 양의 음식을 담을 수 있는 위장관의 성질을 흔히 '용량이 크다'고 표현한다. 만약 위장이 독립적인 개체라면 이렇게 말할 만도 하다. "지금부터 염소를 내려보내겠다고? 알았어. 문제없어. 맡겨만 줘"라고. 용량이 큰 위는 말하자면 생체에 내장된 창고와도 같다. 이 창고를 적당히 채워 두면 먹을거리가 귀하거나 몸이 아파 사냥에 나설 수 없을 때 며칠 또는 몇 주일까지도 버틸 수 있다. 야생동물에게 식사란 배 터지게 먹거나 쫄쫄 굶거나 둘 중 하나다. 펜실베이니아 대학교의 소화기내과 전문의 데이비드 메츠는 이렇게 설명한다. "포식동물의 위는 놀라울 정도로 잘 늘어납니다. 방금 전에 거하게 식사를 마친 사자가 있다고 칩시다. 보나마나 배가 남산만큼 나와 있겠죠. 이 녀석은 앞으로 며칠 동안 아무것도 먹지 않고 일광욕이나 하면서 유유자적할 겁니다. 편히 쉬면서 아주 천천히 소화시키는 거예요." 먹이사슬의 최상층에 있는 포식자에게는 언제든 무서운 천적을 두려워하지 않고 마음 편하게 빈둥거릴 특권이 주어진다. 사자가 두려워하는 상대는 사람, 그중에서도 사냥꾼뿐이다. 물론 과거 메소포타미아 시대에는 생체해부학자도 경계 대상에 포함되었지만 말이다.

사자의 위가 얼마나 '위대'한지는 『레바논 의학저널*Lebanese Medical Journal*』 2006년 호에 실린 논문 한 편에서도 확인할 수 있다. 논문의 저자 파리드 하다드*Farid Haddad*가 서기 950년경 이라크 궁정 의사 아마드 이븐 아비 알아샤트*Ahmad ibn Aby al'Ash'ath*가 한 실험의 내용을 상세히 기술한 덕분이다. 이 의사의 이름 '아샤트'는 '너저분하다'는 뜻이라고 하니, 궁정 관리에게는 안 어울리는 이름이라는 생각이 든다. 그런데 논문을 읽다 보니 딱히 그렇지도 않은 것 같다. 이렇게 주변을 온통 난장판으로 만드는 실험을 한 걸 보면 말이다. "음식이 위에 들어가면…… 위 막이 팽창한다. 나는 이 현상을 살아 있는 사자를 이용한 생체해부 실험으로 증명했다. 왕자 저하께서 친히 왕림하신 자리였다…… 나는 사자의 입을 열고 물을 계속해서 들이부었다. 계산해 보니 19리터 정도면 위가 꽉 차는 것 같았다……. 다음으로 사자의 배를 갈라 위를 열었다. 그러자 물이 쏟아져 나왔다. 그 과정에서 위가 다시 쪼그라들었고 유문이 보였다. 하늘에 대고 맹세한다."

만약 축산업에 종사하는 사람이 이 논문을 읽는다면 사자의 위 용량이 19리터라는 얘기를 듣고도 시큰둥할지 모른다. 소가 가진 네 개의 위 중 가장 큰 반추위의 용량은 113리터를 훌쩍 넘는다. 그런데 이상한 점이 있다. 소의 경우는 사자와 달리 먹을거리가 도처에 널려 있는 데다 먹이가 도망가지도 않는다. 그러니 언제든 허기질 때 고개를 숙여 뜯어 먹기만 하면 될 것이다. 그럼에도 위가 이렇게 쓰레기통만큼 큰 이유는 과연 무엇일까? 그것은 바로 먹이의 영양가가 낮기 때문이다. 소의 반추위는 용량만 쓰레기통과 비슷한 게 아니라 내용물도 쓰레기인 셈이다. 나는 소의 반추위를 직접 관찰하고 싶은 마음에 캘리포니아 대학교 데이비스 캠퍼스를 찾았다. 이곳 축산학과에서 에드 드피터스Ed DePeters 교수가 이끄는 연구 팀이 가축 사료로 쓸 만한 유기 부산물을 찾는 연구를 진행하고 있는데 실험 대상이 다름 아닌 소이기 때문이다.

연구 팀은 소의 위에 구멍을 뚫고 이 안에서 아몬드 껍질, 석류 껍질, 레몬 과육, 토마토 씨, 목화씨 껍질 등이 얼마나 잘 소화되는지 조사했다. 방법은 간단하다. 망주머니에 끈을 달아 소의 반추위에 넣었다 뺐다 하며 주머니 내용물의 변화를 관찰하면 된다. 그 모습을 상상하자니 드피터스가 현대에 부활한 윌리엄 보몬트가 아닐까 하는 착각이 들었다. 내가 방문했을 때는 근처에 건자두 산지[3]로 유명한 유바 시티에서 공수한 자두 씨를 실험하는 날이었다.

소의 반추위에는 다양한 종류의 박테리아가 많이 살고 있다. 따라서 소는 사람이 먹었다면 그대로 배설되었을 단단한 음식물 찌꺼기에서도 에너지를 뽑아낼 수 있다. 자두 씨도 그런 것 중 하나다. 자두 씨방은 딱딱하고 영양가가 거의 없는 껍데기에 불과하지만 그 안에 든 씨앗에는 단백질과 지방이 풍부하다. 그리고 며칠 걸린다는 단점이 있긴 하지만 소의 반추위에 사는 박테리아가 이 껍질을 분해할 수 있다. 드퍼터스는 실험에 사용하는 망주머니를 들어 나에게 보여 주며 말했다. "저는 가끔 중간고사 시험지를 여기에 넣습니다." 나는 아무리 소라도 목재 펄프를 소화할 수 없다는 사실을 알기에 의아했지만 곧 그의 의도를 알 수 있었다. "그러고는 학생들에게 말하죠. '자네들이 소화하지 못하는 시험 문제는 이 소도 소화하지 못하네'라고요."

"한번은 면 수건을 만들 때 쓰는 천연 식물성 원단으로 실험한 적이 있습

_____

3 엄밀하게는 캘리포니아 주 유바 시티를 '말린 자두의 산지'라고 말해야 한다. 별칭이 이렇게 공식적으로 변경된 것은 1988년의 일이다. 이유인즉슨 건자두가 설사를 일으킨다는 꼬리표를 떼버리기 위해서였다. 일이 이렇게까지 된 것은 워싱턴 주의 밴쿠버 시 탓이다. 원래 미국 제일의 자두 산지는 밴쿠버다. 그런데 이곳에서 1920년대에 자두 예찬론자들이 건자두의 완하 효과를 강조하며 자두를 많이 먹자는 시민운동을 시작했다. 이들은 매년 건자두 축제와 퍼레이드를 여는 등 매우 열성적으로 활동했다. 그 덕분에 자두에 설사라는 이미지가 바늘과 실처럼 따라다니게 된 것이다. 하지만 1919년에 찍은 건자두 축제 사진을 보면 이 행사가 얼마나 초라하기 짝이 없었는지 한눈에 알 수 있다. 베이지색 유니폼을 입은 남자 8명이 비에 젖은 보도 한복판에 한 줄로 정렬해 있다. 그 앞줄에 비슷한 옷을 입은 사내 한 명이 홀로 서 있는데 아마도 그가 대표인 것 같다. '대형 건자두Big Prune'라는 별명만 듣고 그가 꽤 대단한 인물일 거라고 내심 기대했다면 실망했을지도 모르겠다. 아, 건자두가 아니라 '대형 말린 자두Big Dried Plum'라고 해야 하나? 유바 시티 관계자들은 그렇게 불러 주길 바랄 것이다.

니다. 수건을 만들고 남는 자투리 천 조각 있잖습니까? 소가 그걸 먹습니다. 이 천을 위에서 분해해 에너지를 얻을 수 있죠. 단지 속도가 엄청나게 느릴 뿐입니다." 이런 맥락에서 면 수건도 건초와 다를 바가 없다. 소 한 마리가 행주만 먹고 영양소 일일 권장량을 채우려면 엄청나게 많이 먹어야 한다. 그러니 반추위가 클 수밖에 없는 것이다. 그런데 드피터스는 짐작 가는 이유가 하나 더 있다고 했다. 반추동물은 탁 트인 평원에서 풀을 뜯기 때문에 포식자의 눈에 잘 띄고 공격을 받기 쉽다. 그렇기에 한 번 나갔을 때 무조건 많이 먹어 두고 안전한 곳으로 이동해 숨어서 반추하고 천천히 소화시키곤 한다. 말하자면 반추위는 내장된 도시락통인 셈이다.

그는 실험 중인 소를 보여 주겠다며 나를 안내했다. 우리는 거대한 파리 떼의 열렬한 환영을 받으며 진흙 범벅의 목장으로 들어갔다. 하필 나는 치마에 굽이 가느다란 하이힐 차림이었다. 정체 모를 오물이 덕지덕지 달라붙은 고무장화를 신고 티셔츠를 입은 트피터스는 내 차림새를 보고 내심 쌤통이다 싶었을 것이다. 그는 키가 크고 다부진 체격의 소유자다. 피부는 햇볕에 적당히 그을렸고, 그의 은발 머리는 알루미늄 상판에 흠집이 난 것처럼 반짝였다. 약간 탁하다 싶은 깊고 푸른 눈동자는 생선 비늘을 연상케 한다.

우리가 도착했을 때는 한 학생이 101.5라는 이름의 소를 목욕시키는 중이었다. 그때까지 나는 농대 학생은 모두 보수적인 남자일 거라고 생각했는데, 이 학생을 보는 순간 이 고정 관념이 산산조각 나고 말았다. 자신을 애리얼이라고 소개한 이 여학생은 피어싱 마니아였다.

어쨌든 우리는 틈틈이 손짓으로 파리를 쫓아내며 소가 목욕하는 모습을 옆에서 지켜봤다. 나는 소를 좋아한다. 소의 생김새가 맘에 들기 때문이다. 화가가 그려 넣은 듯한 무늬하며, 가죽으로 덮인 포동포동한 엉덩이며, 사색

하는 듯 일정한 박자로 수평 운동을 하는 턱관절까지도.

학생들이 저희들끼리는 '뚫렸소'라고 부르기도 하는 이 구멍 난 소는 사실 축산학 분야에서 수십 년째 애용되는 생체 표본의 전형이라고 할 수 있다. 내 남편도 어릴 때 아버지로부터 러트거스 대학교에 이런 소가 있다는 얘기를 들은 적이 있다고 했을 정도니까. 그런데 소의 옆구리에 구멍을 뚫는 것은 생각만큼 어렵지 않다. 방법은 이렇다. 커피 캔 바닥을 소 옆구리에 대고 테두리를 따라 분필로 동그라미를 그린다. 그런 다음 국소 마취제를 바르고 표시선을 따라 가죽을 동그랗게 절개한다. 그러고는 그대로 조금 더 깊게 들어가 반추위의 같은 위치에도 구멍을 뚫는다. 이제 위의 구멍과 가죽의 구멍을 맞붙여 꿰매고 구멍을 플라스틱 마개로 막는다. 이게 다다. 요즘 젊은이들이 귀나 코에 피어싱을 하는 것과 별반 다를 게 없다. "동물보호 운동가들은 여기에 무슨 신소재 금속 틀로 마감된 삼중 유리막이라도 달아야 마땅하다고 주장할걸요." 드피터스가 이렇게 말하며 나에게 소매가 어깨까지 올라오는 수의사용 비닐장갑을 건넸다. 구멍 안으로 손을 넣어 보라는 거였다. 음식을 먹는 도중에 소가 기침을 하면 축축한 지푸라기가 구멍으로 튀어나오기도 한다고 말해, 나는 조금 무서웠다.

그는 내가 오른팔을 101.5의 배 속에 넣고 있는 사진을 몇 장 찍었다. 다행히도 녀석은 얌전히 있어 주었는데, 나중에 사진을 보니 내가 무슨 하느님이라도 영접한 표정을 하고 있었다. 사실 이때 나는 소의 반추위가 얼마나 큰지 감탄하던 중이었다. 겨드랑이까지 팔을 쭉 넣어 뻗었음에도 손끝에 아무것도 잡히지 않았기 때문이다. 하지만 그 와중에도 강력하고 일정하게 쥐어짜는 움직임은 느껴졌다. 살아 숨 쉬는 생명체라기보다는 기계가 움직이는 것 같은 느낌이었다. 비유하자면 바닥에 자동 교반기가 달린 거대한 발효통에 팔을 담근 것 같았다. 하긴 엄밀히 말하면 소의 위는 자동 교반기가 달린 거대한 발효통과 다름없다.

원시시대의 우리 선조들은 사냥한 고기든, 채집한 식물이든 가리지 않고 다 잘 먹는 잡식성이었다. 그러니 저녁으로 먹은 고기와 함께 유해 박테리아 수백만 마리를 꿀꺽하는 일이 다반사였을 것이다. 따라서 사람의 위는 반추동물의 그것과 달리 저장보다는 살균 기능 위주로 발달할 수밖에 없었다. 하지만 채집도 늘 풍성하게 할 수 있는 것이 아니었기에 사람의 위에는 어느 정도 저장 기능도 필요했다. 그렇다면 사람 위의 용량은 정확히 얼마나 될까? 그것은 음식을 어떤 목적으로 먹느냐에 따라 달라진다.

10

너무 많이 먹어서
죽은 사람들

1891년 4월 22일, 스웨덴 스톡홀름에서 한 마부가 병원에 실려 왔다. 미스터 L이라고 알려진 이 52세 사내가 의료용 아편 알약 한 병을 한꺼번에 삼키고 쓰러져 있는 것을 집주인이 발견해서 데려온 것이었다. 의료진은 서둘러 깔때기와 긴 튜브, 미지근한 물을 준비했다. 위를 씻어 내기 위해서다. 이 응급 처치법을 정확하게 표현하면 위 내용물을 퍼내는 것이지만, 일반적으로는 위세척이라고 부른다. 이 전문 용어는 마치 이것이 깔끔하고 섬세한 시술이라는 인상을 준다. 하지만 실상은 그렇지 않다. 당시에는 위세척을 이렇게 했다. 우선 의료진이 환자를 의자에 앉히고 상체를 숙이게 한다. 그런 다음 환자의 위에 신속하게 여러 번 물을 들이붓는다. 미스터 L도 바로 이렇게 위세척을 받았다. 그런데 이상한 점이 있었다. 물을 넣었다 뺄 때마다 들어가는 양이 조금씩 늘어난 것이다. 어딘가에서 새고 있는 것이 틀림없었다.

만약 먹는다는 것을 입에 넣고 삼킨다는 기계적 행위로만 간주하면, 미스터 L은 말 그대로 죽을 때까지 알약을 먹었다고 말할 수 있다. 사실 작정하고 먹고 죽으려면 미스터 L처럼 마약을 이용하는 것이 유일한 방법이다. 너무 많이 먹어서 위가 터지는 것은 현실적으로 불가능하다. 그전에 최악의 사태를 막으려고 반사 신경이 발동하기 때문이다. 명절에 과식하거나 술자리에서 맥주를 들이켜는 바람에 위가 어느 수준 이상으로 팽창하면 위벽의 수용체가 뇌에 신호를 보낸다. 그러면 뇌는 이제 배가 꽉 찼으니 그만 먹으라는 명령을 내린다. 이와 동시에 TLESR[transient lower esophageal sphincter relaxation] 반사도 일어난다. 이는 식도 하부의 괄약근이 일시적으로 이완되는 것을 말한다. 이 괄약근이 이완된 순간 가스가 방출되어 트림이 나오면서 긴장이 풀리고 안도감을 느끼게 되는 것이다.

하지만 때때로 트림보다 더 과격한 경고를 받고서야 멈추는 경우도 있다. "저도 그렇지만 누구나 아무 생각 없이 미친 듯이 먹을 때가 있습니다." 버지니아 커먼웰스 대학교에서 소화불량을 연구하는 마이크 존스[Mike Jones]의 설명이다. 그는 소화기내과 전문의이자 교수다. "흔히 스트레스를 받았을 때 그러죠. 아니면 단순히 그 음식이 끝내주게 맛있어서일 수도 있고요." 존스에 따르면, 우리가 도를 넘어 멀리 갈수록 경고 신호의 강도도 높아진다. 심하면 배가 아프거나, 속이 미식거리거나, 급기야 토하기도 한다. 마치 위가 "거봐라, 경고했잖아"라고 말하는 듯. 하지만 걱정할 것 없다. 이것도 다 건강하다는 신호니까. 건강한 위는 진짜 위험해지기 전에 알아서 내용물을 위쪽으로 밀어 올려 부담을 덜어 낸다.

문제는 미스터 L의 사례처럼 위가 그러지 못할 때다. 당시 알고트 키오베리라는 스웨덴의 어느 의과대학 교수가 미스터 L의 부검 자료를 토대로 작성한 보고서에는 이렇게 적혀 있다. "환자가 구토를 몹시 하고 싶어 했으나 그러지 못했다." 마약이 반사 기능을 억제했기 때문이다. 나는 독일어로 된

이 보고서를 큰 소리로 읽어 달라고 통역사에게 부탁했다. 그런데 가만히 듣고 있자니 키오베리는 매우 꼼꼼한 성격이었던 것 같다. 위의 생김새와 파열 상처 열 개의 특징만 무려 두 페이지 반에 걸쳐 자세히 기록한 것을 보면. 통역사는 논문을 한참 읽다가 멈추고는 고개를 들어 이렇게 말했다. "위세척이 효과 없었다는 얘기네요."

키오베리에게 너무 많이 먹어서 위가 터진 환자는 미스터 L이 최초였다. 그래서였는지 그는 미스터 L의 사례를 "이 자체로 독보적인 학문적 가치가 있다"고 평했다. 학술지에 보고함으로써 위세척을 잘못하면 위가 파열될 위험성이 있다는 사실을 의료계 전반에 널리 경고할 필요가 있다고 본 것이다. 그런데 미스터 L의 위가 터진 것은 물을 많이 넣었기 때문일까, 아니면 너무 세게 들이부었기 때문일까? 키오베리는 어느 쪽이 맞는지 제대로 확인하기 위해 직접 실험하기로 했다. 실험 대상은 30구의 시체였다. 통역사는 이 대목에서 미간을 찌푸리더니 논문을 계속 읽어 내려갔다. 그렇게 그해 봄 내내 스톡홀름에서 발견된 신원미상의 시신들이 키오베리의 연구실로 배달되었다. 그는 시신을 엉거주춤하게 의자에 앉혔다. 나는 이 대목에서 이 엉거주춤한 자세가 마음에 걸렸다. 시신을 이렇게 앉힌 특별한 이유가 있을까? 미스터 L이 위세척을 받던 자세를 똑같이 흉내 내기 위해서였을까, 아니면 단순히 시체가 뻣뻣해서 허리를 똑바로 세우다 만 것일까?

아무튼 한 가지는 분명했다. 그것은 바로 마약에 취하거나 죽거나 해서 위의 응급 배출 시스템이 작동하지 않으면 물을 3~4리터만 부어도 위가 찢어진다는 사실이다. 아주 천천히, 조금씩 부으면 물은 6~7리터까지도 들어간다.

그런데 극히 드물긴 하지만 숨도 붙어 있고 정신이 멀쩡한데도 위가 찢어지는 사람이 있다고 한다. 이렇게 큰 충격을 받거나 특별히 약한 부위가 없는데도 위가 자연 파열된 증례들을 모아 분석한 보고서가 1929년에 『외과학 연보*Annals of Surgery*』에 실렸다. 이 논문에 실린 사망 환자 14명은 위의 반사 기능이 멀쩡한데도 말 그대로 먹고 죽었다고 한다. 그런데 이들에게는 공통점이 하나 있었다. 바로 임종 직전에 먹은 음식이 탄산음료였다는 것이다. 이에 따라 유력한 용의자로 탄산음료에 들어 있는 중탄산염, 즉 베이킹소다가 지목되었다. 중탄산염은 물에 타서 마시는 소화제 알카 셀처*Alka Seltzer*의 주성분이기도 한데, 두 가지 메커니즘으로 소화불량을 해소한다. 하나는 위산의 pH를 중화시키는 것이고, 다른 하나는 가스를 발생시켜 TLESR 반사를 유도하는 것이다. 간혹 산과 염기의 화학 반응 때문이 아니라 음식이나 음료가 활발하게 발효되면서 나오는 가스 때문에 위가 빵빵하게 부풀어 오르기도 한다. 『외과학 연보』에도 그런 증례가 보고되었는데, 한 사람은 담근 지 얼마 안 되어 아직 효모로 가득한 맥주를 마신 뒤 세상을 떠났고, 또 다른 두 사람은 독일식 양배추 식초절임을 먹고 사망했다.

이런 진기한 사건은 요즘에도 심심찮게 발생한다. 최근에 마이애미 검시관 두 명이 부엌 찬장에 등을 기댄 채 바닥에 쓰러져 싸늘한 시신으로 발견된 31세 폭식증 환자의 증례를 학계에 보고했다. 발견 당시 반나체 상태였던 이 여성은 상복부가 눈에 띄게 팽창해 있었는데, 위를 열었더니 거의 씹지 않은 핫도그, 브로콜리, 시리얼이 8리터 가까이 나왔다고 한다. 사고 현장에는 다양한 음식, 깨진 탄산음료 병, 병따개, 아무것도 들어 있지 않은 장바구니, 조금 덜어 낸 흔적이 있는 알카 셀처 상자 등이 널브러져 있었다. 검시관은 이 소화제를 사고의 근원으로 지목했다. 이 여성의 위는 빵빵하게 커져 터지기 직전이었다. 그런데 이 상태에서 위가 횡격막을 밀어 올려 폐를 누르는 바람에 호흡곤란이 일어난 것이다. 결정타는 핫도그가 날렸다. 두 검시관은 알카 셀처 덕분에 생성된 가스가 거의 온전한 형태의 핫도그를 밀어 올렸고, 이 핫도그가 식도 괄약근을 꽉 막은 것 같다고 추측했다. 즉 이 불쌍한 여성은 트림이나 구토만 나왔어도 목숨을 구할 수 있었던 것이다.

중탄산염나트륨과 산이 만나 화학 반응이 일어나면서 발생하는 가스의 압력이 어느 정도인지 정확하게 알고 싶다면 인터넷으로 검색해 보라. 알카 셀처로 로켓 실험을 한 자료가 줄줄이 나올 것이다. 로켓 실험보다는 지루하지만 P. 머드필드P. Murdfield의 연구도 그럭저럭 참고할 만하다. 그는 1926년에 죽은 지 얼마 안 된 시신 위에 약한 염산 2리터를 붓고 이어서 중탄산염을 약간 첨가했다. 그러자 시신 위가 죄다 파열되었다.

중탄산염의 위력을 알고 나니 탄산음료가 달리 보이지 않는가? 하지만 걱정할 것 없다. 탄산이 들어간 음료를 몇 모금 마시는 것은 폭발이나 파열 위험을 무릅쓰지 않고 더부룩한 느낌을 해소할 수 있다. 혹은 공기를 꿀꺽 삼키는 방법도 있다. 하지만 뭐든지 지나치면 병이 된다고, 습관적으로 공기를 삼키는 것도 정상은 아니다. 이것을 전문 용어로 공기삼킴증이라고 하는데, 이 병을 앓는 사람을 소화기내과에서는 '트림 환자'라고 부르기도 한다. 소화기내과 전문의 마이크 존스는 우리 주변에 이 트림 환자가 생각보다 많다고 말한다. "이 사람들은 공기를 음식 먹듯이 꿀꺽 삼킵니다. 얼핏 신경 질환인 틱 장애와도 비슷한 면이 있어요. 그런데 이 환자들 중 3분의 2는 자신이 이런 행동을 한다는 사실 자체를 인지하지 못합니다. 그러고는 의사에게 가서 이렇게 말하죠. '선생님, 자꾸 트림이 나오는데 왜 그런지 모르겠어요.'"

이런 공기삼킴증의 증상은 사회생활을 방해할 뿐만 아니라 식도를 상하게 한다. 가스가 올라오면서 함께 밀려 나온 위산이 자꾸 식도를 자극하기 때문이다. 만약 이것이 너무 자주 반복되면 식도가 화상을 입는다. 그리고 이는 속쓰림 증상으로 나타난다. 바로 이 속쓰림 증상 때문에 병원을 찾는 환자도 적지 않다고 한다. 그렇다면 식도가 위산에 얼마나 오래 노출되어야 과하다고 볼 수 있을까? 데이비드 메츠의 연구에 따르면, 노출 시간이 하루에 한 시간 이상이면 지나친 것이라고 한다. 위산이 건강한 식도로 올라올 때마다 시간을 재서 다 합한 것이 그렇다는 얘기다. 위산 역류 질환 환자는 보통 이 시간이 더 긴데, 이 경우 식도 괄약근에 구멍이 날 수도 있다.

한편 순서가 공기삼킴증과 정반대인 경우도 있다. 만성적 위산 역류 질환을 치료하는 수술 중에 위바닥주름술[1]이라는 것이 있다. 그런데 간혹 이 수술을 받고 나서 트림이 자꾸 나오는 후유증이 생기기도 한다. 그런 사람은 앞으로 탄산음료를 단 한 모금도 입에 대서는 안 된다. 절대로. 혹시 설마 하는 마음이 있었더라도 존스의 설명을 듣고 나면 정신이 번쩍 들 것이다. "15년 전에 이런 일이 있었습니다. 한 남성이 과식한 뒤 알카 셀처를 너무 많이 마신 거죠. 그 결과, 1980년대에 영국에서 방영된 코미디 〈몬티 파이턴 Monty Python〉 시리즈의 한 장면 같은 상황이 일어났습니다." 이 대목에서 존스는 폭발하는 소리를 냈다.[2] "이 영화에서는 상다리가 휘어질 정도로 거하게 저녁을 먹은 중년 신사에게 웨이터가 입가심으로 얇게 편 박하사탕 절편

----

1 위 바닥을 끌어 올려서 식도 주위에 주름을 만드는 수술이다. 식도 하부가 두툼해지면 압력이 높아져서 위산 역류를 억제할 수 있다 -옮긴이.

2 이런 사례에 관한 의학 논문을 보면, 대개 당사자들이 폭발음을 들었다고 진술했다고 적혀 있다. 그런데 엄밀히 말하면 이것은 터지는 소리가 아니라 뭔가 쑥 빠져나가는 느낌에 더 가깝다. 한 72세 여성은 차갑게 식힌 고기 요리와 홍차, 물 여덟 잔을 먹은 후에 '갑작스러운 폭발음이 들렸다'고 당시 상황을 기억했다. 하지만 사실 그녀는 폭발을 들었다기보다는 느꼈다고 말할 수 있다. 한때 하루에 물 여덟 잔을 마시자는 캠페인이 유행한 적이 있다. 그런데 만약을 대비해 여기에 부가 설명을 달아야 할 듯하다. '한꺼번에 말고 적당히 나눠서'라고 말이다.

을 권하죠. 그런데 이것을 입에 넣자마자 신사의 몸이 풍선처럼 부풀어 오르더니 펑 터져 버려요."

여성의 경우, 배꼽이 뒤집어질 정도로 배가 볼록하게 나왔다면 보통은 안심해도 좋다. 임신했다는 증거니까. 하지만 1984년 어느 날 새벽 4시에 리버풀 왕립병원 응급실에 실려 온 한 여성의 경우는 안심해서는 안 될 상황이었다. 배 속에 있던 건 아기가 아니라 세 쌍둥이 분량의 밥이었기 때문이다. 당시 그녀는 콩팥 요리 900그램, 간 요리 600그램, 스테이크 230그램, 달걀 2개, 치즈 450그램, 버섯 230그램, 당근 900그램, 콜리플라워 1쪽, 두툼하게 썬 빵 2조각, 복숭아 10개, 배 4개, 사과 2개, 바나나 4개, 자두와 포도 900그램씩, 우유 2잔을 태중에 품고 있었다. 모두 합해 무려 8.6킬로그램이었다. 위가 배겨 나지 못하고 터져서 패혈증으로 사망한 것은 어찌 보면 당연하지만, 위가 적어도 몇 시간은 버텼으니 기특하다는 생각까지 든다. 앞서 등장했던 폭식증 환자도 마찬가지다. 이 환자의 사인은 핫도그와 브로콜리가 일으킨 질식이고, 위는 멀쩡했으니 말이다.

이로써 어떤 위는 용량이 4리터 넘는다는 사실이 분명해졌다.

그런데 1984년에 리버풀에서 보고된 이 8.6킬로그램이라는 대기록에 근접한 사람이 한 명 더 있다. 바로 고바야시 다케루小林尊다. 그는 많이 먹기 대회에서 단 15분 동안 소 뇌 8.6킬로그램을 먹어 치웠다. 만약 시간제한이 없었다면 신기록을 세우고도 남았을 것이다. 게다가 대부분의 먹기 대회에서는 점수를 무게가 아니라 개수로 매기기 때문에 아마도 그와 막상막하를 이루는 대식가가 더 있을 것이다. 가령 벤 먼슨Ben Monson이라는 사람은 멕시코식 튀김만두를 무려 65개나 먹어 치웠다. 튀김만두 65개의 무게가 얼마나 되는지 정확히 아는 사람은 없지만, 배 속에 가스가 가득했을 테니 모르긴 몰라도 당사자는 어림짐작으로 알았을 것이다.

폭식증 환자와 먹기 대회 선수는 빨리 많이 먹는 데 도가 튼 달인들이다. 이들은 훈련 삼아 정기적으로 자신의 한계에 도전한다. 이쯤에서 드는 궁금증 하나. 이 사람들이 이렇게 많이 먹을 수 있는 것은 훈련의 결과일까, 아니면 타고난 위의 용량이 크기 때문일까?

데이비드 메츠 역시 이 논제에 주목하고 2006년에 의학적으로 접근했다. 그는 먹기 대회 선수인 팀 야누스^{Tim Janus}와 일명 대식가 X를 실험에 초대했다. 대식가 X는 한 대회에서 3위에 입상한 경력이 있었다. 대조군으로는 키 188센티미터, 몸무게 95킬로그램의 체격 조건을 가진 평범한 남성을 평가 대상으로 삼았다. 그리고 이 세 사람에게 12분의 시간을 주고 핫도그를 최대한 많이 먹으라고 요청했다. 조영제인 바륨을 미리 발라 놨기 때문에 형광 투시경으로 보면 핫도그 소시지의 이동 경로를 쭉 관찰할 수 있었다. 메츠는 실험에 앞서 가설 하나를 세웠다. 바로 프로 대식가는 보통 사람보다 위 배출 시간이 더 짧다는 것이다. 다시 말해, 음식을 소장으로 빨리빨리 내려보냄으로써 위에 빈 공간을 확보한다는 논리다. 발상이 참 기발하지 않은가? 그런데 결과는 더 흥미롭다. 실제 위 배출 시간의 차이는 메츠의 가설과 정반대였기 때문이다. 두 시간 뒤 대식가 X의 위에서 소장으로 넘어간 음식은 4분의 1뿐이었던 반면, 대조군 피험자의 위는 4분의 3을 내려보낸 상태였다.

그런데 이 평범한 남성은 핫도그를 일곱 개쯤 먹었을 때 한 입만 더 먹었다간 토할 것 같다고 호소했다고 한다. 그래서 형광 투시경으로 살펴봤더니 위의 크기가 실험을 시작하기 전과 별로 차이 나지 않았다. 반면에 대식가 X는 핫도그를 한 번에 두 개씩 욱여넣으며 전혀 힘든 기색 없이 36개를 뚝딱 먹어 치웠다. 형광 투시 영상에 나타난 그의 위는 핫도그로 가득한 채 엄청나게 늘어나서 상복부 공간의 대부분을 차지하고 있었다. 그럼에도 그는 아프다거나 속이 울렁거린다고 불평하지 않았다. 심지어 포만감을 느끼지도 않았다고 한다.

재미있는 실험이다. 덕분에 새로운 사실도 알게 되었다. 그러나 내가 처음에 얘기한 미스터리는 아직 풀리지 않았다. 대식가들이 많이 먹을 수 있는 것은 타고난 능력일까, 아니면 오랜 세월에 걸쳐 위를 늘린 탓일까? 질문을 이렇게 바꿀 수도 있겠다. 대식가들은 원래부터 포만감을 못 느끼는 걸까, 아니면 습관이 되다 보니 뇌가 보내는 신호에 둔해진 것일까? 보통 누구나 많이 먹어버릇할수록 먹는 양이 점점 늘어나는 것을 보면 어느 쪽이 맞는지 알 것도 같은데 말이다.

그러던 중 내 친구 하나가 에릭 덴마크Erik Denmark, 일명 빨간 머리 에릭과 친하다면서 인터뷰를 주선하겠다고 나섰다. 빨간 머리 에릭은 튀긴 빵 먹기 대회에서 전국 7위에 오른 유명 인사다. 두 사람은 당뇨병 환자의 일상에 관한 TV 프로그램을 찍다가 만났다고 한다. 당뇨병 환자가 튀긴 음식 많이 먹기 기록 보유자라니, 프로 대식가의 세계는 도무지 알다가도 모르겠다. 어쨌든 나는 그에게 빨리 많이 먹는 것이 타고난 재능인지, 아니면 갈고 닦은 실력인지 물었다. 그는 둘 다라고 대답했다. 그는 어릴 때 맥도날드에 가면 치킨너겟 20조각을 혼자서 거뜬히 먹어 치우곤 했다고. 하지만 메츠는 그래도 선천적인 측면이 더 크다고 말한다. "구조가 처음부터 그래야 하는 것 같습니다. 먹지 않을 때는 위가 그다지 크지 않지만, 늘어나야 할 때 쭉쭉 늘어나는 거죠. 한도 끝도 없어요."

빨간 머리 에릭도 "아무리 노력해도 핫도그 60개를 실제로 먹어 치울 수 있는 사람은 극히 드물다"며 유전적 요소를 인정했다. 하지만 그는 위가 잘 늘어나는 성질은 잠재적 재능일 뿐이고, 자신처럼 먹는 것을 업으로 삼으려면 이 재능을 매일 갈고 닦아 실력으로 만들어야 한다고 덧붙였다. "모든 것은 포기하고 싶은 심정을 극복하고 얼마나 호되게 자기 자신을 몰아붙일 수 있느냐에 달려 있는 것 같습니다." 그 역시 재능만 믿고 자만하지 않고 자기 자신에게 혹독하게 굴었기에 지금의 위치에 올 수 있었다. 처음 출전한 시합에서 그는 우승자가 기록한 2.7킬로그램의 절반도 먹지 못했다고 한다. 그는 전적을 풀어내면서 대회마다 나온 메뉴가 뭐였는지는 언급하지 않았다. 그에게 음식의 종류는 별로 중요하지 않은 모양이다.[3] 그럴 만도 하다. 일반적으로 누구든지 음식 냄새를 3~5분만 맡으면 물리기 시작한다. 그리고 이 시점이 지나면 어떤 산해진미도 쳐다보기 싫어진다.

그의 능력이 신기해 나는 그에게 안전장치인 구토 메커니즘이 작동하지 않느냐고 물었다. 그런데 실은 그도 속이 메슥거리고 구역질이 나온다고 한다. "말로 표현하기 좀 그렇지만, 쉽게 말해서, 나오려고 하면 그냥 삼키고 계속 먹는 거예요." 먹기 대회 심사위원들은 음식이 목구멍 위로 올라오는 것이 아니라 입 밖으로 나와야만 구토했다고 인정한다. 그러니 그 순간만 잘 넘기면 된다. "운전할 때 과속 방지턱을 잘 넘어간 다음에 다시 속도를 높이는 것과 같은 이치입니다. 모든 것은 정신력의 문제예요." 암, 그렇고말고요.

모든 먹기 대회 선수는 적응 훈련을 한다. 이들이 애용하는 훈련 도구는 바로 물이다. 돈이 안 들면서 살찔 걱정도 없는 까닭이다. 빨간 머리 에릭은

---

3 딱 하나 예외가 있다. 먹기 대회에서 나오는 대부분의 메뉴는 최고 기록이 3.6킬로그램 정도이고, 많게는 4.5킬로그램까지 가기도 한다. 그런데 과일 케이크의 경우는 지금까지 1.8킬로그램 넘게 먹을 수 있는 사람이 단 한 명도 없었다.

한자리에서 7.6리터까지 들이켤 수 있다고 한다. 하지만 그도 처음에는 4리터를 겨우 마실까 말까였다. 4리터도 적지는 않지만. 기억날지 모르지만, 키 오베리의 실험에서 시체의 위가 찢어지기 시작한 것도 이 정도 물을 부었을 때였다. 사실 이 훈련을 할 때는 정신 수양도 함께 한다. 물을 마셔서 위를 조금씩 늘려 가면서 불쾌할 정도로 배부른 느낌에 익숙해지도록 스스로를 세뇌하는 것이다.

그런데 데이비드 메츠는 훈련이 아니더라도 물을 많이 마시는 것이 소화불량을 해소하는 데 도움이 되지 않을까 추측한다. 소화불량 환자들은 다른 곳은 모두 멀쩡한데 밥만 먹으면 속이 아프다고 말한다. 실제로 2007년에 수행된 한 조사에서는 소화불량 환자는 보통 사람보다 물을 훨씬 조금 마셔도 금세 포만감을 느끼는 것으로 나타났다. 이 사람들이 먹기 대회 선수를 본받아 적응 훈련을 하면 아무 문제 없이 더 많이 먹게 될까? 아직은 가설 단계라서 검증 과정이 필요하지만, 메츠는 연구해 볼 만한 가치가 있는 주제라고 말한다.

적응 훈련의 가치를 뒷받침하는 증거는 이것만이 아니다. 정반대인 극한의 상황, 즉 굶주림을 통해 이것을 반증하는 자료가 있다. 마르코프스키Markowski라는 의무사령관이 1947년 『영국 의학저널British Medical Journal』에 발표한 논문 한 편이 바로 그것이다. 그는 제2차 세계 대전 동안 포로들의 위 상태를 관찰했다. 그러고는 형편없는 음식만으로 목숨을 부지하는 데 필요한 만큼의 열량과 영양소를 섭취하려면 그저 많이 먹어야 했기 때문에 위가 늘어났다고 분석했다. 또한 위가 오랫동안 늘어난 채로 있으면 약해지는데, 이럴 때는 조금만 먹어도 쉽게 파열된다고 했다. 만약 그의 추측이 맞다면 프로 대식가들의 위는 전부 남아나지 않았어야 마땅하다. 그런데 이들은 모두 멀쩡하지 않은가. 내 짐작으로는 반대로 포로들의 위가 쪼그라들어서 터진 것 같았다. 하지만 확신이 들지는 않았다. 그래서 메츠의 의견을 물었더니 그는 굶거나 먹는 양을 줄인다고 위가 작아지지는 않는다고 일축했다. 어떤 사람이 예전보다 포만감을 빨리 느끼는 것은 음식에 대한 내성이 줄었기 때문이라는 것이다. 또한 호르몬과 소화 효소의 합성을 유도하는 반사 기전이 제대로 작동하지 않은 탓도 있다고 한다.

결국 이런 소리다. 위가 크다고 해서 무조건 비만이 되는 것은 아니다. 놀랍고도 반가운 소식 아닌가? 『비만외과학Obesity Surgery』에 실린 한 연구 보고서에 따르면, 질병 수준의 비만 환자 집단이나 대조 집단이나 위의 크기는 고만고만했다. 즉 체중을 결정하는 것은 위의 크기가 아니라 호르몬의 작용과 대사량, 열량 공급량과 소비량이다. 빨간 머리 에릭은 대회장 밖에서는 절대로 과식하지 않는다고 한다. 배가 부르지 않더라도 말이다. 그는 배가 부를 때 숟가락을 놓는 것보다 배가 부른데도 억지로 계속 먹는 데 더 강한 의지력이 필요하다고 지적했다.

이와 동시에 의학 문헌에 보고된 위 파열 증례 중 프로 대식가는 단 한 명도 없다는 사실도 곱씹어 볼 만하다. 그러자니 이야기가 한 바퀴 빙 돌아다시금 미스터 L에게로 돌아온다. 내가 강조하는 요점은 이것이다. 뭐든지 많이 먹어서 죽는 게 아니라 죽을 만한 것을 먹어서 죽는 것이다. 예를 들면 코카인 120봉지 같은 것 말이다.

11
밀수범의 가장 믿음직한 동반자, 소화관

담배나 휴대 전화를 가지고 들어가는 것이 금지되는 곳에서는 종종 바지 주머니 대신 직장, 즉 똥구멍이 애용된다. 직장이 물건을 넣고 다니기에 얼마나 편리한지, 캘리포니아 주립 교도소들에서는 해마다 담배 450킬로그램과 휴대 전화 수백 대가 직장을 통해 밀반입된다. 그 덕분에 수감 중인 폭력 조직원과 마약상이 철창 안에서도 바깥 사업을 꾸려 갈 수 있는 것이다. 통화하는 동안 담배를 뻑뻑 피워 대면서 말이다.

진 파크스Gene Parks 경위는 아베날 주립 교도소에서 밀수 차단 임무를 맡고 있다. "지난 금요일에 들어온 겁니다." 물건이 반 이상 들어 있는 투명한 쓰레기봉지를 가리키며 말한다. 그 안에 든 것은 언뜻 참마처럼 보이지만 참마가 아니다. 집어넣기 쉽도록 한쪽 끝을 가늘게 해서 라텍스로 둘둘 만 직사각형 연초 덩어리다. 그런데 이 연초를 넣는 곳은 담배 파이프가 아니다. 그렇다면 어디일지는 모두가 짐작하리라 믿는다. 이 쓰레기봉지는 인근 양계장에서 발견되었다고 한다. 외부 근로 작업 명목으로 매일 수감자

200~300명이 왕래하는 곳이다. 만약 파크스 경위가 이끄는 수색 팀이 먼저 발견하지 않았다면, 수감자들이 한 번에 2~3개, 많게는 6개씩 야금야금 엉덩이에 숨기고 들어왔을 것이다. 그러고는 며칠씩 품고 있다가 자연스러운 생리현상에 의지해 밑으로 빼내는 것이다. 마치 닭이 알을 낳듯이.

달짝지근한 담배 냄새는 비닐을 뚫고 새어 나온다. 그래서 이 밀수품 조사실에서는 담배 가게 냄새가 진동한다. 교도소 밖에서는 파이프 담배 연초 450그램이 소매가 25달러 정도에 거래된다. 하지만 아베날 교도소 안에서는 28그램의 가격이 100달러나 된다. 25달러짜리 한 봉지 기준으로 1,600달러 가까운 관세가 붙는 셈이다. 연초를 몰래 들여오다 재수 없게 잡히면 벌을 받긴 하지만 당분간 면회가 금지되는 솜방망이 수준에 불과하다. "우리가 발견해서 폐기한 것만 해도 지금까지 수십만 봉지에 이릅니다." 파크스 경위가 부리부리한 파란 눈으로 나를 쳐다보며 건조하고 차분한 목소리로 말한다. 몸은 힘들지만 그가 이 일을 진심으로 좋아한다는 느낌이 든다.

그는 나를 창고로 안내했다. 이곳에는 작은 금고가 열두 개 있었다. 이곳에 밀반입하다 발각된 휴대 전화를 한 달 치씩 보관한다고 한다.

"혹시 이게 다……."

"아랫구멍에 넣어 온 거냐고요?" 그는 엄지와 검지를 맞대어 동그라미를 만든다. 여기서는 직장 밀반입을 이렇게 돌려서 말한단다. "전부는 아니고, 일부만 그렇습니다."

그가 두 걸음 더 나아가더니 제법 큰 비닐봉지를 하나 들어 올린다. "이건 모두 충전기입니다. 이 봉지와 상자들은 배터리, 이어폰, SIM 카드고요." 교도소에서는 직장을 '감방 지갑'이라고 부르는데, 이 창고 비품을 보니 '소형 전자 제품 전문점'이라고 불러도 좋을 것 같다. 그러고 보니 여기 오기 전에 잠깐 마주친 교도관이 한 얘기가 생각난다. 그는 이런 식으로 물건을 들여오려다 딱 걸린 한 수감자의 사연을 들려주었다. 그가 직장에 숨기고 있던 것은 스테이플러 심 두 상자와 연필깎이 한 개, 연필깎이 날 몇 개, 대형 바인더 고리 세 개였다. 그때부터 그의 별명은 '문방구'가 되었다고 한다. 이것들이 어떻게 한 번에 들어갔는지도 미스터리지만, 그가 이것들로 도대체 뭘 하려고 했는지도 끝까지 알아낼 수 없었다는 후문이다.

지구 상에 아베날의 밀수꾼들보다 직장의 생물학적 용도를 알차게 활용하는 사람은 없을 것 같다. 본디 조물주가 직장을 만든 뜻은 보관하라는 것이었다. 위와 소장을 지나오면서 영양소가 다 빠져나간 음식물 찌꺼기를 기다란 위장관의 끄트머리에서 잠시 보관하면서 아직 남아 있는 쓸 만한 물질을 최대한 쥐어짜 내라고 말이다. 정상적으로는 이런 기나긴 여정을 거쳐 수분이 체내로 충분히 흡수되고 덩어리가 적당히 단단해졌을 때 체외로 배출된다. 브리스톨 대변 척도Bristol Stool Scale[1]로 따지면 2와 5 사이가 가장 적당하다. 2는 소시지 모양이지만 울퉁불퉁한 상태를 의미하고, 5는 흐물흐물한 덩어리가 뚝뚝 떨어지는 상태를 의미한다. 참고로 가장 이상적인 배변 빈도는 하루에 한두 번이라고 한다.

여기서 잠깐 독자들의 양해를 구하고, 배변 과정을 자세히 살펴보고자

---

1 브리스톨 대변 척도는 네 가지 언어 버전이 있다. 그런데 버전마다 내용이 조금씩 다르다. 예를 들어 포르투갈어 버전에서는 소시지도 같은 소시지가 아니라 2형과 3형의 설명에는 더 뚱뚱한 독일식 링귀사linguiça 소시지라고 되어 있고 4형의 설명에는 포르투갈 전통 사우시샤salsicha 소시지라고 되어 있다. 이 척도는 애초에 의사와 환자가 정확하게 의사소통할 수 있도록 만들어진 것이다. 그러니 포르투갈어를 사용하는 브라질 지역에서 '이해를 돕기 위해' 설명을 늘렸다면 누가 뭐라고 하겠는가.

한다. 대개 의식하지 못하고 넘어가지만 장은 하루에 6~8회 연동 운동을 하며 장 근육을 수축시킴으로써 대장 내용물을 밀어서 내려보낸다. 이런 운동은 음식을 먹을 때 특히 활발해진다. 이른바 위결장 반사라는 현상이다. 이때 많이 먹을수록 아래를 향한 추진력도 세진다. 그러면 지금까지 직장에 채 도달하지 못하고 어중간하게 멈춰 있던 쓰레기가 직장에 차곡차곡 쌓이기 시작한다. 말하자면 새것을 들이기 위해 옛것을 내보내는 이치다. 노스캐롤라이나 대학교에서 기능성 위장장애 연구센터를 이끄는 윌리엄 화이트헤드William Whitehead2의 설명에 따르면, 이를 방어 반사라고 하며 이 반사 덕분에 대장이 터지지 않는 것이다.

이런 반사는 변 덩어리가 직장 벽을 충분히 세게 누르는 것을 신경 수용체가 인식했을 때 일어난다. 혹은 내 맘대로 이 반사를 좀 더 일찍 일으킬 수도 있다. 변기에 앉아 힘을 주면 된다. 그러면 직장 벽에 가해지는 압력이 적정 수준으로 높아지는 까닭이다. 자연적이든 인위적이든 일단 배변 반사가 일어나면 직장 근육이 수축하기 시작한다. 쉽게 말해 쥐어짜는 것이다. 그런데 그와 동시에 항문 괄약근은 반대로 이완한다. 바로 이럴 때 우리는 급한 배변 욕구를 느낀다. '나 여기 있소' 하는 느낌보다는 세고 '지금 당장 나갈 테니까 말리지 마쇼' 하는 급박함보다는 약한 감각이다. 이 배변 욕구는 덩어리가 크거나 수분이 많을수록 강하고 참기가 힘들다. 심하면 조금만 틈이 벌어져도 찔끔 쌀 정도가 된다. 한 전문가는 "헤라클레스도 물 설사는 참지

---

2 이름만 보면 그에게는 소화기내과가 아니라 피부과가 더 잘 어울린다는 생각이 든다. 내 담당 소화기내과 의사가 똥turd을 떠올리는 닥터 터디먼Dr. Terdiman이고, 「위장관 가스Gastrointestinal Gas」라는 논문을 쓴 저자가 방귀fart를 떠올리는 J. 파디J. Fardy이고, 국제직장항문학회의 본부가 수세식 변기를 떠올리는 뉴욕 주 플러싱Flushing에 있는 것처럼.

못했을 것"이라고 말했는데, 딱 맞는 표현이다. 생리식염수만으로 관장을 하면 단 1초도 참지 못하고 화장실을 한 발자국도 벗어날 수 없는 것이 바로 이 때문이다.

하지만 굳이 참아 보겠다면 말리지는 않겠다. 사실 연습을 하면 배변 반사를 억제할 수 있다. 이렇게 참는 법을 배우는 것은 아기들이 하는 배변 훈련의 핵심이기도 하다. 항문 괄약근을 꽉 죄면 반사가 사그라지고 배변 욕구가 약해진다. 적어도 고속도로에서 휴게소가 나올 때까지 기다리거나 공연장에서 오페라 아리아 한 곡을 끝까지 다 들을 만큼은 된다. 그런데 유독 배변 욕구를 잘 참지 못하는 사람, 특히 병적으로 끼니때마다 밥을 먹자마자 화장실로 달려가는 사람도 있다. 전문가들은 이런 사람에게 조금씩 자주 나눠 먹을 것을 권한다. 덩어리가 위장관을 헤치고 전진하는 힘을 줄이는 것이다.

카이로 대학교의 아흐메드 샤피크Ahmed Shafik 교수는 배변 반사의 전문가로 손꼽힌다. 안타깝게도 그는 2007년에 작고했지만 이 반사 메커니즘을 이해하는 데는 그가 남긴 상세한 기록만큼 알찬 자료도 없다. 그는 생전에 지원자들의 몸에 장치를 달고 직장과 항문의 압축력을 측정하는 실험을 했다. 대변 대신 생리식염수를 채운 풍선을 사용했다. 풍선에 물 한 컵 정도를 넣으면 직장이 팽창되어 배변 반사가 시작된다. 이때 압력 측정 장치의 모니터를 보면 직장의 압력이 치솟고 거의 동시에 항문의 압력이 급격히 떨어지는 것을 확인할 수 있다. 즉 직장이 내용물을 쫙 짜서 밀어 내리면 그와 동시에 항문이 문을 열고 내보내는 것이다. 실제로 실험 참가자들은 "배변 욕구를 느꼈고 풍선이 밖으로 빠져나왔다"고 진술했다. 한편 실험 참가자들에게 참으라고 지시했을 때는 직장 근육이 이완되고 그에 따라 배변 욕구도 사라졌다. 풍선은 나오지 않았다.

가끔씩 관장해야 하는 상황이거나 항문외과 의사인 경우를 빼면 사람들은 보통 장 상태에 쩔쩔매지 않는다. 웬만하면 장이 기다려 주지 않는 바람에 속옷이나 바지를 더럽힐 일이 없다는 뜻이다. 인간이여, 자신을, 자신의 몸을 믿어라. 직장과 항문만큼 찰떡궁합인 한 쌍도 없다. 이 둘의 완벽한 조합은 우리가 문명인다운 행동을 할 수 있도록 해주는 원동력이다.

하지만 교도소 안에서는 사정이 다르다. 파크스 경위가 면회실 보안 카메라 녹화 영상 중에서 몇몇 장면을 편집한 테이프를 틀었다. 한 남자가 손바닥에 조그만 주머니를 쥐고 있다. 아내가 손바닥에 몰래 건넨 것이다. 그는 이것을 슬그머니 허리 뒤로 가져가 바지 깊숙이 찔러 넣는다. 아들과 보드게임을 하는 중에 순식간에 벌인 일이다.

모니터의 꼴을 보니 아베날 교도소의 전산 장비들은 아직 20세기의 옷을 벗지 못한 것 같다. 다 예산이 빠듯한 탓이다. 내가 전신 투시기 한 대만 있으면 훨씬 편할 것을 왜 아직도 간수들이 일일이 몸수색을 하느냐고 묻자, 파크스는 너털웃음을 지었다. 그는 최첨단 장비는커녕 직원들 명함 찍을 돈도 없다고 대답했다. 아베날 교도소의 수용 인원 한계는 2,500명이다. 그런데 지금 현재 이곳에는 5,700명이 수감되어 있다. 모든 시설과 집기가 부서졌거나 오래되었거나 둘 다다. 면회실 벽에 걸린 분홍색 플라스틱 파리채조차. 그런 와중에 수감자들은 몰래 들여온 스마트폰으로 최신 영화를 감상하는 게 현실이다.

휴대 전화 얘기가 나왔으니 말인데, 최신형 스마트폰에는 금속 부품이 더 많아서 금속 탐지기에 걸리기 십상이다. 그래서 이 품목은 수감자 한 명이 전담한다고 한다. 바로 고관절 치환 수술을 받은 사람이다. 그는 이 병력 덕분에 탐지기에서 삑삑 소리가 나도 늘 무사통과한다. "법원 명령이나 의사소견서 없이는 함부로 엑스레이를 찍을 수도 없거든요." 파크스의 설명이다. 이 남자는 한 번에 스마트폰 2~3대를 직장에 숨겨서 들여온다. 이곳에서 스마트폰의 시가는 대당 1,500달러다. 파크스 경위는 그가 감옥에 와서 돈방석에 앉았다면서 그의 수입이 자신의 월급보다 많을 거라며 신세 한탄을 한다.

사실 부피로 따지면 스마트폰 세 대나 담배 연초 덩어리는 샤피크 교수의 풍선 실험에서 사용했던 물 한 컵보다 훨씬 크다. 보통 사람의 신체 구조를 감안할 때 이런 걸 직장에 담아 꼭 쥐고 있으려면 상당히 불편할 것임이 틀림없다.

파크스 경위는 인터뷰를 주선하겠다며 이렇게 말한다. "그 부분은 직접 물어보십시오."

4번 구역의 마당은 황량하기 그지없다. 농구 골대 하나가 덩그러니 서 있고 의자 몇 개가 그늘에서 뒹굴 뿐이다. 건물 출입구 근처 흙바닥에는 누군가가 돌멩이로 '4번 구역'이라고 써놓았다. 일순간 북극 여행자들이 편평한 돌을 쌓아 올려 만든 지표석이 떠오른다. 교도소에서는, 북극과 마찬가지로 문명의 이기가 귀하다. 자기 자신을 드러내려면 지형지물을 최대한 활용해야 한다.

친절하게도 아베날 교도소 공보부의 에드 볼라$^{Ed\ Borla}$가 동행해 주었다. 그는 건물 입구에서 간수를 호출해 문을 열어 달라고 부탁한다. 우리가 운동장을 지나갈 때 몇몇 재소자가 이쪽을 흘끔 쳐다봤지만 대부분은 무시했다. 이럴 땐 정말 내가 늙어 간다는 게 실감난다.

아베날의 다른 모든 구역처럼 이곳에도 기본 생활 시설이 다 갖춰져 있다. 글씨를 손으로 직접 써 넣은 문패가 각각 그곳이 체육관, 도서관, 세탁실, 상담실, 예배당임을 알려 준다.

나는 볼라가 한 재소자를 데리고 올 때까지 한 사무실에서 기다렸다. 나는 사무실 주인인 교도소 직원에게 내가 만날 재소자는 무슨 죄목으로 들어왔느냐고 물어보았다. 그는 컴퓨터에 죄수번호를 입력하더니 모니터를 내 쪽으로 돌려 준다. 커서가 깜빡이는 곳에는 대문자로 이렇게 적혀 있다. '살인.'

밑에 달린 설명을 살펴볼 겨를도 없이 손님이 도착했다. 실명을 공개할 수는 없으니 지금부터 그를 임의로 로드리게스라고 부르겠다. 볼라가 우리를 건너편 빈방으로 안내한다. "저기서 말씀 나누세요." 자리를 옮기면서 나는 미리 준비한 예상 질문 목록을 훑어보았다. 질문 중에는 이런 것도 있다. 아랫구멍에 물건을 보관하는 것을 어느 동성애 전문 학술 잡지에서 일컫은 '항문 성교 위장술'의 일종으로 볼 수 있는가?

이 민망한 질문을 로드리게스에게 어떻게 설명해야 할지 고민스럽다. 언뜻 보니 그는 어떤 괴상망측한 질문을 받아도 눈 하나 깜짝할 것 같지 않지만. 파크스의 동료 중 한 명이 조금 전에 한 말이 조금이나마 위안이 된다. "너무 걱정 마세요. 그들에겐 일상이니까요." 로드리게스가 아랫구멍 택배업에 발을 들인 것은 샌쿠엔틴 주립 교도소에 있을 때인 20여 년 전이다. 그는 당시 한 갱단의 일원이었는데, 어느 날 두목이 그를 불러서 이렇게 말했다고 한다. "이봐, 한 놈 ……을 좀 따야겠는데."

나는 중간 부분을 잘 알아듣지 못해서 되물었다. "……손요?"

체한 사람 손을 따고 오라는 명령을 내리는 두목의 모습을 상상이라도 하는 듯 그의 얼굴엔 웃음을 참는 기색이 역력했다. "목요."

그는 화려한 전과 기록과는 전혀 어울리지 않는 성격을 가졌다. 그는 친절하고 예의가 발랐다. 대화할 때는 상대방의 시선을 피하지 않고 잘 웃었다. 웃을 때는 가지런한 치아가 돋보였다. 만약 비행기 안에서 그와 같은 사람이 옆자리에 앉는다면 장거리 여행이 조금도 지루하지 않을 것 같았다. 이름표처럼 바지 한쪽에 큼지막하게 적혀 있는 '죄수'라는 글씨만이 그의 신분을 상기시켰다.

이 계획에서 로드리게스가 맡은 일은 작업 도구를 들여오는 것이었다. 수송 품목은 칼날 4개였다. 포장하고 나니 크기가 두께 5센티미터에 길이는 30센티미터나 되었다고 한다. 그는 명령을 거부하면 이 칼날 중 하나가 그의 목에 꽂힐 줄 알라는 협박을 받았다. 당시에는 살 떨리는 경험이었지만 어쨌든 그는 해냈고, 그날부터 담배 밀수에 본격적으로 나섰다. 그는 방법을 구체적으로 설명해 주었다. "독방에 들어갈 때 담배, 라이터, 성냥 같은 것을 미리 챙깁니다."[3] 그는 허공을 응시하며 담배를 피우려면 무엇무엇이 필요한지 하나씩 그려 보는 것 같았다. 나는 짐이 생각보다 크다는 사실에 적잖이 놀랐다. 샤피크 교수가 사용한 풍선보다 훨씬 컸던 것이다. 나는 그에게 직장에 분포한 신경 수용체와 배변 반사에 대해 설명하고 이렇게 물었다. "물건을 운반할 때마다 참느라 힘들지 않으세요?" 아무리 생각해도 그가 정상

---

[3] 지난 2007년, 다른 일로 자료를 조사하던 중에 한 논문을 읽게 되었다. 이 논문에는 병원 응급실에서 응급 처치 중 직장에서 빼낸 물건들의 목록이 실려 있었다. 이 중에서 대부분은 형태를 보면 정체를 알 수 있는 것이었다. 물병, 뚱뚱한 살라미 소시지, 질경이처럼 말이다. 그런데 간혹 한 사람 몸에서 별의별 잡동사니가 한꺼번에 발견되는 경우도 있다고 한다. 가령 어떤 남성의 직장에서는 안경, 잡지, 담뱃갑이 나왔다. 처음에는 설마했지만 이제 좀 이해가 된다. 그는 어딘가에 은신하려고 짐을 싸던 중이었던 모양이다.

은 아닌 것 같았다.

그는 단어가 생각나지 않는다는 듯 혹은 하느님이 대신 대답해 주기를 바라는 듯 잠시 허공을 응시하더니 이렇게 말했다. "뭐, 좀 그렇긴 하지만…… 결국은 자리를 잡아요." 이것을 생리학적 용어로는 반사가 사라졌다고 표현한다. 이런 식으로 배변 반사를 몇 번 억누르면 신체가 적응해서 한동안 반사를 일으키지 않는다.

마이크 존스는 이렇게 습관적으로 반사를 억누르는 사람들은 공통적인 고질병으로 고생하기 십상이라고 지적한다. 물론 그들 대부분은 밀수꾼이 아니라 평범한 사람이다. 존스는 이런 부류를 '그전에 잠깐 족族'이라고 부른다.

이들은 항상 싸긴 싸야 하는데 그전에 한 가지 할 일이 있다고 말한다고 한다. 아니면 원래 화장실을 혐오하거나. 다른 사람이 자신의 소리를 듣거나 냄새를 맡는 게 싫고 세균이 득실거려 비위생적이라는 이유로 공중화장실을 기피하는 것이다. 그렇게 자꾸 참다 보면 의도하지 않게 배변 훈련을 하는 꼴이 된다. 문제는 심지어 집에 혼자 있을 때도 변을 잘 못 본다는 것이다. 의료계에서는 이것을 '역설적 괄약근 수축'이라고 부른다. 말하자면 문을 미는 동시에 걸어 잠근다는 의미다. 그리고 이것은 만성 변비4의 흔한 원인이다. 아마도 이렇게 생긴 변비는 세상의 섬유질을 혼자 다 섭취한다고 해

---

4 이 상황에서는 인체의 항상성 유지 메커니즘에 기대 볼 만하다. 항문 괄약근에 센서를 부착하면 항문을 조였다 풀었다 할 때 컴퓨터 화면의 원이 작아졌다 커졌다 하는 식으로 나타난다. 그런데 원이 커진 순간에 그대로 멈추는 훈련을 함으로써 변비를 치료할 수 있다. 프로그램 설계자는 이것을 어린이용 버전으로도 내놓았다. 일명 '알 낳기 게임'이다. 게임을 하는 어린이가 항문을 조였다 풀었다 하면서 바구니를 앞뒤로 움직여 떨어지는 달걀을 받으면 된다. 미국달걀협회 홈페이지에도 비슷한 게임이 있지만, 이때는 항문을 쓸 필요가 없고 커서만 움직이면 된다.

도 해결할 수 없을 것이다.

존스는 이 현상을 이렇게 설명한다. "별로 어렵지 않습니다. 환자의 직장에 손가락을 넣고 '자, 이제 힘 주세요'라고 말하면 손가락이 꽉 죄는 느낌이 듭니다. 이게 바로 역설적 괄약근 수축이죠."

이에 대해 독일의 한 변비 연구 팀은 충분히 그럴 수 있다는 입장이다. 직장항문 검사를 할 때 환자가 민망해하면 저절로 항문 괄약근이 수축한다는 것이다. 실제로 이런 검사에서 역설적 괄약근 수축은 흔한 일이다.[5] 뭐, 병원의 배려가 부족해서 그런 경우도 많긴 하지만.

어쨌든 아베날 교도소에서는 변비가 유독 흔하다는데, 이제는 그 이유를 확실히 알 것 같다.

소화관은 범죄의 증거를 숨기기에 안성맞춤인 장소다. 그러나 나름의 한계가 있다. 물건이 클수록 배변 욕구가 더 빨리 찾아오기 때문이다. 마치 꺼지지 않는 알람시계처럼 무시하려고 할수록 더욱더 신경을 긁는다. 그래서 아무리 잘 참는 사람도 보통은 24시간을 넘기지 못한다. 로드리게스는 이 24시간이 지나면 빨리 화장실에 가고 싶다는 생각밖에 안 든다고 설명한다.

---

5 배변조영 검사를 할 때 더욱더 그렇다. 이것은 말 그대로 조영제를 넣어 배변 과정을 생생하게 관찰하는 검사다. 검사실에서 환자는 엑스레이 카메라를 혼자 마주해야 한다. 유리벽 너머에서는 촬영기사, 인턴들, 담당 의사가 모니터를 에워싼 채 환자의 은밀한 부위를 뚫어져라 지켜본다. 마이크 존스는 이 상황을 한마디로 이렇게 정리한다. "의학과 포르노 사이의 경계가 점점 허물어지는 것 같습니다." 하지만 환자가 느끼는 감정은 수치심만이 아니다. 유성 점토에 조영제 바륨을 섞어서 만든 모조 대변을 억지로 몸 안에 집어넣어야 한다. 그것도 직장을 통해 밑에서 위로. 어떤 곳에서는 검사용 모조 대변이 아니라 둘둘 만 귀리 덩어리를 사용한다고 한다. 세상에 이런 불쾌한 상황이 어디 있겠는가. 변비 환자 입장에서는 시련도 이런 시련이 없다. "이봐, 내가 이걸 할 수 있었으면 애초에 이 자리에 오지도 않았다고." 환자가 대놓고 이렇게 불평해도 대꾸할 말이 없을 것 같다.

그의 말을 듣고 보니 로드리게스의 생물학적 자아가 뿅 튀어나와 다급하지만 공손하게 그의 어깨를 툭툭 두드리는 장면이 머릿속에 떠오른다.

그런데 밀수품을 밑으로 넣지 않고 입으로 삼키면 시간을 더 벌 수 있다. 마약 밀수꾼들이 이 방법을 더 선호하는 것도 이 때문이다. 1985년에서 2002년 사이에 프랑크푸르트 공항과 파리 공항에서 체포된 밀수꾼 4,972명 중에서 직장에 약을 숨긴 경우는 312건에 불과했다. 나머지는 전부 입으로 삼킨 것이다. 이렇게 삼킨 물건은 열 시간이 걸리는 보고타발, 로스앤젤레스행 여정 중에도 착륙할 때까지 직장에 도달하지 않는다. 밀수꾼들은 비행기 안에서 아무것도 먹지 말라는 지시를 받는다. 대장을 자극하지 않기 위해서다. 혹은 장운동을 아예 정지시키려고 지사제를 복용하기도 한다. 그러니 아무리 몸수색을 해도 깨끗할 수밖에.

이런 밀수꾼 때문에 합법적인 국경 억류 시간을 늘려야 한다는 의견이 있다. 공항에서는 수화물을 검사하는 동안에만 밀수 용의자를 묶어 둘 수 있다. 화물칸에 싣거나 직접 들고 탄 짐을 열어 보고 몸수색까지 했는데 아무런 증거도 없다면 바로 보내 주어야 한다. 하지만 드물게 이 아래쪽 생리현상 문제가 대법원까지 올라갈 때도 있다. 콜롬비아 국적의 로사 몬토야 데 에르난데스Rosa Montoya de Hernandez도 그런 경우인데, 그녀는 로스앤젤레스 공항 세관에 16시간 동안 억류되었다. 몸 구석구석을 더듬어 검사해 보니 배가 너무 딱딱하고 화장지를 덧댄 비닐 속바지를 두 겹이나 입고 있다는 이유에서였다(실제로 당시 그녀의 배 속에는 코카인 봉투 88개가 들어 있었다). 세관은 그녀에게 두 가지를 제시했다. 엑스레이 검사를 받든지, 아니면 쓰레기통 하나가 덜렁 놓인 방에서 여성 세관원과 함께 계속 앉아 있으라는 것이었다. 이 세관원의 임무는, 아베날 교도소에서 통용되는 표현대로,

'사금을 채취하는 것'[6]이었다.

몬토야 데 에르난데스는 엑스레이를 거부했다. 그 대신 몸을 쪼그리고 의자에 옆으로 기대앉았다. 항소심 기록의 내용을 그대로 인용하자면, "어떻게 해서든 생리적 욕구를 참으려고 눈물겹게 노력하는" 자세로 말이다.

마약 밀수꾼에게는 안 된 소식이지만, 이런 생리적 욕구는 심리적으로 불안할수록 더 빨리 찾아온다. 불안감이 직장 벽의 근육을 수축시키기 때문이다. 그러면 공간이 좁아져 내용물이 조금밖에 없어도 근육 신경이 쉽게 자극을 받아 배변 욕구를 일으킨다. 로드리게스도 이 점에 동의하면서 이렇게 말했다. "마음을 편안하게 가져야 합니다. 긴장하면 온몸의 신경이 곤두서니까요." 그런데 이런 반응은 불안감이 그다지 크지 않아도 나타난다. 윌리엄 화이트헤드는 좀 민망하지만 실험 참가자의 직장에 풍선을 넣고 부풀려 부피를 재는 실험을 했는데, 긴장한 참가자의 직장 부피가 더 작은 경향이 있었다. 당연히, 연설을 하거나 마약을 밀수하는 것처럼 긴장감이 극에 달하는 상황에서는 이 반응이 훨씬 더 커진다. 그러니 위장관에 마약을 넣어 운반하는 자에게는 어떤 상황에서도 긴장하지 않을 배포가 필요하다. 이쯤에서 마이크 존스가 들려준 한 마약 밀수범의 얘기를 소개할까 한다. 이 사내는 안타깝게도 시카고 오헤어 공항으로 날아가는 도중에 괄약근이 풀려 버렸다. 하지만 그는 변기에서 물건을 꺼낸 후 잘 씻어 다시 삼키는 대신

---

6 프랑크푸르트 공항 세관에서는 이 작업을 좀 더 쉽게 한다. 자동 세척 기능이 있어서 손을 대지 않고도 내용물을 확인할 수 있는 특별히 설계된 유리 변기에 용의자를 앉히는 것이다. 이 변기는 독일식 변기를 개량한 현대판 버전이라고 할 수 있다. 덧붙이면, 물 빠지는 구멍이 앞쪽으로 난 이런 변기 구조가 배설물에 대한 독일 특유의 집착을 상징한다고들 하지만 폴란드, 네덜란드, 오스트리아, 체코의 구식 변기도 이런 모양인 것을 보면 그저 풍문에 불과한 듯하다. 내 생각에 독일은 소시지의 나라이니 세계 대전 이전 시대에 돼지고기로 만든 소시지가 기생충을 자주 퍼뜨렸기 때문에 독일에서 이런 화장실이 만들어졌다는 설명이 더 믿을 만한 것 같다.

신고 있던 양말에 쑤셔 넣는 방법을 선택했다. 이 순간의 잘못된 판단으로 그가 어떤 결말을 맞이했는지는 모두가 예상하는 대로다.

다시 몬토야 데 에르난데스 사건으로 돌아와서, 그녀의 변호사는 비닐 속 바지와 여권에 찍힌 8개의 마이애미와 로스앤젤레스 출입국 도장[7]만으로는 그녀가 마약 밀수범임을 증명하지 못하며, 이렇게 오랫동안 억류한 조치는 헌법의 기본권을 위반한 것이라고 주장했다. 하지만 법원은 그녀에게 유죄를 선고했다. 그러나 이어진 항소심에서 로스앤젤레스 관할 순회항소법원이 1차 평결을 뒤집었고, 사건은 급기야 대법원으로 송치되었다.[8] 그리고 대법원에서는 윌리엄 브레넌William Brennan 판사와 서굿 마셜Thurgood Marshall 판사의 반대에도 불구하고 결국 처음 선고를 인정하는 쪽으로 최종 결판이 났다. 엑스레이를 거부하고 생리 현상에 저항했으니, 그렇게 오랫동안 구류되어 불편을 겪은 것은 다 피고 본인이 자초한 일이라고 본 것이다. 이 '생리현

---

7 세관은 라텍스가 위산에 분해될 때 나는 특유의 입 냄새를 맡는 방법과 기내식을 거부한 승객을 예의주시하는 방법도 자주 써먹는다. 콜롬비아 아비앙카 항공은 벌써 여러 해 동안 승무원이 아무것도 먹지 않은 국제선 탑승객의 이름을 적어 두었다가 착륙하자마자 이 명단을 세관에 넘겨주도록 하고 있다.

8 이렇게 가끔씩 사법부가 어쩔 수 없이 개입하는 경우가 생긴다. 스티븐 랜디스Steven Landis라는 교도소 수감자가 인분을 치약통에 넣었다가 교도관을 향해 발사했다는 혐의로 기소된 사건이 있었다. 아이오와 주 법률 제708.3B조 '체액 또는 분비물을 이용한 수감자 폭행죄'를 위반했다는 것이었다. 피고 측은 전문가의 의견을 듣거나 더럽혀진 교도관의 셔츠를 과학적으로 분석한 증거가 없었으니 그 안에 든 것이 인분이라는 사실이 증명되지 않은 셈이라며 항소했다. 이에 원고인 아이오와 주 정부 측에서는 목격자, 이 경우에는 옆에서 냄새를 맡은 동료 교도관의 진술을 증거로 내세웠다. 그것이 인분이라는 것을 어떻게 알았느냐는 질문을 받았을 때, 그는 판사에게 이렇게 말했다. "갈색 물질에서 나는 똥 냄새가 코를 찔렀습니다." 그리고 항소심 담당 판사는 이 말만으로도 충분하다고 판단했다.
이 이야기를 나에게 들려주고, 나아가 당시 담당 판사였던 메리 앤 브라운Mary Ann Brown 판사에게 내 질문을 전달해 준 콜린 웨일런드Colleen Weiland 판사에게 이 자리를 빌려 감사를 표한다. 브라운 판사는 이런 답신을 보내왔다. "피고가 그것을 물에 타서 치약통에 한 방울씩 떨어뜨려 넣거나 치약통을 담가 쭉 빨아들인 것 같습니다."

상'이라는 말은 재판 기록에도 여러 번 언급된다. 나는 이 부분을 읽을 때마다 나도 모르게 〈동물의 왕국〉 다큐멘터리 내레이션 투를 따라 하곤 했다.

로사 몬토야 데 에르난데스 사건은 1990년에 일어난 델라니 아비 오도핀 Delaney Abi Odofin 재판의 선례가 되었다. 오도핀은 마약 주머니를 배설해 낼 때까지 무려 24일을 버텼다. 웹사이트 Justia.com은 이 사건을 이렇게 평했다. "국경 억류 시간이 이렇게 이례적으로 길어진 것은 순전히 피고의 고집스러운 위장 탓이므로 헌법의 기본권에 저촉되지 않는다."

이런 고집은 대체 어디서 나오는 걸까? 아니, 사람의 몸으로 가능하긴 한 걸까? 직장 근육이 수축 운동을 안 했을까? 대장이 터지지 않은 이유는 무엇일까? 화이트헤드는 위장관 파열을 막는 또 하나의 방어 메커니즘 때문이라고 설명한다. 직장이 빵빵하게 부푼 채로 오랜 시간 지나면 대변이 만들어지는 속도가 차츰 느려진다. 심하면 위장관 전체가 분리 수거 작업을 완전히 멈춘다. 소장과 대장이 일손을 놓으면 자연스럽게 위도 느긋해지는 까닭이다. 이 메커니즘이 증명된 것은 1990년의 일이다. 독일 뮌헨 대학교에서 학생 12명이 보수를 받고 한 가지 실험에 참가했다. 이들에게 주어진 임무는 대변을 최대한 오래 참는 것이었다. 연구 팀은 이 실험을 통해 배변 욕구를 얼마나 오래 억제할 수 있는지, 그리고 그렇게 참으면 어떤 일이 일어나는지를 밝히고자 했다. 그런데 결과가 놀라웠다. 학생들이 예상보다 훨씬 오래 욕구를 참은 것이다. 12명 중 3명만이 실험 4일째에 백기를 들었다. 오도핀에 비하면 새 발의 피긴 하지만.

그런데 이 실험에서 주목할 부분이 또 하나 있다. 용변을 오래 참을수록 변이 말라서 딱딱하게 덩어리진다. 대장에 머무르는 동안에는 수분 흡수가 계속 일어나는 까닭이다. 분변이 건조하고 단단할수록 내보내기는 더 어렵다. 참는 습관이 변비를 만드는 것이다. 뮌헨 대학교 연구 팀도 같은 생각을 했는지 논문 말미에 변비 환자들을 겨냥한 조언 한마디를 추가했다. 조금이라도 마려울 때마다 화장실로 달려가라고 말이다. 영국 의사 제임스 워턴James Whorton이 변비라는 주제를 학문적으로 접근해 집필한 저서 『인체위생학Inner Hygiene』9에서 이렇게 언급한 것도 같은 맥락이다. "화재가 났거나 목숨이 위태로운 상황이 아닌 한 몸이 보내는 신호에 순응하라."

그런데 소화관을 이용하는 마약 밀수꾼들에게 변비는 고민거리 축에 끼이지 않는다. 물건이 내려오다가 중간에서 막히거나 콘돔 끝이 턱에 걸리는 게 더 큰 걱정이다. 이런 경우가 실제로 6퍼센트 정도10 된다고 한다. 그중에서도 가장 심각한 사고는 몸 안에서 포장이 뜯어져 내용물이 흘러나오는 것이다. 초창기에는 경험 미숙으로 콘돔이나 고무장갑을 한 겹만 두르는 바람에 종종 몇 시간 안에 포장이 위산에 다 녹아 버리곤 했다. 그리고 가끔은, 고무 품질에 따라 다르긴 하지만, 포장이 찢어지지 않더라도 약이 틈새로 새어 나오기도 한다. 1975년부터 1981년 사이에 발각된 코카인 밀수꾼 중 절반 이상이 이렇게 약물 과다복용으로 사망했다. 헤로인은 해독제가 있지만 코카인은 없기 때문에 포장이 찢어지면 그걸로 끝이다. 게다가 죽어서도 모

9 이 책은 옥스퍼드 대학교 출판부에서 출간했다. 하지만 대학 전공서적과 달리 꽤 쉽게 읽히는 편이다. 그런데 내가 UC 버클리 도서관에서 이 책을 열람했을 때 바로 직전 대출 날짜가 정초였던 걸 보면 나만 그렇게 느낀 게 아니었나 보다. 이걸 어떻게 알았느냐하면, 이 여학생이 2010년 12월 30일에 햄버거를 사먹은 영수증을 책갈피 삼아 끼워 둔 채로 반납했기 때문이다. 게다가 페이지를 넘길수록 자꾸 반짝이가 묻어나는 것이다. 이 학생은 책을 파티에 가져가서 친구들이 술과 음악에 취해 미쳐 가는 동안 틈틈이 숨어서 읽었을까? 아니면 파티가 끝나고 새벽에 돌아와 침대에서 읽을 때 머리에서 반짝이가 떨어진 것일까? 어느 쪽이든 참 맘에 드는 학생이다.
10 비율이 생각보다 낮은 것 같은가? 하지만 실제로 소화관 택배의 80~90퍼센트는 식도를 무사통과한 뒤 별 탈 없이 끝까지 이동한다. 틀니를 삼키고 멀쩡한 사람도 많은데, 꽁꽁 싸맨 마약 정도야.

욕을 당하기 십상이다.[11] 그것도 동료들 손에. 어쨌든 임무를 완수하려면 배를 갈라서라도 약을 꺼내야 하는 까닭이다. 『미국 법의학병리학회지*American Journal of Forensic Medicine and Pathology*』에 실린 논문 「죽음을 감수하고 신체를 이용하는 헤로인 밀수 수법*Fatal Heroin Body Packing*」에 따르면 플로리다 주 마이애미에서 사망한 상태로 발견되는 밀수꾼 10명 중 2명이 그런 몰골을 하고 있다.

아베날 교도소에서는 윗구멍보다는 아랫구멍이 애용된다. 파크스 경위는 이런 밀반입을 정기적으로 단속해서 마약과 함께 몇 가지 전문 의약품을 찾아낸다. 죄수들이 점점 똑똑해져서 특정 처방약이 마약 효과를 낸다는 사실을 알기 때문이다. 웰부트린*Wellbutrin*, 자낙스*Xanax*, 애더럴*Adderall*, 바이코딘*Vicodin*이 바로 그런 약이다. 각각 우울증, 불안 장애, 기면증, 고도 통증을 치료할 때 사용하도록 허가된 약물이지만 이곳 수감자들은 가루를 내어 마약처럼 흡입한다. 단, 로게인*Rogaine*은 예외라고 한다. 머리숱이 줄어드는 게 고민인 수감자들이 원래 허가된 용도, 즉 발모제로 사용하기 위해 이 약을 찾는다고. 로드리게스의 감방 동료들도 마약을 몸에 숨겨 들여온 경험이 있었다. 대부분은 아랫구멍을 이용했지만 일부는 위로 삼키는 쪽을 택했는데, 그중에서 두 명이 약이 새는 바람에 과다복용으로 죽었다고 한다. "한 놈은 출소를 6개월 앞둔 상태였는데, '하지 마, 친구. 곧 집에 갈 거잖아'라며 아무리 말려도 기어이 하더라고요."

나는 로드리게스에게 그가 여기서 얼마나 더 지내야 하는지 물었다. 그

---

11 인격모독 차원에서 우열을 가리기 힘든 비슷한 상황이 있다. 바로 시신을 무덤에서 다시 파내는 것이다. 물론 택배 수단으로 이용하기 위해서다. 시신의 소화관 전체를 마약으로 꽉꽉 채워서, 말하자면 헤로인 순대를 만든다.

런데 아차, 바보 같은 질문이었다. 그는 종신형을 선고받은 것이다. 나는 그가 조직폭력 사건에 휘말렸을 거라고 짐작했지만 의외로 여자 때문이었다고 한다. "제 여자도 아니었는데 말입니다." 그는 옷깃을 매만지며 잠시 먼 곳을 응시한다. 오래전 일이지만 기억은 아직 생생한가 보다. 그가 27년 전을 회상하며 이렇게 말한다. "제가 여기 처음 왔을 땐 새파란 애였는데, 요즘은 새치가 나기 시작한다니까요, 젠장. 곧 대머리가 되겠죠." 그러면서 머리카락이 비어 가는 정수리를 내게 보이기 위해서인지, 아니면 수치심에 머리가 무거워진 것인지 모르지만 고개를 떨군다.

나는 어떻게 대꾸해야 좋을지 적당한 말이 생각나지 않았다. 로드리게스는 상상했던 것보다 좋은 사람이지만 그래도 살인은 싫다. 나는 마지막으로 용기를 내어 묻는다. "저기요, 로게인은 당신 것이었나요?"

약이 새면 그대로 골로 가기 일쑤인데도 마약 밀수꾼들이 아랫구멍보다는 윗구멍을 선호하는 이유가 또 있다. 사이버 보안 전문 업체인 TRMG^{The Risk Management Group}의 대표 마크 존슨^{Mark Johnson}의 설명을 들어 보자. "밀수꾼이 직장을 금기시하는 문화권 출신인 경우에 그렇습니다. 카리브 해와 라틴아메리카 지역에서는 아랫구멍을 이용하는 것을 무조건 동성애 행위로 간주합니다. 발각되면 말 그대로 맞아 죽을 수도 있어요."

이 금기를 절대시하는 것은 이슬람 테러리스트 집단도 마찬가지다. 런던에 있는 정보 전략 및 위기 분석 자문 회사 시빌라인^{Sibylline}의 CEO 저스틴 크럼프^{Justin Crump}는 사우디아라비아 지다에서 있었던 실제 사건을 소개했다. 2009년 8월에 내무부 차관 무함마드 빈 나이프^{Muhammad bin Nayef}가 자택에서 살해될 뻔한 일이 있었다. 범인은 자살 폭탄 테러리스트였다. 폭발로 인해 범인의 허리 아래쪽이 거의 남지 않았기 때문에 테러 집단과 테러 대응 전문가들 사이에서 폭탄 장착 위치를 두고 설전이 벌어졌다. 지하드 옹호자들은 한목소리로 삼킨 것이다, 위에 있었다고 주장했다. 그러나 크럼프는 폭탄을 음낭 안쪽에 넣고 테이프 같은 것으로 잘 붙여 뒀을 거라고 추측한다.

그는 홈페이지를 통해 자신의 견해를 밝혔다. "재미있는 부분은 사람들은 밑에서 위로 넣은 것이라고 짐작하면서도 입 밖으로 꺼내기를 꺼려했다는 것이다." 크럼프는 정보원인 전직 알카에다 요원과 함께 사건 현장 사진을 검토했는데, 그때 그가 한 말을 정확하게 기억했다. "그가 이렇게 말했습니다. '여기 팔이 떨어져 나온 방향을 보십쇼. 틀림없이 입으로 삼킨 겁니다. 그렇고말고요.' 다른 가능성은 아예 고려조차 하지 않는 것 같았어요."

자살 폭탄 테러리스트가 소화관에 폭탄을 넣고 일을 저질렀다는 공식 기록은 없다. 크럼프의 설명에 따르면, 윗구멍으로 삼키든 아랫구멍으로 밀어 넣든 폭탄을 몸 안에 숨기면 파괴력이 폭탄 조끼를 입었을 때보다 5분의 1에서 10분의 1 정도로 줄어든다. 거죽이 충격을 대부분 흡수하기 때문이다. 빈 나이프 사건의 경우, 그가 크게 다치지 않고 무사했던 것은 지뢰 하나 크기의 폭탄이 불과 몇 미터 거리에서 터졌지만 범인의 몸뚱이가 방패 역할을 한 덕분이다.

이런 금기에도 불구하고 폭탄을 소화관에 숨기는 경우는 엄격한 보안 시스템을 뚫어야 할 때뿐이다. 공항 같은 곳에서 말이다. 하지만 크럼프는 걱정할 필요 없다고 말한다. 소화관에 들어갈 만큼 작은 폭발물을 몸에 지니고 비행기에 오르는 것은 거의 불가능하다고 한다. 그런 걸 삼키고도 아무렇지 않은 척할 수 있으려면 폭발물이 한 입 크기 비엔나소시지보다 클 수 없다는 것이다. 어찌어찌해서 폭발물을 무사히 삼켜 아래로 내려보냈다고 하더라도 시한장치를 따로 삼켜야 한다. 게다가 위산이 닿으면 기계가 망가지기 일쑤다.

한편 아래쪽의 성공 확률도 그다지 높지 않다. "잘하면 의자 하나 정도는 날릴 수 있을 겁니다." 크럼프의 설명이다. 그런데 나는 언젠가 익명의 폭발물 전문가가 나왔던 뉴스 기사를 본 기억이 났다. 그때 이 전문가는 PETN이라는 폭발물 140그램이면 비행기가 추락할 만큼 충분히 큰 구멍을 낼 수 있다고 말했다. 하지만 크럼프는 단호히 말했다. "헛소리예요." 〈호기심 해결사MythBusters〉라는 TV 프로그램을 즐겨 보는 애청자라면 잘 알겠지만, 비행기 창문이 뜯어져 나가도 폭발이 일어날 만큼 기내 압력이 낮아지지는 않는다. 공기가 좀 희박해지긴 하겠지만 산소마스크를 쓰고 있는 한 살아남을 수 있다. 크럼프가 말했다. "사우스웨스트 737기 사고 기억하십니까? 천장이 홀랑 날아갔는데도 무사 착륙했죠. 파일럿이 제 할 일을 다 하고 비행기에 날개와 꼬리만 멀쩡히 달려 있으면 날 수 있어요."

그런데도 자살 폭탄 테러리스트가 목숨을 잃는 것은 대부분의 경우 폭발이 아니라 파편 때문이다. 일반적으로 자살 테러용 폭탄은 못을 비롯해 각종 금속 부품 덩어리다. 따라서 공항의 금속 탐지기를 통과하지 못한다. 탐지기에 걸리지 않고 기내에 가지고 갈 수 있는 폭탄을 만들려면 TNT나 C4처럼 위력이 엄청난 재료가 필요하다. 하지만 폭발력이 크면 그만큼 불안정하다는 게 문제다. 검색대 대기줄에서 발을 헛디디거나 기침만 해도 한순간에 흔적 하나 없이 공중 분해될 수 있다는 얘기다.

언젠가 온라인 잡지인 『데일리 비스트Daily Beast』에 이름을 밝히지 않은 미국 정부 소식통의 인터뷰 기사가 실렸다. 파키스탄에 있는 오사마 빈 라덴Osama bin Laden의 은신처에서 폭발물이 발견되었는데, 원래는 이것을 외과 수술을 통해 테러리스트의 뱃살에 심을 계획이었다는 것이다. 일각에서는 이식 부위가 가슴일지도 모른다는 견해도 나왔다. 삼겹살이든 가슴이든 들리는 소문에 따르면, 알카에다 의사들이 동물을 이용해 폭발물 이식 수술 연습을 먼저 했다고 하니 믿을 만한 정보인 것 같기는 하다. 하지만 크럼프는 이렇게 지적했다. "이 얘기에도 허점이 많습니다. 기폭 장치는 어떻게 할 것이며, 테러리스트의 몸이 충격을 흡수해 폭발력이 약해지는 문제는 어떻게 해결할 것인지 등 말입니다." 내 생각에는 폭탄과 기폭 장치에 방습 처리를 하는 것도 쉽지 않을 것 같다.

어쨌든 현실적으로 성공할 확률이 낮다니 우리에게는 천만다행이 아닐 수 없다. 하지만 방심해서는 안 된다. 크럼프가 이렇게 당부했기 때문이다. "왜 그런 쓸데없는 위험을 무릅쓰는지 모르겠습니다. 사전에 이동 경로만 잘 염탐해 두면 어느 공항에서든 전신 스캐너를 피해 갈 길이 얼마든지 있는데 말이죠."

라티노와 아프리카계 미국인이 대체로 동성애를 기피하는 성향을 감안할 때 캘리포니아 주에 있는 교도소 재소자들이 아랫구멍 택배를 선호하는 것은 다소 의외다. 아무래도 감옥이라는 특수한 상황 때문에 누군가가 직장을 기본 용도 외에 다른 용도로 사용하더라도 다들 너그럽게 대충 넘어가는 모양이다.

로드리게스는 아베날 교도소의 실상을 허심탄회하게 털어놓았다. 이곳에서는 게이 수감자를 괴롭히는 게 아니라 우두머리가 앞장서서 자기 패로 영입한다고. "우리는 게이들을 '금고'라고 부릅니다. 일단 믿을 만한 놈이라고 판단되면 슬쩍 찔러 보는 거죠. '이봐, 돈 좀 만져 볼 생각 없어?'라고요."

하지만 게이가 아니라면 실전에 나서기 전에 연습이 필요하다. 로드리게스는 칼날을 배달하는 첫 임무를 수행하면서 겪었던 고통을 아직도 생생하게 기억했다. 졸개들은 누구나 미리미리 연습을 해두어야 한다고 한다. 그 말을 들으니 근육질에 문신투성이 사내들이 비누 덩어리와 소금통을 아랫구멍에 끼고 감방 안을 어슬렁거리는 장면이 머릿속에 그려진다. 파크스 경위는 나에게 연습 도구를 찍은 사진 한 장을 보여 주었다. 물건이 맹장에 걸리는 바람에 의무실에서 수술로 꺼낸 것이라고 했다. 도구의 정체는 두루마리 휴지심에 넣고 테이프로 감싼 고체형 액취 제거제였다. 그는 특유의 무표정한 얼굴로 말했다. "보시다시피 꽤 큽니다." 로드리게스가 들려준 후일담에 따르면, 이걸 집어넣는 것이 어떤 내기에서 진 사람에게 주어진 벌칙이었다고 한다.

"항문이 찢어지는 사태를 피하려면 몇 주일 혹은 몇 달에 걸쳐 열심히 연습해서 구멍을 조금씩 넓혀야 한다"라는 논문 글귀가 있다. 이것은 교화산업학 논문도 의학 논문도 아닌 『저널 오브 호모섹슈얼리티*Journal of Homosexuality*』라는 학술 잡지에 실린 글이다. 교화산업학 논문이나 의학 논문이었다면, 이런 내용이 이어지지 않았을 것이다. "로언Rowan과 질레트Gillette는 1978년 연구 논문을 통해 자전거 타이어에 바람을 넣는 펌프로 직장을 부풀려 성적 쾌감을 느낀 한 남성의 증례를 소개했다." 나는 이 논문을 직접 읽어 보지 않았기 때문에 주인공이 결국 어떻게 되었는지, 직장의 압력이 인간 한계치를 넘어섰는지 잘 모르겠다.

하지만 한 가지는 확실하다. 유흥 목적으로 일종의 관장을 할 때 가장 안전한 재료는 도로 빼내기 쉬운 공기와 물이다. 단, 같은 액체라도 금방 굳는 것은 사용하면 안 된다. 체내에서 고체가 되어 버리면 몹시 난감해진다. 얼마나 난감한지는 「콘크리트 반죽으로 관장한 후 발생한 항문막힘증Rectal Impaction following Enema with Concrete Mix」이라는 논문을 참고하기 바란다. 한편 고체도 별로 추천하지 않는다. 마이크 존스가 말했듯이 고체는 사람의 몸에서 빠져나가려는 특성이 있기 때문이다. "고체 표면에는 윤활제 성분이 있고 생체막도 마찬가지입니다. 그렇기에 극도로 흥분하거나 공포에 질려 있으면 물건을 아무리 잡아 두려고 해도 그냥 쑥 빠져나가고 맙니다." 불안해하면 장이 쪼그라든다는 사실을 잊지 말자.

무터 박물관의 학예사 애나 도디Anna Dhody의 설명에 따르면, 어느 병원에나 엉덩이 수거통이라는 것이 있다고 한다. 그뿐만 아니라 응급의학 서적에는 의학과 전혀 무관한 단어가 자주 등장한다. 기름통, 파스닙, 가축 뿔, 우산 손잡이 같은 것들 말이다. 이런 전문 서적에서는 이 물건들이 "배출된다"고 표현한다. "유리병이 배출 과정에서 깨진 것으로 추측된다"거나 "직장에서 굳은 콘크리트 주물이 무사히 배출되었다"라는 식으로.

그중에서 한 논문을 구체적으로 살펴볼까 한다. 응급실에서 보고된 이런 배출 사례 35건을 모아 분석한 것인데, 사례의 주인공은 공교롭게도 모두 남성이었다. 이렇게 남성이 압도적으로 많은 이유는 앞서 언급했던 학술지 『저널 오브 호모섹슈얼리티』에서 찾을 수 있다. 이 학술지에 실린 논문 한 편에 이런 글귀가 있다. "직장이 이완되면 전립선과 정액 주머니를 더 세게 밀어서 성적 자극을 유도할 수 있다." 나는 인터넷 검색창에 이 저자의 이름을 쳐 보았다. 그 결과, Goodreads.com에서 그가 쓴 책을 몇 권 찾아낼 수 있었다. 저서 목록에는 『수목 한계선 너머 콜로라도Colorado above Treeline』를 시작으로 『서부전선에 선 병사의 일생Life of a Soldier on the Western Frontier』, 『옛 미국

서부의 의학*Medicine in the Old West*』,『콜로라도 고지대 탐험*Exploring the Colorado High Country*』등 평범한 책 제목이 이어진다. 그런데 중간에 한 권이 눈에 띈다.『관장 지침서*The Enema: A Textbook and Reference Manual*』라는 책이다. 아무래도 이 책의 저자는 다방면에 관심이 많은 사람인가 보다. 그게 아니라면 그저 동명이인이든가.

소화관의 성적 측면을 논하려면 항문의 촉각 얘기를 하지 않고 넘어갈 수가 없다. 항문 조직은 인체에서 신경이 가장 밀집한 부위 중 하나다. 그리고 그래야만 한다. 항문이 제 기능을 하려면 각종 정보에 촉각을 곤두세워야 하기 때문이다. 항문은 이쪽으로 접근하는 물체의 물성을 미리 파악해야 한다. 고체인지, 액체인지, 기체인지 확인한 다음, 전부 내보낼지 일부만 버릴지 선택하는 것이다. 항문이 이 정보를 잘못 읽으면 대참사가 벌어진다. 장담컨대, 어느 누구도 그런 일은 바라지 않을 것이다. 인체 해부학을 좀 안다는 사람들 중에서도 항문을 비천하다고 무시했다가 된통 당하는 경우가 비일비재하다. 내과의사인 로버트 로젠블루스*Robert Rosenbluth*는 이렇게 말했다. "항문만큼 다재다능하고 정교한 장치는 이 세상에 없습니다. 누군가 당신을 똥구멍 같은 놈이라고 불렀다면, 욕이 아니라 칭찬이라고 생각해야 마땅합니다."

여기서 내가 강조하고 싶은 것은, 항문의 타고난 소명이 무엇이든 많은 이에게 항문이 성감대라는 사실이다. 그런데 직장에 들어간 이물을 빼내려고 응급실을 찾아온 사람들이 모두 항문으로 장난치다가 그렇게 된 걸까?

그런 경우도 있긴 하지만 전부 그런 것은 아니다. 항문이 민감하다는 사실만으로는 설명할 수 없는 부분이 있다. 직장에서 레몬이 나온 사람, 화장품 병이 나온 사람, 자갈 402개가 나온 사람이 있는 걸 보면 말이다. 팔-직장 에로티시즘brachioproctic eroticism12도 마찬가지다. 1980년대에 토머스 로리Thomas Lowry가 실시한 조사에 따르면, 직장을 팽팽하게 늘리거나 꼭 채움으로써 성적 쾌감을 느끼는 부류의 사람이 따로 있다고 한다. 그는 이 논문 사본과 데이터를 수집할 때 사용했다는 설문지를 나에게 보내 주었다. 설문지를 쭉 훑어보던 나는 12번 질문에서 시선을 멈췄다. 설명이 있고 팔 그림이 있었는데, 설명의 내용은 이랬다. "가장 깊이 삽입했던 지점을 팔 그림에 표시하시오." 설문 조사 결과는 독자의 상상에 맡기겠다. 일단 항문은 극도로 민감한 곳이긴 하지만 영혼의 갈증을 채워 주지는 못한다고만 말해 두자. 아니면 혹자는 『콜로라도 고지대 탐험』을 읽으며 헛헛함을 달랜다고 말해도 좋고.

구스타브 사이먼Gustav Simon은 바로 이런 사람들의 사랑을 받을 만한 의사다. 1873년 그는 손에 기름을 잔뜩 발라 손 전체를 깊숙이 집어넣는 문진 기술을 고안했다.13 이때 다른 쪽 손으로는 배를 세게 누른다. 장기의 위치를 확인하고 이상한 부분이 없는지 확인하기 위해서다. 요즘에도 산부인과에서는 이런 식으로 환자를 검진한다. 보통은 손가락 두 개만 사용한다는 차이점이 있지만 말이다. 사이먼은 이 기술을 설명하면서 '고통은 잠깐뿐'이

---

12 이 용어는 토머스 로리가 처음으로 사용했다. 손을 사용하는 항문 성교를 주제로 연구를 진행하는 과정에서 그는 점잖은 학자들에게 이런 식으로 편지를 보내야 할 때마다 몹시 난감했다. "친애하는 박사님, 몇 달 전에 전화로 '주먹 성교' 얘기를 나누면서 논문 두 편을 추천해 주셨는데요." 당시에는 적절한 학술용어가 없었기에 결국은 그가 직접 만들었다. "최근에 인터넷으로 이 용어를 검색해 보니 해당 웹페이지가 2천 개 넘게 나오더군요. 조금 신기했습니다."

13 그는 먼저 시체로 연습했다. 그렇게 시체의 대장을 몇 번 터뜨린 후 세미나를 열어 사람들에게 선보였다. 이번에는 실습 테이블에 시체 대신 살아 숨 쉬는 여성이 올랐다. 클로로포름 마취제에 취해 의식을 잃고 허벅지가 배에 닿을 때까지 무릎을 굽혀 올린 자세로. 기록에 따르면 많은 교수와 의사들이 이 '강제 투입' 시술을 구경하기 위해 각지에서 하이델베르크로 날아왔다고 한다.

라고 장담했다.

이렇게 팽창을 통해 흥분하는 현상은 이 근처에 신경이 다 연결되어 있기 때문에 일어난다고 마이크 존스는 설명한다. 배변, 오르가슴, 성적 흥분 모두 천골 신경을 통해 조절된다. 여성이 분만할 때 질이 극도로 늘어나면서 간혹 오르가슴을 느끼는 것도 같은 이치다. 언젠가는 배변도 마찬가지라는 연구 결과가 보고되기도 했다. 제러미 애그뉴Jeremy Agnew는 1985년 논문 「항문 성교의 해부학적 측면과 생리학적 측면 고찰Some Anatomical and Physiological Aspects of Anal Sexual Practices」에서 이렇게 적고 있다. "산부인과에서 검진을 할 때 음핵을 건드리면 항문이 수축하는 현상을 종종 볼 수 있다." 갑자기 애그뉴의 담당 산부인과 의사가 누구였는지 궁금해진다.

이쯤에서 떠오르는 호기심. 먼저 독자들에게 용서를 구한다. 조금 불쾌하더라도 이해해 주시길. 직장이 돌이나 콘크리트나 사람 주먹으로 꽉 찼을 때 황홀경을 맛볼 수 있다면 변비 환자들은 왜들 그렇게 괴로워하는 걸까? 아니면 괴로운 척하는 걸까? 사실은 자체 생산한 충진제로 직장을 채워 성적 만족을 얻는 것이면서? 과연 배변 욕구와 충진 욕구는 상충되는 것일까?

윌리엄 화이트헤드에게 조언을 구하자, 그는 이렇게 대답했다. "위장관의 감각은 표리가 있는 기능을 하는 것으로 보입니다." 그는 쾌감과 아픔을 동시에 느낀다는 것을 이렇게 멋들어지게 표현했다. 하지만 변비에 관해서는 좀 주춤하는 기색을 보였다. 그를 너무 괴롭히고 싶지 않아 나는 이 질문을 마이크 존스에게 넘겼다. 그리고 존스는 나의 기대에 화답했다. "변비는 자발적으로 원해서 한 일이 아니라는 게 차이점 같습니다." 그는 성적 흥분을 좌우하는 요소는 당사자의 의지와 환경 여건이라는 말을 하고 싶었던 듯했다. 탁구공과 딱딱하게 굳은 변 덩어리의 차이는 성교와 자궁경부암 검사의 차이에 비견할 수 있다.

항문 성교를 즐기는 사람들은 항문과 직장 모두를 자극하는 기술에 환호할 것이다. 안 그렇다면 항문 바이올린이라는 기상천외한 물건이 왜 발명되었겠는가? 상아로 만든 공에 진짜 바이올린 현을 단 것을 그렇게 부른다고 한다. 애그뉴는 항문 바이올린의 원리를 이렇게 설명했다. "공을 직장에 넣고 파트너가 활로 공에 달린 줄을 켜면 진동이 퍼져 나가면서 항문의 감각 신경을 자극합니다." 옆집 사람들은 이 깽깽대는 소리가 무슨 소린가 의아할 것 같다.

나는 끝까지 로드리게스에게 '항문 성교 위장술' 얘기를 꺼내지 못했다. 이것은 언뜻 보기에는 성적인 것과 무관한 행위를 통해 항문 성교의 쾌감을 유도하는 것을 말한다. 그런데 내가 보기에 교도소 안에서는 굳이 그렇게 위장할 필요가 없을 것 같다. 이곳에서는 모든 행동의 인과관계가 아주 단순하기 때문이다. 직장에 최신 스마트폰을 넣었다면 팔거나 자신이 사용하기 위해서다. 반면에 변기 솔을 넣었다면 십중팔구 특별한 쾌감을 느끼기 위해서다. 로드리게스는 한 수감자가 실제로 이것을 시도하다 고역을 치른 일화를 들려주었다. "그때 이 친구가 들것에 실려 나왔다니까요. 솔 손잡이가 튀어나온 채로요."

내친김에 나는 그에게 돌멩이 402개에 대해서도 물었다. 그의 대답은 이랬다. "충분히 들어갑니다. 장담해요."

위장관을 이용한 폭탄 테러가 성공한 사례는 아직 없지만, 위장관 안에서 폭발이 일어난 사고는 종종 보고된다. 장내 가스의 주성분이 수소인 까닭이다. 간혹 여기에 메탄이 조금 섞여 있다. 수소와 메탄 모두 인화성 기체인데,

가끔 내시경을 하는 동안 이 사실이 증명되기도 한다. 『내시경학*Endoscopy*』이라는 논문집 중 36권을 보면, 이런 구절이 있다. "아르곤 플라즈마 응고술 중에 불꽃이 튄 직후 대장에서 폭발이 일어났다." 한편 39권에는 "혈관 형성 이상증 치료를 위해 아르곤 플라즈마 응고술을 시작하자마자 큰 소리를 내며 장내 가스가 폭발했다"고 되어 있다. 『위장관 내시경학*Gastrointestinal Endoscopy*』 67권에도 비슷한 내용이 있다. "혈관 형성 이상증 치료 중 발생한 요란한 가스 폭발이 보고되었다."

장내 가스가 늘 웃음만 유발하는 것은 아닌 모양이다.

Douzième année. — N° 580.   Huit pages : CINQ centimes   Dimanche 18 Mars 1900

Le Petit Parisien

SUPPLÉMENT LITTÉRAIRE ILLUSTRÉ

TOUS LES JOURS
Le Petit Parisien
5 CENTIMES.

DIRECTION: 18, rue d'Enghien, PARIS

TOUS LES JEUDIS
SUPPLÉMENT LITTÉRAIRE
5 CENTIMES.

TERRIBLE EXPLOSION A BORD DU PAQUEBOT « LA FRANCE »

12

경고!
폭발할 수 있습니다

인화성 장내 가스가 위험하다는 사실은 병원에서 의사들이 똥구멍에 의료용 소작기를 갖다 대기 오래전부터 유명했다. 특히 농촌에서 그랬다. 가축 배설물이 쌓이면 박테리아가 분변을 원자 단위로 분해한다. 이렇게 만들어진 분해 산물은 농부에게는 논밭에 뿌려 곡식을 살찌우는 거름으로서 가치가 있지만[1] 자칫 잘못하면 그 안에 들어 있는 수소와 메탄 때문에 가축 축사의 지붕이 날아가기 십상이다. 그래서 미국 아이오와 주에서 농장 안전 프로그램Safe Farm Program의 일환으로 방송된 라디오 공익광고는 동화 구연 말투로 이렇게 시작한다. "냄새도 색깔도 없어요. 도처에 숨어 있지만 절대

---

1 『아이오와 북동부 양돈업계 뉴스레터Southeast Iowa Snouts & Tails Newsletter』에는 이런 캠페인이 자주 등장한다. "반드시 이웃과 함께 작업하세요. 결혼식, 야외 파티 등 이웃에서 벌어지는 모든 야외 행사에 관심을 가지세요. 그리고 이런 행사에 참석하기 전에는 거름을 가까이 하지 마세요." 온 동네 사람들이 돼지를 기르는 마을에서는 이런 규칙 따위를 별로 신경 쓰지 않겠지만 말이다. 참고로, 이 소식지에 실린 정보에 따르면 거름 살포 기술 시연회에 참석하면 공짜 점심을 얻어먹을 수 있다.

로 흔적을 남기지 않는답니다."

공기 중에 메탄과 수소의 농도가 4~5퍼센트를 넘으면 폭발이 일어날 수 있다. 그런데 거름 구덩이 표면에 떠 있는 거품은 60퍼센트가 메탄으로 구성된다. 농부들이야 이 사실을 알 수도 있지만 그 가족들은 잘 모르는 것 같다. 그렇지 않고서야 초등학생을 대상으로 거름 구덩이 모형을 활용해 수업을 할 필요가 없지 않은가. 이 수업은 미네소타 대학교에서 운영하는 농장 안전 프로그램의 일부인데, 이 거름 구덩이 모형을 만들려면 32분의 1로 축소한 장난감 소와 돼지, 수족관 하나, 말린 퇴비 450그램이 필요하다. 원한다면 키세스 초콜릿을 고명으로 두엄 더미에 올려도 된다.

거름 구덩이 모형처럼 사람의 대장도 일종의 소규모 생분해물 저장 창고라고 할 수 있다. 대장에는 산소가 없기 때문에 메탄을 만드는 혐기성 박테리아가 살기에 적합하다. 대장은 발효를 기다리는 분변으로 가득한데 거름 구덩이에서와 마찬가지로 여기서도 박테리아가 이 분변을 에너지원으로 삼아 분해하면서 부산물로 가스를 만들어 낸다. 가스 성분으로는 수소의 비중이 가장 높고 심하면 80퍼센트까지 가기도 한다. 이렇게 박테리아가 만드는 가스는 곧 우리의 장내 가스가 된다. 그런데 사람의 장에는 메탄을 만드는 박테리아도 산다. 메탄은 연료로 쓰이는 천연가스의 주성분이다. 그래서 그런지 간혹 메탄 성분 방귀에 라이터를 대면 파란색 불꽃이 일 거라고 생각하는 사람이 있다. 하지만 유튜브를 뒤져 보니 증거 동영상이 단 한 건도 없었다.

불이 잘 붙는다는 메탄과 수소의 성질은 대장 내시경을 하기 전에 오랜 시간을 들여 관장함으로써 장내 박테리아를 미리 죽여 놓는 이유이기도 하다. 내시경 검사 중에 용종이 발견되면 보통은 그 자리에서 제거하는데, 이때 지혈을 위해 전기 소작기를 사용한다. 그러니 누구라도 대장에서 둥둥 떠다니는 인화성 가스에 불이 붙지 않도록 철저히 대비하고 싶을 것이다. 1977년 여름, 프랑스에서 있었던 사망 사고를 다시 겪고 싶지 않다면 말이다.

당시의 한 대학병원 소화기내과에 69세 남성이 찾아왔다. 의사는 전류의 세기를 4에 맞추고 용종절제술을 시작했다. 그리고 8초 뒤, 폭발음이 들렸다. 장내 가스가 터진 것이다. 이 환자는 머리 쪽으로 검사대에서 튕겨 나갔고 내시경 장비는 환자 몸 밖으로 완전히 빠져나왔다고 한다. 실제 사고 기록에는 장비가 마치 어뢰처럼 직장에서 발사되었다고 프랑스어로 적혀 있다.

이상한 점은 의사가 대장 내시경 지침을 어기지 않았다는 것이다. 그리하여 관장액으로 쓰인 만니톨mannitol이 용의자로 지목되었다. 만니톨은 소르비톨sorbitol과 비슷한 당알코올인데, 소르비톨은 변비에 좋다는 건자두에 풍부한 성분이다. 당시 상황을 재구성하면 이렇다. 환자의 대장은 이미 내용물을 싹 비운 상태였지만 박테리아는 아직 남아 있었다. 굶주린 박테리아가 이 만니톨을 일용할 양식으로 여겨 수소를 마구 만들어 냈다. 그렇게 해서 지난 1937년 힌덴부르크 비행선이 공중 폭발했을 때와 비슷한 환경이 조성된 것이다. 5년 뒤 수행된 한 연구에서는 내시경 전에 만니톨로 관장한 환자들의 장내 수소와 메탄 농도를 측정했다. 그런데 10명 중 6명에서 어느 한 원소 또는 둘 다 농도가 폭발력을 지닌 수준인 것으로 확인되었다.

그렇다고 해서 병원에 전화를 걸어 내시경 예약을 취소할 필요는 없다. 만니톨은 더 이상 사용되지 않기 때문이다. 요즘에는 대장에 공기나 비인화성 이산화탄소를 불어넣어 수소와 메탄을 희석한다. 이렇게 대장을 팽창시키면 덤으로 시야 확보에도 도움이 된다. 환자는 회복실에서 아랫배가 더부룩한 불쾌감을 견뎌야 하지만.

장내 가스의 수소와 메탄 성분은 일단 몸 밖에 나오면 전혀 위험하지 않다. 그러므로 방귀가 나와도 대기에 희석되어 수소와 메탄의 농도는 불이 붙지 않는 수준으로 떨어진다. 그래도 불안하다면 유튜브에서 '가스 팽만 발화pyroflatulence'를 검색해 보라. 방귀가 나오는 순간 불을 붙이려다 죄다 실패하는 개구쟁이들의 동영상이 줄줄이 나올 테니.

우주 개발 초창기에 NASA는 밀폐되고 좁디좁은 우주선 안에서 우주 비행사들의 인화성 장내 가스가 쌓이면 어쩌나 고민하고 있었다. 당시 이것이 얼마나 중대한 사안이었느냐 하면, 1960년대에 학회에서 '우주 식사와 노폐물 처리 문제Nutrition in Space and Related Waste Problems'라는 제목으로 발표를 한 어느 전문가가 우주 비행사를 메탄이나 수소가 거의 또는 전혀 없는 방귀를 뀌는 사람 중에서 뽑자고 제안할 정도였다. NASA는 장내 가스 전문가 마이클 레빗에게 자문을 구했고, 그는 장내 가스 중 수소와 메탄 비중을 위험 수준 아래로 유지할 만큼 우주선 실내가 충분히 넓고 공기 순환이 잘 된다며 NASA를 안심시켰다. 사실 처음에는 우주선 실내에 100퍼센트 산소를 공급한다는 계획이 잡혀 있었다. 그런데 아폴로 1호 발사대 실험을 할 때 작은 불꽃이 큰 폭발로 이어지는 바람에 우주 비행사 세 명의 목숨을 앗아 가고 말았다. 그러니 NASA가 이렇게 노심초사하는 것도 기우는 아니었다.

1890년 겨울 어느 이른 아침, 영국 맨체스터에서 한 청년 노동자가 시간을 확인하려고 침대에서 몸을 일으켰다. 아직 해가 뜨지 않아 거리는 어두컴컴하고 고요했다. 그는 손목시계를 보기 위해 성냥에 불을 붙였다. 공교롭게도 바로 그 순간, 트림이 나왔다. 그런데 놀랍게도 이 가스에 불이 붙었다. 그 바람에 이 청년은 얼굴과 입술에 화상을 입었고 콧수염도 타버렸다. 이

것은 제임스 맥노트James McNaught가 『영국 의학저널』에 보고한 실화다.

맥노트는 이것 말고도 트림 가스 발화 사건을 8건이나 더 보고했지만, 하나같이 아리송했다. 보통 트림할 때 나오는 가스는 탄산음료에 들어 있던 이산화탄소이거나 음식을 먹을 때 따라 들어간 공기다. 따라서 인화성이 없다. 또한 대장과 달리 건강한 위에서는 수소나 메탄이 만들어지지 않는다. 박테리아도 위산 때문에 다 죽는다. 박테리아가 없으면 수소나 메탄이 생기는 발효 반응이 일어날 수 없는 데다 어쩌다 살아남는 녀석이 있더라도 곤죽이 된 음식물이 너무 빨리 소장으로 넘어가기 때문에 발효 작업을 시작할 여유가 없다.

그래서 그는 이 영국 청년이 식사를 한 지 다섯 시간이 지난 뒤에 위 속을 직접 들여다보았다. 다섯 시간이면 위가 제 소임을 다 하고 미즙을 소장으로 내려보내고도 남을 시간이다. 그런데 이 청년의 위에는 바닥에 가라앉은 걸쭉한 음식 잔해 덩어리와 함께 시큼한 냄새가 나는 액체 700밀리리터 정도가 아직 남아 있었다. 그중에서도 맥노트의 눈에 띈 것은 거품이었다. 마치 마녀의 가마솥처럼 부글거리는 수면에서 거품이 무성하게 피어오르고 있었던 것이다.

이 가스의 정체를 밝히고 인화성이 있는지 확인하는 방법은 간단하다. 이 거품을 조금 떠내어 불을 붙여 보면 된다. 하지만 맥노트는 이것이 너무 시시하다고 생각했던 모양이다. 그는 청년을 일단 돌려보내고 청년이 다음에 진료를 받으러 왔을 때 정식으로 무대를 마련하고 쇼를 시작했다. 그는 가스가 밀려 나오도록 하기 위해서 튜브를 통해 청년의 위에 물을 부었다. 그리고 청년의 입에서 이 가스가 나오는 순간 불꽃을 댔다. 그러자 엄청난 화염이 일었다. 환자와 의사 모두 놀랄 정도였다. 잘못 넘겨짚은 건지도 모르지만, 나는 『영국 의학저널』에 실린 그의 논문을 읽다가 그가 고등학생처럼 호기심이 앞서 의사로서의 도덕성을 망각한 것 아닌가 하는 의심이 들었다. 내가 만약 의대에 갔다면 맥노트 같은 의사가 되었을 텐데 그러지 않은 게 천만다행이다.

어쨌든 우여곡절 끝에 모든 것은 유문 협착 때문인 것으로 드러났다. 위의 하부 괄약근인 유문[2]이 잘 열리지 않는 바람에 음식물이 소장으로 넘어가지 못하고 계속 위에 머물렀던 것이다. 한술 더 떠 맥노트는 위산에 분해되지 않고 가스를 계속 만들어 내는 박테리아를 발견했다고 주장했다. 하지만 탄산과 박테리아가 있고 시간과 체온 조건이 맞으면 발효가 일어나는 것은 당연한 자연의 섭리다.

이 대목에서 나는 궁금해졌다. 소는 어떨까? 앞서 살펴본 것처럼 소의 반추위는 각종 박테리아가 총집합한 거대한 발효실이다. 방목생활을 하는 소는 하루에 약 400리터의 메탄가스를 입으로 내뿜는다. 모르는 사람은 지루한 전원생활에서 소 트림에 불을 붙이는 것이 자는 소 밀어 넘어뜨리기 놀이에 버금가게 재미있을 거라고 생각할지도 모른다. 그런데 뉴햄프셔에서 나고 자란 나도 소가 트림한다는 얘기는 금시초문이다. 그 까닭은 무엇일까? 이 궁금증은 나처럼 시골 출신인 에드 드퍼터스가 해소해 주었다. 반추동물은 속이 더부룩하다고 느끼면 메탄가스를 밀어 올려 내보냄으로써 빈 공간을 만든다고 한다. 그런데 경로가 조금 다르다. 음식물이 들고나는 길로 직진하지 않고 폐로 우회해서 날숨에 실어 슬그머니 내보내는 것이다. 말하

---

2 유문pylorus은 그리스어로 문지기라는 뜻이다. 즉 그 자리에 가만히 있기만 하면 된다. 아주 간단하다.

자면 영양이 사바나에서 포식자를 피해 살아가는 비결이 침묵하는 것이라는 점과 같은 이치다. 영양처럼 발굽이 있는 야생 유제류는 서둘러 배를 채운 뒤 다른 곳에서 되새김질하는 습성이 있다. 경솔하게 내키는 대로 꺼억 소리를 냈다가 근처에 있던 사자에게 들키면 그날로 이승을 하직해야 하기 때문이다.

주머니에 라이터를 넣고 가서 소에게 장난을 칠 심산으로 초원 탐방을 꿈꾸는 이가 있다면, 명심하기 바란다. 소의 주둥이에 아무리 라이터를 갖다 대도 소가 화염을 발사하는 일은 결코 일어나지 않는다. 메탄가스가 다른 길로 돌아 비인화성 가스와 섞여 희석된 뒤 날숨으로 나오는 까닭이다. 불이 붙으려면 고농도 가스가 트림할 때처럼 한순간에 발사되어야 한다. 하지만 소는 트림을 하지 않는다.

뱀도 마찬가지다. 하지만 아주 특별한 상황에서는 뱀이 화염을 내뿜을 수 있다. 이 미신 같은 얘기를 들으려면 드피터스를 뒤로하고 뱀 전문가 스티븐 세커를 만나러 앨라배마로 날아가야 한다. 그전에 예습을 조금 해두자. 초식동물이라고 해서 모두 반추위를 가지고 있는 것은 아니다. 이렇게 반추위가 없는 경우에는 소장과 대장이 만나는 곳에 작은 주머니처럼 달린 맹장에서 발효가 일어난다. 이런 초식동물의 맹장은 평균보다 큰 편이다. 대표적인 예가 말, 토끼, 코알라다. 그런데 비단뱀과 보아뱀의 맹장도 마찬가지로 크다. 세커는 이 점을 이상하게 여겼다. 비단뱀과 보아뱀은 육식동물이기 때문이다. 육식동물에게 왜 풀뿌리를 소화하는 기관이 필요할까? 그는 먹이의 배속에 들어 있는 식물성 물질까지 소화해서 영양소를 최대한 흡수할 수 있도록 공장이 진화했을 거라고 추측했다.

이 가설을 증명하기 위해, 세커는 앨라배마 대학교 연구실에서 비단뱀에게 생쥐[3]를 먹이로 던져 주었다. 그런 다음 비단뱀이 4일에 걸쳐 생쥐를 소화하는 내내 비단뱀의 날숨 중 수소 농도를 가스 성분 분석기로 측정했다. 그런데 수소 농도가 정점을 찍었을 때는 생쥐가 비단뱀의 맹장에 도달하기 훨씬 전이었다. 이상했다. 그래서 그는 생쥐가 부패하면서 가스가 차 부풀어 오르다 비단뱀의 배 속에서 터지는 순간 수소 농도가 최고치에 도달한다고 추론했다. 모든 현상에는 그럴 만한 원인이 있다고 굳게 믿은 그는 빵빵해진 실험쥐 사체를 터뜨리고 수소 농도를 측정해, 그의 추론이 맞았음을 증명했다. 측정된 수소 농도는 기계의 검출 한계를 넘어설 정도로 높았다. 그가 비로소 불을 뿜는 용 전설을 과학적으로 설명할 근거를 찾은 것이다. 하지만 이게 끝이 아니고 진짜 재미있는 부분은 지금부터이니 집중하기 바란다.

수백 년 전으로 시간을 거슬러 올라가자. 헐벗고 부스스한 우리 조상이 갓 사냥한 비단뱀을 어깨에 얹고 귀가하는 길이다. 엄밀히 따지면 사냥이라는 말은 잘못된 표현일지도 모른다. 이 비단뱀은 어쩌다 운 좋게 주운 것이니 말이다. 사실은 가젤 한 마리가 반쯤 입안에 들어가 있어서 몸이 무거운 비단뱀이 옴짝달싹못하고 있었던 것이다. 가젤 몸뚱이 절반이 이미 뱀의 입안에서 녹아 없어졌지만, 그까짓 것이 대수인가. 우리 조상은 사냥만큼 채집에도 전문가였으니 썩은 고기 냄새 따위 거슬렀을 리가 없다. 게다가 이 이

---

3 이 먹이용 생쥐는 RodentPro.com에서 대량 구매할 수 있다. 값도 저렴하다. 갓 태어난 분홍색 생쥐 한 마리가 16센트에 불과하다. 태어난 지 하루 된 것을 냉동 보관한 것이다. 10~15일 지나 솜털이 적당히 덮인 제품과 그 전 단계의 연분홍색 제품도 있다. 먹이로 쓰기에 분홍색 제품은 너무 작고 솜털 제품이 너무 클 때는 연분홍색 제품이 적합하다. 그뿐만 아니라 걸음마를 뗀 제품, 젖을 뗀 이유기 제품, 다 자란 성체 제품도 구매 가능하다. 이 회사에서 파는 먹이용 생쥐와 기니피그는 티셔츠처럼 크기에 따라 XS, S, M, L, XL, XXL로 분류된다. RodentPro.com 전용 기프트 카드도 있다. 모르긴 몰라도 비단뱀에게 사랑을 표현하기에 100달러어치 죽은 쥐 상품권보다 더 효과적인 선물은 없을 것이다.

야기에서 우리가 주목할 것은 썩은 고기 냄새가 아니라 가젤이 부패하면서 나오는 가스다. 여기 세커의 입을 통해 더 전문적인 설명을 들어 보자.

"지금 이 비단뱀의 몸속은 가스로 가득합니다. 비단뱀을 구워 먹으려고 모닥불 근처에 두었다고 칩시다. 그런데 누군가 비단뱀을 발로 차거나 실수로 밟으면 뱀 입에서 가스가 한꺼번에 방출되겠죠. 수소 농도가 4퍼센트를 넘으면 폭발할 수 있다는 사실이 지금이야 상식이지만 원시시대에는 아무도 몰랐습니다. 게다가 비단뱀이 물고 있던 가젤처럼 부패한 동물의 몸 안에는 수소 농도가 10퍼센트 정도로 훨씬 더 높아요. 그러니 화염방사기처럼 '푸화아~' 하고 비단뱀 입에서 불이 나오는 것처럼 보였을 겁니다. 이 작은 소동이 어떻게 뻥튀기되었을지는 예상하시는 대롭니다. 틀림없이 수천 년을 거쳐 구전되는 동안 이리저리 포장되면서 거창한 전설이 되었을 거예요." 그는 어디에 이런 전설이 있는지 자체 조사까지 했는지, 가장 오래된 것은 아프리카와 중국 남부에서 전해 내려오는 불 뿜는 용 이야기라고 했다. 이 두 곳은 지금도 초대형 뱀이 많이 사는 지역이다.

13

사람은 죽어서
장내 가스를 남긴다

신소재 필름인 마일러^{Mylar}는 파티 풍선 원단으로서, 라텍스에 견줄 만큼 우수한 품질을 갖춘 덕분에 장내 가스 연구에 애용된다. 마일러는 빈틈이 없다. 문병객이 가져온 마일러 헬륨 풍선은 퇴원한 후에도 한참 동안 처음 모습 그대로 꼿꼿이 서 있다. 내가 1995년에 시험 삼아 불었던 마일러 풍선도 그랬을 것이다. 그날 점심으로 먹은 고추의 향이 가득한 내 숨결을 고스란히 담은 채로.

클리저먼 소화기질환 연구소는 앨런 클리저먼$^{Alan\ Kligerman}$의 이름을 따서 명명되었다. 제약 회사 악파마^{AkPharma}도 마찬가지로 그의 이니셜을 땄다. 그리고 이 악파마에서 비노^{Beano}가 탄생했다.[1] 비노의 주성분은 덩치 큰

---

1 악파마는 나중에 거대 제약기업 글락소스미스클라인^{GlaxoSmithKline}, 즉 GSK에게 비노의 상표권을 넘겼다. GSK는 마케팅의 일환으로 온라인 장내 가스 학교를 운영한다. 나는 입학 정보를 알아보고 하다못해 기념 티셔츠라도 살까 해서 학교 소개 동영상의 플레이 버튼을 클릭하고는 깜짝 놀랐다. 영상에 등장한 캠퍼스 건물이 다트머스 대학교의 베이커 도서관과 너무나 흡사했기 때문이다. 부모님이 한때 이곳에서 근무하셨기에 다트머스는 나에게 익숙한 장소였다. 장내 가스 학교를 다트

탄수화물인 올리고당을 분해하는 효소다. 우리의 대장에도 박테리아 덕분에 이 효소가 존재한다. 거대한 탄수화물은 소장에서 흡수되지 못하고 대장까지 가기 때문에 대장의 박테리아가 이 올리고당을 분해한다. 그리고 이 과정에서 엄청난 양의 수소가 생성된다. 그런데 올리고당은 콩과 식물에 풍부하다. 다시 말해, 콩을 많이 먹으면 배에 가스가 차기 쉽다는 얘기다. 단, 콩의 숨을 죽여 놓는 작용을 하는 고추를 비노에 곁들이면 수소 생성량을 줄일 수 있다.

내가 클리저먼의 연구실을 찾아간 것은 취재 때문이었다. 나는 지금도 클리저먼이 선물한 청록색 비노 점퍼와 함께[2] 그때 준비한 자료와 인터뷰 기록을 가지고 있다. 기억은 가물가물하지만 당시에 나, 클리저먼, 비노의 소비자상담실 대표인 베티 코슨Betty Corson이 고추를 곁들인 비노를 먹으며 이야기를 나눴던 것 같다. 취재 수첩에는 렌Len이라는 남자도 그 자리에 있었다고 적혀 있다. 내가 이날 비노를 먹은 것은 실험에 직접 참여하기 위해서였다. 하지만 나머지 세 사람은 아니었다. 그들은 콩을 원래 좋아하거나 좋아하게 된 사람들이었다. 악파마가 비노를 엄청나게 사들여 직원 휴게실 찬장에 꽉꽉 채워 놓은 탓이다.

코슨이 말했다. "저는 검은콩 캔 하나를 다 먹을게요."

머스 대학교로 묘사하다니. 이 대학의 악명 높은 동아리 분위기를 따지면 수긍 가는 면도 없지 않았다. 그럼에도 나는 곧바로 인터넷 창을 닫아 버렸다. 그런데 정작 다트머스 대학교 학장은 나와 달리 별로 개의치 않는 듯했다. 나는 이 장내 가스 학교에 대해 어떻게 생각하느냐고 묻는 서신을 학장실에 보냈지만 아직까지 답장을 받지 못했다. 하지만 얼마 뒤 GSK에 사용 중지를 요구하는 항의문이 전달되었고, 문제의 영상은 결국 웹사이트에서 사라졌다.

2 악파마의 치밀한 마케팅 전술이 돋보이지만 이것은 빙산의 일각이다. 악파마는 비노의 이름으로 열기구 비행 대회를 후원하기도 했다.

이어서 렌이 말했다. "저는 구운 콩 캔을 따서 물을 따라 버리고 건더기만 먹으려고요. 평소에도 점심을 그렇게 때울 때가 많거든요. 인정하기는 싫지만 저는 콩을 먹어도 문제가 없는 50퍼센트의 미국인 중 한 사람이니까요."

잠깐. 그렇다면 콩을 먹으면 문제가 생기는 사람도 있나? 이건 무슨 뜻일까? 악파마에서는 고작 방귀 소리나 냄새가 고약한 걸 가지고 문제라고 표현하지 않는다. 여기서 '문제'란 아랫배가 아프고 불쾌할 정도로 대장에 가스가 차는 경우를 말한다. 대장이 빵빵해지면 신경 수용체가 자극을 받아 뇌에 메시지를 보낸다. 그러면 뇌가 응답하고 그것이 통증으로 나타난다. 통증은 일종의 경고 시스템이다. 대장 근육이 팽팽해지는 것은 폭발의 전조 증상이므로 뇌가 급히 이 긴급 상황을 알리는 것이다.

하지만 사람이 나이를 먹을수록 대장 근육은 탄력을 잃어 더 잘 늘어나게 된다. 렌은 방실방실 웃으며 이렇게 말했다. "안팎으로 축축 처지는 거죠." 비노 구매자의 60퍼센트는 55세 이상이고, 그중 대부분은 의사로부터 지방과 고기를 멀리하라는 명령을 받은 관상동맥 질환 환자라고 한다. 이들은 육류 대신 콩으로 단백질을 보충하려고 비노를 찾는 것이다. 지방 식품 기피 열풍이 일었던 1980년대에는 순환기내과 의사들이 환자에게 비노 캔 샘플을 핼러윈 사탕처럼 공짜로 나눠 주기도 했다. 그런데 개중에는 다시 의사를 찾아가 이렇게 말하는 환자가 있다고 한다. "선생님, 콩을 먹었더니 가스 때문에 다시 심장마비가 올 것 같아요."

그런데 콩 말고도 중년이 되면 조심해야 할 먹을거리가 하나 더 있다. 바로 유제품이다. 유제품에는 락토오스가 풍부한데, 소장에서 이 당을 분해하는 효소가 락타아제다. 미국에 사는 아시아인, 흑인, 원주민의 75퍼센트가량은 이 락타아제가 선천적으로 부족하다. 반면에 백인은 락타아제 결핍 비율이 25퍼센트 정도로 낮다. 이 사람들은 어릴 때는 유제품을 마음껏 먹다가 나이가 들면서 점차 잘 못 먹게 된다. 이런 변화의 배경을 클리저먼은 이렇게 설명한다. "이유기가 지나면 락토오스를 그렇게 많이 흡수해야 할 생물학적 이유가 없어집니다." 만약 '우유, 챙기셨어요Got Milk?'라는 로고로 유명한 낙농업계의 필사적인 마케팅이 없었다면 어땠을까? 아마 성인도 매일 우유 한 잔씩 마셔야 한다는 고정 관념이 지금처럼 확고하게 자리 잡지 못했을 것이다.

유제품이 인체 내에서 생분해되는 과정은 콩과 비슷하다. 덩치 큰 탄수화물은 소장에 이를 때까지 충분히 작게 쪼개지지 못하기 때문에 거의 온전한 형태로 대장에 당도한다. 바로 이때 대장 박테리아가 출동한다. 그러고는 수소 구름을 마구 피워 내며 탄수화물 해체 작업에 총력을 다한다. 소화기내과 의사들은 글루텐 흡수 장애와 비슷하게 락토오스 흡수 장애를 진단하는 것이 쉽다고 말한다. 내가 사는 캘리포니아 지역에서는 사람들이 굳이 병원에 가지 않고 자가진단을 내려 오진율이 높다. 마이크 존스는 이렇게 설명한다. "유제품에 들어 있는 당은 보통 유지방과 함께 움직입니다. 그런데 지방은 덩치가 커서 장에 부담을 주죠. 자신이 락토오스 흡수 장애 환자라고 주장하는 사람 중 다수가 글루텐 불내성도 있다고 굳게 믿습니다. 보통은 어느 쪽도 확실한 증거가 없는데 말입니다."

사실 진짜 락토오스 흡수 장애가 있다면 그처럼 태연하게 있을 수 없다. 자신을 A. O. 수탈프A. O. Sutalf3라는 가명으로 소개한 한 환자의 체험담을 들어 보면 이 말에 공감할 것이다. 진짜 락토오스 흡수 장애 환자인 수탈프

---

3 눈치챘는가? 이 이름을 거꾸로 읽으면 '장내 가스flatus'가 된다.

씨는 엄청난 양의 장내 가스 때문에 고생이 이만저만이 아니었다. 1974년에 『뉴잉글랜드 저널 오브 메디슨』에 실린 보고서 내용을 보면 수탈프 씨는 방귀를 하루 평균 34회 발사할 정도였다고 한다. 이에 비해 락토오스를 정상적으로 소화하는 성인은 방귀 배출 횟수가 하루 평균 22회[4]를 넘지 않는다. 특이한 점은 점심 식사 후 다섯 시간째와 저녁 식사 후 다섯 시간째에 집중적으로 가스를 배출한다는 것이다. 렌은 오후 5시에 정점을 찍는 것이 일부분 사람의 의지 때문이기도 하다고 분석했다. 직장에서는 애써 참다가 집에 가려고 밖으로 나왔을 때 차 안에서 한꺼번에 쏟아 내는 것이다.

갑자기 클리저먼이 미간을 찡그렸다. 방금 전에 렌이 시작한 이야기 때문이었다. "제가 대학교 1학년 때 기숙사 같은 층에 사는 친구가 하나 있었는데……." 렌이 여기까지 입을 떼자 클리저먼이 찬물을 부었다. "그 얘기는 별로 안 웃기던데."

하지만 때마침 클리저먼의 휴대 전화가 울렸고, 그가 전화를 받으러 잠시 자리를 비웠다. 이 틈을 놓칠새라 나는 베티 코슨에게 다가가 소비자상담실에 어떤 전화가 많이 걸려 오느냐고 슬쩍 물었다. 최근에는 한 여성 소비자가 남자 친구가 말하자면 '타이어 공기압을 확인하려고' 자꾸 차를 세운다고 불평했다고 한다. 대체로 남성보다는 여성이 방귀 소리에 더 예민한 편이다. 그중에서도 여사님 호칭으로 불릴 만한 연령대에서 거부감이 특히 심하다. 성령성체 수도원의 방귀쟁이 수녀님처럼 말이다. 코슨은 이 수녀님의

---

4 나는 다섯 개 묶음 빗금 표시로 가득한 메모 한 장을 스크랩해서 마이클 레빗에게 보여 주었다. 익명을 요구한 실험 참가자 가족이 실험 참가자의 가스 배출 횟수를 이틀 동안 기록한 것이다. 각각 총 35회와 39회였다. "네, 맞아요. 이 얘기를 할 때마다 22회는 너무 적다는 지적을 한 번씩 받긴 해요."

목소리를 정확하게 기억하고 있었다. "그런 말씀을 아주 조곤조곤 하셨어요."

그렇다면 그냥 콩을 안 먹으면 되지 않을까? 코슨은 형편상 그럴 수 없는 사람이 있다고 말했다. 말이 나온 김에 나는 구체적으로 꼬치꼬치 캐물었다. 그녀는 잠시 고민하더니 삶아서 튀긴 콩 감식가를 떠올렸다. 그런 직업이 실제로 있다는 것도 금시초문인데, 그런 사람이 비노 소비자상담실에 자주 문의한다고 하니 신기했다. 코슨이 테이블을 탁 치며 말했다. "별별 사람이 다 있죠? 어휴, 정말." 회장님이 없으니 대화가 한층 솔직해진 느낌이었다.

그런데 나도 콩을 억지로 먹어야 하는 사람을 알고 있다. 바로 교도소 독방 수감자들이다. 독방에 갇힌 죄수에게는 맛이야 있든 말든 일단 필수 영양소만 갖춘 완전식품 덩어리 뉴트라로프Nutraloaf가 배급된다. 포크와 칼로 사람을 공격할까 봐 이렇게 손에 들고 먹을 수 있는 걸 주는 것이다. 뉴트라로프의 주원료는 콩이다. 거기에 빵 부스러기, 통밀가루, 양배추가 적당히 들어간다. 모두 가스 생성 능력에 관한 한 둘째가라면 서러운 식품이다. 몇몇 주에서는 수감자들이 하루 세 번 뉴트라로프만 먹도록 강요하는 것은 잔인하고 몰상식한 처벌이라며 정부를 고소한 일도 있었다. 물론 맛도 형편없었겠지만 그보다 가스가 차서 배가 아픈 것이 이들에게는 더 큰 고통이었을 것이다.

클리저먼이 자리로 돌아왔다. 그런데 그의 손에 과자봉지 같은 것이 들려 있었다. 자세히 보니 과자가 아니라 한쪽 끝에 잠수할 때나 쓰는 스노클이 달린 비닐봉지였다. 그는 분석을 정확하게 하려면 콩을 먹기 전의 날숨도 수집해야 한다고 설명하면서 스노클을 나에게 건넸다.

뭐든지 돌려 말하는 것은 클리저먼다운 행동이 아니다. 그래서 그가 스노클을 분다고 말했을 때 나는 방귀를 뀌는 게 아니라 말 그대로 날숨을 내쉬라는 뜻임을 알아채고 안도감과 동시에 실망감을 느꼈다. 그는 날숨 중의 수소 농도를 측정할 거라고 했다. 내쉬는 숨에 들어 있는 수소의 양으로 방귀의 수소 농도를 추론할 수 있다는 거였다. 대장에서 만들어지는 수소 가스 중 일정량이 혈액으로 흡수되어 폐를 통해 배출되는 까닭에 가능한 일이라고 한다.

내가 보기에 풍선에 대고 방귀를 뀌라는 무리한 요구를 하지 않고도 장내 가스를 분석할 수 있는 간단하면서도 효율적인 방법인 것 같았다. 하지만 전해 들은 바에 따르면, 불과 1970년대만 해도 이 민망한 방법이 실제로 사용되었다.

콜린 리키Colin Leakey라는 과학자도 영국 치핑캠든에 있는 식품과학연구소에서 이 방법으로 장내 가스 연구를 진행했다. 관광지 스트랫퍼드어폰에이번이 엎어지면 코 닿을 거리지만, 내가 만약 이곳을 지나는 여행자였다면 대문호 셰익스피어Shakespeare 생가를 건너뛰고 바로 여기 치핑캠든으로 갔을 것이다. 사람들이 드레스를 입고 풍선이 매달린 튜브를 온몸에 휘감은 채로 돌아다니는 진풍경을 볼 수 있었을 테니. 그것도 가장무도회장이 아니라 병원에서 말이다. 한편 미국에서도 1941년에 J. M. 비젤J. M. Beazell과 A. C. 아이비A. C. Ivy가 비슷한 실험을 했다. 고맙게도 두 사람은 실험 내용을 상세히 기록해 두었다. "대장 전용 튜브를 항문으로 약 10센티미터 집어넣어 두꺼운 고무풍선에 가스를 모았다. 튜브가 밀려 나오지 않도록 하기 위해 널따란 치과용 고무막을 항문 옆에 붙여야 했다. 이것을 다시 엉덩이 골 사이로 딱 붙여 빼고 배를 지나 등으로 오도록 휘감아 올려 접착 테이프로 고정했다. 이렇게 하면 실험 참가자들이 아무런 불편 없이 평소처럼 생활할 수 있었다."

하지만 마이클 레빗은 이들이 멍청한 짓을 했다고 혀를 끌끌 찬다. 1996년 논문을 통해 조목조목 지적하기도 했다. "직장에 꽂는 튜브는 불편하고, 잘 막히고, 바깥 활동을 하는 사람이 오래 사용할 수 없다." 그는 장내 가스 양을 측정하는 방법으로는 도표 기록법이 더 낫다고 했다. 도표 기록법이란 쉽게 설명하면 가스를 방출할 때마다 실험 참가자 본인이 특수 제작한 일기에 기록하는 것이다. 하지만 사람마다, 상황마다 방귀의 양이 다르기 때문에 이 방법도 믿을 수 없기는 마찬가지다. 방귀의 양은 성인 남성이냐 보수적인 고령 여성이냐에 따라서도 달라지고, 시원하게 밀어 내느냐 최대한 참고 남몰래 조금씩 흘려내느냐에 따라서도 달라진다. 후자의 경우, 양은 적지만 횟수가 많기 때문에 집계 결과가 뻥튀기되는 문제가 있다.

렌은 날숨의 수소를 측정하는 방법에도 비슷한 단점이 있다고 말했다. 일반적으로 여성은 방귀를 참고 대부분 혈관으로 흡수시키기 때문에 이 수소가 날숨으로 나온다고 한다. 그 결과, 여성은 날숨의 수소 농도가 높게 측정된다고. 남성에 비해 여성에서 장내 가스가 더 많이 만들어진다는 오해가 있는 것도 이 때문이라고 한다.

"그렇죠, 회장님?"

렌이 명랑하게 물었지만 클리저먼은 콩과 고추를 섞으며 퉁명스럽게 대답했다. "글쎄, 잘 모르겠는데. 다시 삼킨 방귀가 진짜로 혈관으로 들어가는지 확실하지 않거든."

위로 나오는 가스를 측정하는 것도 아래로 나오는 가스를 측정하는 것도 나름의 단점이 있다. 하지만 둘 다 맨 처음 방식에 비하면 많이 발전한 형태다. 역사상 최초의 장내 가스 연구가 수행된 곳은 프랑스 파리다. 프랑수아 마장디라는 의사가 1816년에 「건강한 남성의 장내 가스에 관한 고찰Note on the Intestinal Gas of a Healthy Man」이라는 논문을 발표함으로써 장내 가스 연구의 새 지평을 열었다. 그런데 사실 이 제목에는 어폐가 있다. 이 남성이 특별히 병을 앓지는 않았지만 이미 사망한 데다 머리는 어딘가로 떨어져 나가고 없었던 것이다. 『물리화학 연보Annales de Chimie et de Physique』에 실린 그의 또 다른 글을 보면 이 배경을 이해할 수 있다. "일반적으로 사형수에게는 처형 한두 시간 전에 가벼운 식사를 제공한다." 물론 레드와인을 곁들였겠지. 얼마나 프랑스다운가! 설명은 이어진다. "그러면 소화가 가장 활발한 시점에 죽음을 맞게 된다." 목 위가 텅 비기는 처형된 죄수나 당시 담당 공무원이나 마찬가지였는지, 파리 시는 단두대에서 처형된 죄수의 몸뚱이를 연구 명목으로 마장디에게 넘긴다는 데 흔쾌히 동의했다. 그렇게 해서 마장디는 1814년부터 1815년까지 시체 네 구를 합법적으로 입수했다. 그리고는 목이 잘려 나간 지 1~4시간 이내에 소화관 여기저기서 장내 가스를 채취하고 분석했다.

그런데 그중 한 명이 최후의 만찬으로 콩 요리를 먹었다기에 나는 당연히 이 사내의 장내 수소 농도가 가장 높았을 것이라고 짐작했다. 콩은 수소의 원료인 거대 탄수화물을 대장까지 끌고 내려가는 주 공급책이니까. 하지만 나의 예상을 깨고 1위를 차지한 것은 그뤼에르 치즈와 교소도 빵을 먹은 죄수였다. 이 조합이 죄수들의 영양 불균형을 염려해 프랑스에서 개발한 일종의 프랑스식 뉴트라로프 초기 버전이라도 되는 걸까? 아니, 그건 아니다. 사실은 콩만큼이나 밀에 함유된 거대 탄수화물도 소장에서 흡수되지 못하고 대장으로 내려가 가스를 만들어 내는 주범이다. 게다가 두 시간 안에 죽을 운명이라면 빵이라도 실컷 먹게 두지 않았겠는가.

마장디가 피를 보는 연구에 얼마나 매달렸는지 그 열정이 놀랍기 그지없다. 그런데 그가 기인이라는 생각이 드는 까닭이 하나 더 있다. 1814년 당시의 원시적인 과학 장비를 가지고도 황화수소를 검출해 냈다는 점에서다. 황화수소의 양은 대장에서 만들어지는 가스 중 1만분의 1에 불과할 정도로 매우 적다. 어쩌면 기계는 허울이고, 실제로는 그 자신의 코에 의존했을 가능성도 있다. 사람의 후각은 상상을 초월할 정도로 예민해서, 0.02ppm의 낮은 농도에서도 썩은 달걀 냄새를 귀신같이 알아챈다. 마이클 레빗은 장내 가스 중의 황화수소는 양으로 따지면 거의 있는 둥 마는 둥 하지만 장내 가스의 냄새를 사실상 지배한다고 호언했다. 그런데 과연 그럴까?

14

냄새 고약한 장내 가스,
정말 나쁠까

지도 교수가 나서지 않았다면 마이클 레빗은 장내 가스 연구의 권위자로 명성을 얻지 못할 뻔했다. 그가 이 분야에 뛰어들었을 때는 가스 성분 분석기가 막 실용화된 시점이었기 때문에 인체 분비물에 이 기술을 적용한 전례가 없었다. 그즈음이었다. "어느 날 교수님이 저를 부르시더군요. 그러고는 '자네는 가스를 연구하는 게 좋겠어'라고 말씀하시는 거예요. 제가 물었죠. '왜요?' 그랬더니 '왜냐하면 자네는 대책이 없으니까. 가스를 연구하면 어떤 데이터가 나오든 새로운 정보일 테니 논문 쓸 거리가 되지 않겠나'라고 하시더군요."

그렇게 해서 레빗은 장내 가스에 관한 논문을 34편 발표했다. 이 논문에 따르면, 방귀에서 고린내가 나는 것은 세 가지 황 가스 때문이다. 그는 아랫배를 더부룩하게 만드는 것은 식이섬유나 지방이 아니라 메탄가스라는 사실도 밝혀냈다. 이 점에 착안해서 마일러 원단으로 방귀가 새지 않는 남성용 바지를 발명하기도 했다.

"요즘에도 제 연구보다는 이 바지가 더 유명합니다." 나는 레빗을 만나기 위해 미니애폴리스 보훈병원을 찾아갔다. 그는 창백한 안색에 사람이 약간 실없어 보이기도 하는 한쪽 입꼬리만 올라가는 미소로 나를 맞았다. 그런데 그의 머리카락이 무슨 색이었는지 기억나지 않았다. 그래서 나는 사진이라도 없을까 해서 구글을 검색했다. 그랬더니 웬걸. 구운 콩 통조림 사진만 화면에 한가득 뜬다.

하지만 알고 보면 그는 이러저러하게 의학 분야에 기여한 바가 많다. 우선 그는 날숨 중 수소 농도를 측정하는 검사를 고안했다. 이것을 장내 가스 연구에 활용할 생각은 없었고, 원래 용도는 소장 탄수화물 흡수 장애를 진단하는 것이었다고 한다. 한편 비흡수성 탄수화물 식품 위주로 먹는 다이어트 식단의 허위성을 증명한 것도 그다. 영양소의 흡수 여부는 영양소 자체의 특성보다는 소장 융모가 얼마나 활발히 움직이는가에 달려 있다고 한다. 융모가 쉴 틈 없이 꿈틀거리면서 음식물을 적절히 섞으면 영양소가 충분히 흡수된다는 것이다. 더 자세한 내용을 알고 싶다면 그가 직접 쓴 장운동에 관련된 책을 읽어 보기를 권한다.

나는 예의상 장운동에 대해 몇 가지 질문을 더 한 뒤 그가 발명한 마일러 바지를 보여 달라고 부탁했다. 이 바지는 그가 연구를 위해 특별히 제작한 것이다. 목적은 두 가지다. 하나는 장내 가스의 고약한 냄새가 어느 성분 때문인지 밝히는 것이고, 다른 하나는 원단의 가스 흡착력, 즉 가스가 원단 표면에 얼마나 잘 붙는지 평가하는 것이었다. 결국 그가 어디다 뒀는지 기억하지 못하는 바람에 실물을 볼 수는 없었지만, 그는 사진 한 장을 찾아냈다. 사진 속에서는 한 여성이 이 연구실에서 바지 사용법을 재현하고 있었다. 바람을 넣지 않은 상태였는데 바지 품이 내가 상상했던 것보다 더 넉넉

해 보였다. 쪼글쪼글한 은색 원단은 마치 오븐에 넣기 전에 감자를 쌀 때 쓰는 은박 호일처럼 반짝반짝 빛났다.

나는 장내 가스 연구는 참가자를 모집하기가 어렵지 않느냐고 물었다. 그는 별로 그렇지 않다고 대답했다. 사례비를 주기 때문이란다. 방귀를 돈 받고 팔겠다는 사람이 피를 파는 사람만큼이나 줄을 섰다고 한다.

"그보다는 시료를 판독할 사람을 구하는 게 더 어렵습니다." 장내 가스 연구에는 시료의 냄새를 여러 번 반복해서 맡고 냄새가 얼마나 독한지 판정할 사람이 두 명씩 필요하다. 참가자 열여섯 명의 시료를 이렇게 분석하고 '냄새 없음'부터 '매우 독함'까지의 보기 중 하나로 평점을 매긴다.[1] 이 자료를 토대로 미리 세운 가설이 맞는지 틀린지 검토한다. 가설은 장내 가스 냄새가 지독한 정도는 세 가지 황 가스를 합친 농도와 비례한다는 것이다. 그리고 연구 결과, 이 가설이 맞는 것으로 밝혀졌다.

궁금증 하나가 해결되자 레빗은 또 다른 의문이 생겼다. 이번에는 각각의 황 가스가 방귀 냄새에 정확히 얼마나 기여하는지 알고 싶었다. 그래서 그는 화학 약품 전문점에서 세 가지 황 가스 샘플을 구입했다. 이번에도 판정단이 각각의 냄새를 맡은 뒤 황화수소가 썩은 달걀 냄새를 내고, 메테인사이올methanethiol이 부패한 채소 냄새를 내고, 디메틸설파이드dimethyl sulfide가 단내를 낸다는 총평을 내렸다. 메틸메르캅탄methylmercaptan을 비롯한 다른 성분도 가끔 힘을 보태긴 하지만 주전 선수는 단연 이 세 가지라고 한다. 이 셋을 중심으로 성분 구성과 비율에 따라 냄새가 조금씩 달라지는 것이다.

---

1 경우에 따라 이보다 심할 수도 있다. 영국 레스터셔에 있는 월섬 애완동물영양연구소에서 개의 장내 가스를 분석하는 연구가 수행되었다. 그런데 평점 보기 중 가장 심한 것이 '참을 수 없을 정도로 고약한 냄새'였다.

앨런 클리저먼은 "지문처럼 사람마다 독특한 방귀 냄새가 있다"고 말했다.

그러나 잉크만 바르면 바로 찍어 확인할 수 있는 지문과 달리 방귀 냄새로는 범인을 잡기가 훨씬 어렵다. 그것은 바로 사람마다, 끼니마다 방귀 냄새가 변화무쌍하기 때문이다. 소취제 개발 연구가 지지부진한 것도 같은 이유에서다. 쟁점은 누구의 방귀를 미국인의 가장 평균적인 방귀로 볼 것인가 하는 것이다. 하지만 정답은 "누구의 것도 아니다"이다. 레빗은 한쪽에서 벌어지는 이런 공방에 아랑곳하지 않고 가스 성분 분석기 측정 결과를 평균 낸 뒤 시약상에서 구매한 샘플을 이 조합대로 섞어 모조 방귀를 만들었다. 판정단은 이것을 '장내 가스와 비슷하고 확실히 거부감 드는 냄새'라고 평했다. 이 합성 방귀는 속옷, 팬티라이너, 방석 등 다양한 활성탄 제품의 성능 실험에 활용되었다. 참고로 활성탄은 황 가스를 잡아내는 효과가 뛰어나기로 명성이 자자하다. NASA 우주복에 투입하는 공기도 활성탄으로 여과한다. 그 덕분에 우주 비행사들은 우주 유영을 하는 동안 1분에 세 번씩 자신의 방귀를 도로 들이마시지 않아도 된다.

이 성능 실험은 지구에서도 실시되었다. 이를 위해 레빗은 평상시에 방귀가 나오는 상황을 재현하기로 했다. 우선 실험 참가자가 활성탄 팬티라이너를 덧대거나 활성탄을 안감에 심은 팬티를 입었다. 그리고 항문 바로 옆 지점에 튜브를 대고 테이프를 붙여 고정했다. 그런 다음 그 위에 마일러 바지를 입었다. 방석을 평가할 때는 엉덩이에 대고 끈으로 묶었다. 팔뚝과 손목에는 조교가 원격 조정 장치를 부착했다. 이렇게 준비가 다 되면 레빗이 스위치를 눌렀다. 그러면 튜브에서 합성 방귀 100밀리리터 정도가 2초 동안 발사되었다. 레빗은 이것이 가장 전형적인 방귀의 양과 발사 시간이라고 생각했다. 결과 보고서에 따르면, "가스가 발사된 직후 30초 동안 엉덩이를 격렬하게 타격하여 마일러 바지 안쪽 공기가 균질하게 혼합되도록 했다"고 한다. 꽤 볼 만했을 것 같지만, 아쉽게도 이 실험 장면은 영상으로 남아 있지 않았다. 마지막으로 레빗은 주사기를 마일러 바지 구멍에 꽂아 가스를 빼내고 활성탄이 잡아내지 못한 황 성분을 측정했다.

실험 결과, 소취능을 높이려면 가스가 최대한 활성탄에 접촉하도록 만드는 게 관건인 것으로 밝혀졌다. 공기가 샐 틈이 없는 우주복은 이것이 간단하지만 지구인이 입는 평상복은 그렇지 않다. 성능 순위를 따지면 방석이 꼴찌를 차지했다. 방석은 황 가스 냄새를 기껏해야 20퍼센트 정도만 흡수해서 거의 쓰나 마나인 셈이었다. 한편 팬티라이너는 55~77퍼센트 소취 능력을 자랑했지만 기본적으로 누출률이 높은 게 결정적인 단점이었다. 쉽게 말해, 가스가 발사되면서 팬티라이너에 정면충돌하는 것보다 옆으로 새는 게 많다는 뜻이다. 냄새 제거에 가장 효과적인 것은 70달러짜리 속바지였다. 이 속옷은 황 가스를 거의 전부 잡아냈다. 단, 한 벌을 몇 번이나 입을 수 있는지 장담할 수 없는 데다 체면을 구겨 가면서 이렇게 민망한 속옷을 비싼 값에 사겠다는 사람이 몇이나 될지 미지수이기 때문에 시장이 크지 않다는 한계가 있다.

활성탄을 넣은 속옷을 입는 게 창피하다면 다른 방법도 있다. 바로 활성탄을 알약으로 먹는 것이다. 걱정하지 마라. 레빗이 이미 인체 실험을 마쳤으니까. 다만 실험 결과가 좀 실망스럽다. 보고서에 따르면, 활성탄 알약은 방귀의 질과 양에 별다른 영향을 미치지 못했다고 한다. 레빗은 긴 여정 동안 활성탄에 다른 성분들이 덕지덕지 붙어 직장에 도달할 때쯤이면 황 가스가 자리 잡을 틈이 전혀 없었을 거라고 추측한다.

반면에 비스무트 알약은 방귀 냄새를 완벽하게 차단한다. 비스무트는 속이 쓰리거나 설사가 날 때 먹는 펩토비스몰Pepto-Bismol이라는 약의 활성 성분이다. 하지만 펩토비스몰 한 알을 다 삼키면 십중팔구 위장이 놀란다. 이와 달리 장내 소취제 데브롬Devrom에는 그런 부작용이 없다. 활성 성분이 차갈산 비스무트bismuth subgallate이기 때문이다.

사실 데브롬을 모르는 사람이 상당히 많다. 나도 그랬다. 아마도 소위 잘나가는 대중 잡지사들은 이 광고를 받지 않아서 그럴 것이다.[2] 데브롬 제조사인 주식회사 파르테논Parthenon의 대표 제이슨 미할로풀로스Jason Mihalopoulos는 나에게 이메일로 지면 광고 초안을 보내 주었다. 『리더스 다이제스트Reader's Digest』와 전미은퇴자연합AARP 소식지에 낼 생각으로 만든 것이라고 했다. 사진 속에는 노부부 한 쌍이 서로에게 팔짱을 끼고 서서 미소를 머금고 있는 모습 위로 큼지막한 문구가 떠 있다. "방귀 냄새 고민요? 데브롬을 사용하면 걱정 없어요!" 대중 잡지에서는 '방귀 냄새', '고린내', '대변' 따위가 금칙어라고 한다. 어느 한 잡지사는 미할로풀로스에게 장내 가스를 제거한다는 쪽으로 광고 문구를 수정할 것을 제안하기도 했다. 하지만 데브롬은 그런 약이 아니다. 데브롬이 제거하는 것은 냄새뿐이다. 그러니 특정 의학 분야 전문 잡지[3]를 구독하지 않는 한, 평범한 사람이 데브롬 덕분에 장

---

2 『새터데이 이브닝 포스트Saturday Evening Post』는 예외다. 이 주간지는 비위가 얼마나 좋은지 질병 부위 사진을 있는 그대로 내보낸다. 직접 확인하고 싶다면 2011년 11월호에 수록된 기사 '그것이 알고 싶다, 애완동물 몸에 솟은 덩어리의 정체Lumps and Bumps on Your Pet: What Could They Be?'를 읽어 보길 권한다.

3 『상처, 인공루, 배변 간호학회지Journal of Wound Ostomy & Continence Nursing』와 『국제비만외과학회지International Journal of Obesity Surgery』에는 데브롬 광고가 실린다. 이 진료과에서 근무하는 의사와 간호사에게는 특별 수당을 줘야 하지 않을까.

내 가스를 깨끗하게 씻어 내어 행복을 찾은 노부부의 사진을 볼 일은 없을 것이다.

사실 광고업계에서 방귀를 직접 언급하는 것을 금기시하는 분위기는 콘돔과 바이브레이터에 내려진 함구령보다도 오래되었다. 그나마 바이브레이터 광고는 최근 들어 케이블 TV에 누가 봐도 눈치챌 만큼 뻔한 내용으로 속속 등장하기 시작했다. 물론 아직은 마사지라고 돌려 말해야 하지만 말이다. 미할로풀로스는 특이한 기업체를 소개하는 CNBC 프로그램에 출연 신청을 했다가 거절당했다고 한다. 사람들은 장내 가스라는 말을 듣기 싫어한다는 이유에서였다. 이것이 사실이든 아니든, 적어도 CNBC 담당자들이 사람들이 그렇다고 여기는 건 확실하다.

나는 금기 문화가 이렇게 뿌리 깊은데도 과연 누가 과감하게 데브롬 광고 모델로 나섰는지 궁금해졌다. 방귀 냄새 운운하는 전면 광고가 전국에 뿌려질 텐데, 자기 얼굴을 팔겠다는 사람에게는 도대체 모델료로 얼마를 줘야 할까?

미할로풀로스의 설명을 들으니 그제야 이해가 되었다. "아, 그거요. 이런 광고에 기꺼이 출연하겠다는 사람이 있다면 놀랄 일이죠. 직접 촬영한 게 아니라 스톡 사진stock photo 중에서 고른 겁니다." 스톡 사진이란 용도에 개의치 않고 돈을 받고 파는 이미지를 말한다. 아마도 이 커플은 자신의 사진이 이렇게 쓰일 줄은 상상도 못 했을 것이다. 그러니 여러분도 혹시 모델 계약서를 쓸 때는 부디 심사숙고하시길.4

---

4 모든 것이 요즘보다 훨씬 느슨했던 1980년대에 내 친구 팀이 밴드를 하는 친형제들과 함께 이런 대중 사진을 찍은 적이 있다. 그런데 사진사가 사진 관권을 스톡 사진 업체에 넘겨 버렸다. 그로부터 몇 년 뒤 이 형제 밴드의 사진이 한 연하장을 장식했다. 카드 안쪽에 적힌 메시지는 이랬다. "얼간이 클럽Dork Club이 근하신년을 기원합니다."

데브롬을 사용하는 사람들에게는 대부분 그럴 만한 딱한 사정이 있다. 데브롬 고객의 대부분은 비만 치료를 위해 위를 접어서 박거나 음식물이 돌아갈 우회로를 만드는 수술을 받은 환자들이다. 아니면 병이 들어 손상된 장관을 대부분 들어내어 배변 주머니로 배설해야 하거나. 배변 주머니를 찬 경우에는 구멍 위치가 어디냐에 따라 몇 시간마다 주머니를 비워야 한다. 그런데 분변은 대장에 머무는 시간이 짧을수록 수분이 덜 흡수되어 묽어진다. 분변이 묽으면 공기와 접촉하는 표면적이 넓어지고 휘발성 가스가 더 많이 빠져나온다. 즉 냄새가 더 고약하다는 얘기다. 미할로풀로스는 이것을 어떻게 설명해야 할지 잠시 고민하더니 입을 뗐다. "보통은 화장실에 간다고 말하지 않습니까? 그런데 누군가는 말 그대로 주머니를 비운다고 표현할 수 있어요."

'주머니를 비운다'라……. 이렇게 말하니 가스는 논외인 듯한 인상을 주지만 그는 단호하게 못 박았다. "아뇨, 가스도 함께요." 배변 주머니를 달고 사는 사람들은 주머니 한쪽 구석에 달린 뚜껑을 열어 가스를 조금씩 빼내기도 한단다. "타파웨어Tupperware처럼요."5

치료 목적이 아니라 단순히 지독한 장내 가스 냄새를 없애려고 데브롬을 복용하는 사람도 있긴 할 것이다. 하지만 미할로풀로스는 그런 사람이 몇이나 되는지 공개하지 않았다. 그런데 내 생각에는 그렇게 많지 않을 것 같고 그 이유도 대충 짐작된다. 하지만 정확한 설명은 비노를 발명한 앨런 클리저

----

5 타파웨어의 공기를 빼는 것이 방귀보다는 트림에 더 가깝다는 생각이 드는가? 타파웨어사 홍보 담당자의 말을 듣고 나면 방귀냐 트림이냐는 상관없어질 것이다. 내가 1998년에 인터뷰를 통해 직접 들은 설명이다. "우리는 더 이상 트림한다고 표현하지 않습니다. 대신 뚜껑이 '속삭인다고 말하죠." 내 개인적인 생각으로는 이것이 딱 들어맞는 표현은 아니지만 어감은 괜찮은 것 같다. 그렇다면 방귀를 소재로도 우아하고 모호한 시를 지어 읊을 수 있지 않을까? 바로 이렇게. "과연, 친구여, 그녀의 속삭임조차 나를 매혹하는구나."

면의 입을 통해 직접 듣는 게 좋겠다. "단도직입적으로 말하면, 자신의 방귀 냄새를 진심으로 싫어하는 사람은 없습니다." 말하자면, 구취나 발 냄새와 달리 방귀 냄새는 모두에게 고민거리지만, 바로 그 때문에 누구에게도 문제가 아닌 것이다.[6]

이런 소비자가 베일에 싸여 있는 것은, 이들이 흔히 동료나 배우자의 부추김에 못 이겨 데브롬을 처음 접하기 때문이다. 마이클 레빗은 자신의 실제 경험담을 예로 들었다. 칵테일파티에 가면 여성들이 남편의 방귀 냄새 때문에 괴롭다며 고민 상담을 해오는데, 이상하게도 남편들이 아내의 문제로 불평하는 것은 한 번도 들어 본 적이 없다고 한다. 여성의 장내 가스 중 황화수소 농도가 훨씬 더 높고 그만큼 냄새도 더 지독하다는 뺄도 박도 못할 과학적 증거가 있는데도 말이다. 어쩌면 남성들은 한 번 뀔 때 방출량이 많다는 점에서 할 말이 없는 게 당연한지도 모르겠다.

데브롬 제조사는 대중에게 장내 소취제를 너무 강요하지 않는다는 점에서 칭찬받을 만하다. 저돌적인 마케팅업체나 플리트[Fleet] 관장제 제조사[7]처럼 부담을 주지 않으니 제이슨 미할로풀로스에게 감사의 큰절이라도 하고 싶은 심정이다. 한 가지 예로, 플리트 광고에서는 청정 산악 지대의 장관을

---

6 간혹 방귀 냄새가 진짜 심각한 고민거리인 사람도 있다. 장에 사는 박테리아의 종류가 조금 다르기 때문인데, 주범은 황 가스를 만드는 박테리아다. 이런 박테리아는 대개 대장, 그중에서도 직장과 가까운 끝부분에 몰려 있다. 이것은 냄새 고약한 장내 가스가 따뜻한 이유이기도 하다. 즉 출구 바로 옆에서 두엄이 만들어지면서 장내 가스가 함께 생성되는 것인데, 마이크 존스는 이것을 '막 찍어 나온 따끈따끈한 물건'이라고 표현했다.

7 이 회사는 마케팅을 위해 세계 최초의 설사유도제 슈퍼히어로 캐릭터까지 만들어 냈다. 관장제 병에 팔다리가 달려 있고 머리는 끝이 뾰족한 노즐 모양인 이른바 관장맨[EneMan]이다. 슈퍼히어로답게 어깨에는 녹색 망토를 두르고 있다. 가끔 이베이[eBay]에 관장맨 봉제 인형이 매물로 나오는데, 사고 싶은 마음은 별로 들지 않는다.

뒤로하고 이런 문구가 떠오른다. "뒷마당을 늘 깨끗하게. 장청소용으로 특별히 개발된 플리트는 순해서 매일 사용할 수 있어요." 맙소사. 구강 세척제로 입안을 헹구고 발가락 사이사이에 가루 칠을 하고 겨드랑이에 향수를 뿌리는 것도 모자라, 이제는 똥구멍 냄새까지 신경 써야 하는 건가?

그런데 나는 최근에 새로 나온 플리트 광고를 보고 걱정을 덜었다. "환자에게 알려 주세요"라는 당부 한마디로 시작하는 이 광고는 의사를 겨냥한 것이다. 알고 보니 플리트 내추럴Fleet Naturals은 항문 성교 전후에 사용하는 제품이란다. 그럼 그렇지, 특별한 경우에만 쓰는 것이라니 정말 다행이다.

사실 고약한 장내 가스를 둘러싼 온갖 잡음을 잠재울 가장 간단한 방법은 바로 무시하는 것이다. 아니면 한 소화기내과 의사의 조언에 따라 누명을 씌울 개를 기르든가. 그것도 아니라면 장내 박테리아가 황 가스를 제조할 때 원료로 사용하는 특정 음식을 절대로 먹지 않는 도리밖에 없다.[8] 최우선적 기피 대상은 바로 육류다.[9] 브로콜리, 양배추, 방울양배추, 콜리플라워 등

---

[8] 어떤 음식은 악취가 얼마나 강렬한지 6,400년 전 대변 화석을 다시 물에 불렸을 때 나오는 가스로 인류 조상의 식탁을 재현할 수 있을 정도다. 적어도 J. G. 무어J. G. Moore가 동료들과 함께 1984년에 발표한 논문 「대변 냄새 분석Fecal Odorgrams」에는 그렇게 적혀 있다. 분석 방법은 제목 그대로다. 가스 성분 분석기 배기구를 통해 차례대로 나오는 가스에 코를 대고 냄새를 맡는다. 반면에 요즘에는 대변 화석에 박힌 음식 DNA를 분석해서 메뉴를 알아낸다. 더 이상 화석에 갇혀 잠자는 가스를 부활시킬 필요가 없다는 뜻이다.

[9] 단백질이 분해되면서 고약한 악취를 낸다. 오래된 치즈, 썩은 달걀, 시체, 발바닥 각질이 대표적인 예다. 입으로 숨 쉬는 사람은 잠자는 동안 구강 박테리아가 혀 세포를 긁어 먹고 만들어 낸 황화수소 때문에 아침에 구취가 난다. 침이 말라 노폐물이 씻겨 내려가지 못하는 까닭이다. 악취는 일종의 경고 신호다. 박테리아 종류에 따라 다르긴 하지만 박테리아가 많아야 이런 악취가 생기므로 냄새 나는 음식을 잘못 먹으면 배탈이 날 수 있다. 악취 나는 음식을 특히 경계해야 하는 곳은 식량과 냉장 시설 모두 부족한 후진국이다. 가령 수단 시골에서는 발효된, 다시 말해 부패한 애벌레, 개구리, 그리고 단백질 공급원으로는 낙제점인 암송아지 소변을 먹는다. 이런 식품위생 실태는 수단의 관광 산업이 발달하지 못하도록 발목을 잡는다.

의 십자화과 채소도 피해야 한다. 건살구처럼 아황산가스를 쬐어 말린 과일, 마늘, 몇 가지 향신료, 그리고 이유는 확실하지 않지만 맥주도 마찬가지다. 그런데 이렇게 줄줄이 늘어놓고 보니 정신이 똑바로 박힌 사람이라면 이 모든 맛난 음식을 포기하느니 차라리 방귀 냄새를 참고 살겠다는 생각이 든다.

나는 마이클 레빗이 만든 합성 방귀를 직접 볼 수 있다는 기대에 한껏 부풀어 미네소타로 향했다. 나는 과학이 자연을 얼마나 똑같이 모방할 수 있는지 늘 궁금했다. 내가 용건을 꺼내자 레빗은 속내를 알 수 없는 미소를 짓고는 동료 연구자 줄리 펀Julie Furne에게 나를 인계하려고 아래층으로 데려갔다. 시료가 다 거기 있다면서. 내려가는 길에 마일러 바지에 관한 논문에서 그녀의 이름을 본 기억이 났다. 알고 보니 그녀는 바로 방귀 냄새 판정가 중 한 명이었다.

그 연구 이후로도 직장에서 그녀의 일상은 별로 변한 게 없어 보인다. 연구실 문을 열자, 그녀는 주사기로 플라스틱 바이알에서 가스를 뽑아내고 있다. 건포도만 한 실험쥐 대변을 99도에서 배양한 후 만들어진 가스다. 요즘 그녀와 레빗은 장내 황화수소와 대장염 간의 상관관계를 연구하는데, 가스를 채집하는 것은 그 준비 과정이라고 한다.

그녀는 얼마 전 오십 줄에 접어들어서인지 갈색 머리칼 사이로 드문드문 새치가 보인다. 하지만 소녀 같은 유머 감각은 젊은 시절 그대로다. 실험복 대신 걸친 연주황색 카디건은 꽤 오래돼 보인다. 이 카디건에 얼굴을 묻으면 헤어스프레이나 집에서 만든 고기찜 냄새가 나던 시절도 있었으리라. 요즘 젊은 애들은 그런 감성을 이해하지 못한다는 게 안타깝다.

레빗이 나를 소개한다. "이쪽은 메리입니다. 가스 냄새를 좀 맡고 싶다고 하네요. 하지만 죽지 않게 살살 하세요."

황화수소는 청산가리에 버금가게 유독하다. 바로 그 때문에 인간이 이 가스 냄새에 이렇게 예민한 건지도 모른다. 불쾌한 냄새를 맡으면 기분은 나쁘지만 죽기 전에 대피할 수 있다는 장점이 있으니 말이다. 만약 황화수소를 마셨다면 죽느냐 사느냐는 다른 독극물과 마찬가지로 가스 농도에 따라 결정된다. 방귀 중의 황화수소 농도는 높아 봤자 1~3ppm인데, 이 정도는 인체에 아무런 해도 입히지 않는다. 하지만 농도가 1,000ppm까지 치솟을 땐 얘기가 다르다. 거름통이나 하수조에는 바로 이렇게 황화수소가 자욱하다. 이 수준의 고농도 황화수소는 몇 번만 들이마셔도 폐가 마비되고 질식사할 수 있다. 실제로 이런 식으로 목숨을 잃는 사고가 종종 일어난다. 이것을 주제로 논문을 발표한 두 명의 의사는 이를 '똥냄새에 찐 폐'라고 명명했다. 고농도 황화수소는 치사율이 매우 높은 터라 농공업 안전관리 단체마다 거름통에 들어가거나 하수구 청소 작업을 할 때 반드시 호흡 보조기를 사용하라고 강조한다. 언젠가 샌프란시스코 거리에서 잠수복을 입은 한 남자가 어깨에 뚫어뻥을 메고 보도를 따라 걸어가던 모습을 본 적이 있는데, 위와 같은 이유로 잠수복을 갖춰 입었나 보다. 그때 남편은 이렇게 말했었다. "제대로 막혔나 본데."

그러고 보면 황화수소는 악마 같은 살인 가스라는 점에서, 악마가 있는 곳에 유황 냄새가 난다는 말도 일리가 있는 것 같다. 악명 높은 달걀 썩은 냄새는 농도가 10ppm만 되어도 코를 찌를 정도로 지독하게 나다가 150ppm을 넘어가면 감쪽같이 사라진다. 후각 신경이 마비되는 탓이다. 이렇게 사전 경고 시스템이 고장 나면 똥구덩이에 빠진 사람을 건져 내기 위해 달려간 사람들도 줄줄이 몰살되는 참사가 벌어질 수 있다. 언젠가 진창에 빠져 죽은 일가족의 사진을 본 적이 있다. 경찰이 사고 현장에서 시신을 건져 올린 뒤 찍은 것이었다. 성인 네 명이 무릎까지 올라오는 진흙색 부츠를 맞춰 신고 나란히 누워 있고 신상 보호를 위해서였는지 눈은 검은색 매직으로 덧칠되어 있었는데, 그렇게 비통해 보일 수 없었다. 사건의 발단은 한 농부가 막힌 파이프를 뚫겠다고 나선 것이었다. 그런데 그를 구하려고 맨 처음 달려간 인부가 함께 빠져 버렸다. 그다음은 급히 사다리를 타고 내려간 어머니 차례였고, 아들도 같은 운명을 맞았다. 전해 듣기로는 희생자를 부검한 병리학자도 환기 시설이 형편없는 부검실에서 작업하다가 거의 죽을 뻔했다고 한다.

한편 황화수소는 자살 도구로 애용되기도 한다. 단, 자살을 막으려는 친구들도 물귀신 작전으로 끌어들이는 부작용이 있다. 미국에서 매년 발생하는 황화수소 자살 사건 중 80퍼센트에서 이렇게 응급실 직원이나 선한 사마리아인까지 가스를 들이마셔 애꿎게 피해를 본다. 일본에서는 한 명이 자살했는데 동네 주민 350명이 대피한 일도 있었다.

레빗은 방을 나가면서 어깨 너머로 이렇게 말한다. "줄리는 어땠냐고 물어보세요." 방귀 냄새 판정가로 훈련받던 첫날, 그녀는 저녁 내내 병든 개처럼 축 처져 두통에 시달리는 바람에 가스에 중독된 것 아닐까 걱정이 이만저만 아니었다고 한다. 채식주의자인 존 하비 켈로그는 육식주의자의 배설물로 실험하면서 극심한 두통으로 고생한 젊은 과학자가 많다는 기록을 남겼다.

발효 중인 실험쥐 대변에서 뿜어져 나오는 황화수소 가스 시료를 분석기에 넣으니 농도가 무려 1,000ppm으로 나온다. 그녀는 고개를 저으며 영화

〈파고Fargo〉의 여경찰 마지Margie를 떠올리는 다정한 미국 중서부 억양으로 말한다. "지금은 냄새 맡지 마세요." 이 말을 듣지 않으면 '여류 작가, 똥 냄새에 희생되다'라는 제목으로 매스컴을 탈 것만 같다. 그녀는 가스를 안전한 농도로 희석해 립스틱보다 작은 유리병에 담는다.

하지만 아무리 묽게 희석했다고 하더라도 이것이 황화수소임에는 변화가 없다. 황화수소는 자연 상태에서도 유해할까? 모든 방귀쟁이들을 국민 건강을 위협하는 인물로 특별 관리해야 할까? 제임스 워턴이 쓴 『인체위생학』에는 19세기에 실제로 그렇게 믿었던 의사 이야기가 나온다. 그는 이웃을 방귀에 노출시키는 것은 눈에 보이는 독극물을 사용하는 것만큼이나 나쁜 짓이라고 강조하며, 가스가 많은 환자들에게 방귀가 나오려고 할 때 가족과 친구를 위해 가급적이면 참으라고 충고했다고 한다. 나는 이 말이 완전히 터무니없는 것은 아니지 않을까 궁금해졌다. 가령 밀폐된 장소라면 어떨까? 그래서 편에게 털어놓았다. 겨울에는 제철인 방울양배추를 자주 요리해 먹는데, 추워서 이불을 정수리까지 뒤집어쓰고 잘 때 남편이 가스를 발사한다고.

그녀는 이불 텐트 정도면 남편이 내뿜은 황화수소가 안전하게 희석될 만큼 여유 공간이 충분하다고 안심시켜 주었다. 다행히 레빗도 이메일을 통해 비슷한 얘기를 했다. 그 정도는 간접 흡입해도 괜찮다고 말이다.

그런데 오히려 가스를 생산한 장본인은 걱정해야 할 수도 있다고 한다. 방귀는 어마어마한 양의 황화수소가 대장 점막을 통해 체내로 흡수된다는 증거이기 때문이다. 이것을 존 하비 켈로그는 이렇게 극적으로 표현했다. "아주 묽게 희석된 배설물 독가스를 코로 간접 흡입해도 몹시 불쾌해지는데, 농축된 것을 몸 안에 담음으로써 입는 피해는 얼마나 크겠는가? ……유해

물질이 전부 고스란히 흡수되어 혈관을 타고 전신으로 퍼질 텐데 말이다." 불행 중 다행으로, 레빗의 설명에 따르면 아직 황화수소나 대장의 기타 잔류 물질이 혈관으로 흡수되어 몸을 상하게 한다는 가설이 과학적으로 증명된 적은 없다.

하지만 건강에 관한 한 팥으로 메주를 쑨다고 해도 혹하는 것이 대중의 심리다. 사람들은 눈앞의 과학적 증거보다는 자신의 직감을 더 믿는다. 그러니 누구나 내 똥이 나를 망가뜨린다는 이른바 자가 중독 이론에 솔깃했을 것이다. 이 이론은 1919년에 『미국의학협회지Journal of the American Medical Association』에 실린 재기 넘치는 수필 한 편이 반향을 일으키면서 유명해졌다. 월터 알바레스Walter Alvarez가 쓴 이 글에 이런 대목이 있다. "사람들은 대변이 해악이라면 최대한 멀리하는 게 상책이라고들 생각한다." 즉 더러운 독성 물질이 대장에 머무는 시간이 짧을수록 혈액으로 흡수되는 양이 적어 건강에 좋을 것이라는 논리였다. 아마도 자가 중독설만큼 오랫동안 유행하는 사이비 의학 이론은 앞으로 나오기 힘들 것이다.

'자가 중독'이라는 말이 병원 진료 기록에 가장 자주 등장한 것은 1900년대 초다. 앞서 1800년대 초부터 한 세기 내내 독기毒氣 이론이 유행하면서 그런 분위기가 조성되었기 때문이다. 당시 미생물과 벌레가 병을 퍼뜨린다는 사실을 몰랐던 의사들은 모든 것을 독기 탓으로 돌렸다. 그들은 하수도 틈새, 쓰레기통, 무덤에서 모락모락 피어나는 정체불명의 유독 가스를 모두 독기로 간주했다.

누구든 독기의 위험성을 믿기 시작하면 자기 몸속 하수도 역시 위험하다고 믿게 되기까지 그다지 오래 걸리지 않았고 설사 유도제와 관장 도구를 파는 장사치들은 이 점을 악용했다. 그들은 대장을 '몸 안의 변소', '꽉 막힌 하수도', '오물 구덩이' 등으로 칭하며 비하했다. 제임스 워턴의 책에 실린 프랑스산 설사 유도제 쥐볼Jubol의 잡지 광고를 보면 당시 사회 분위기를 충분히 짐작할 수 있다. 유니폼을 입은 소인들이 대장 안에서 솔과 양동이를 들고 청소에 열중하고 있다. 당시 파리 시 하수도 청소부들과 다를 바 없는 모습이다.10

독극물의 정체가 무엇인지, 왜 사람 몸에 유해한지 밝혀지든 아니든 달라지는 것은 없었다. 아니, 차라리 적당히 애매한 것이 더 잘 먹혔다. 워턴은 저서에서 이렇게 분석했다. "어느 시대나 몸이 아프다고 계속 주장하지만 확실한 증거를 찾을 수 없어 짜증을 내는 환자들에게 그럴듯한 진단을 내려 주는 게 의학이 할 일이었고, 그런 면에서 독기 이론만큼 유용한 것은 없었다." 1900년대 초 자가 중독설이 만개하기까지는 바로 이런 배경이 있었다.

그런데 가짜 진단은 가짜 치료법을 부르는 법이다. 이에 따라 20세기 말에 대장 청소 사업이 성황을 이뤘지만 그중에서도 눈코 뜰 새 없이 바빴던 곳은 바로 뉴욕 시 웨스트 65번가 134번지의 3층짜리 갈색 석조 건물이었다. 이곳에서 찰스 티렐Charles Tyrrell이 티렐 위생연구소라는 간판을 달고 건물 한 동을 통째로 'J. B. L. 캐스케이드J. B. L. Cascade'라는 대장 세척기를 생산하는 장소로 사용했다. 여기서 J. B. L.은 기쁨Joy, 아름다움Beauty, 인생Life'

---

10 근로 환경이 너무 열악한 것 같다. 아무리 가상 시나리오라고 해도 말이다. 마스크도 쓰지 않고 맨발로 방제 작업을 하다니! 그런데 진짜 걱정되는 것은 프랑스 국민의 몸속에 사는 이 청소 요정들이 아니라 실존하는 파리 하수도 청소부다. 프랑스 정부 산업역학처 집계에 따르면, 하수도 청소부들 사이에 간암 발생률이 유독 높다. 이들 중에 술꾼이 많다는 점이 큰 몫을 한다. 속사정을 안다면 술에 의지할 수밖에 없는 이들을 어느 누가 손가락질하랴.

의 앞 글자를 딴 것이다. J. B. L. 캐스케이드의 실체는 노즐이 달린 뿅뿅이 쿠션이었지만 제품 이름은 불과 12.30달러로 인생의 격을 한층 높일 수 있다는 착각을 일으켰다.

1936년에 만들어진 '몸 안도 씻어 내야 하는 이유Why We Should Bathe Internally'라는 제목의 홍보 팸플릿에는 이런 문구가 적혀 있다. "J. B. L. 캐스케이드에 앉는 것만으로 장이 깨끗하게 청소됩니다." 이 사업을 시작하기 전에 티렐은 고무로 만든 의료용품을 팔았다고 한다. J. B. L. 캐스케이드는 몸통에 항문 삽입용 노즐이 달렸다는 점을 빼고는 그가 옛날에 쓰던 물주머니와 별반 다른 점이 없었다.

그는 사업을 쉬는 중간에 소규모 인쇄업에 잠깐 발을 담갔을 때 익힌 기술을 대장 세척기 마케팅에 십분 활용해 살짝 뻥튀기한 내용의 홍보 팸플릿을 수천 장 찍어 약국에 돌렸다. 그러면 약국에 오는 환자들이 한 장씩 가져갈 거라는 노림수였다. 이런 식으로 자가 중독과 대장 속 오물에 대한 공포가 대중의 심리를 파고들었고, 일반 소비자, 의사,[11] 종교 사제[12] 등 각계각

---

11 이 중에서 대부분은 이미 저세상 사람이거나, 매수를 당했거나 다른 속셈이 있는 경우였다. 피임약과 낙태약을 파는 장사꾼처럼 말이다.

12 이런 성직자, 수녀, 각종 종교단체장의 증언만 들으면 모든 종교 사제들이 항문 세정 습관을 열렬히 옹호하는 것처럼 보인다. 하지만 나는 미국의학협회 문서보관소에 있는 의료 사기 선례집에서 "존경하는 신부님께"로 시작하는 서신 한 장을 발견했다. 가톨릭 사제들에게만 J. B. L. 캐스케이드를 특별 할인가에 제공하겠다는 내용이었다. 그런데 기독교 교회에도 이런 식으로 접근한 것은 마찬가지였다. 조건에 만족한 J. H. M. 목사는 여러 해 동안 이 제품 세 개를 다 닳아빠질 때까지 애용했다는 답장을 보냈다.
한편 속세에도 체험 수기에 힘을 실은 유명인이 있었다. 대표적인 인물이 프로야구 트레이너 레너드 놀스Leonard Knowles다. 그는 뉴욕 자이언츠 팀을 맡았던 1930년부터 1932년까지 내셔널 리그에서 2위와 3위를 차지한 소감을 밝힐 때 선수들의 훈련 일정에 J. B. L. 캐스케이드 사용 시간이 있음을 암시하는 발언을 했다. 하지만 왜 그랬는지 입을 꾹 다물고 티렐의 이름은 절대로 언급하지 않았다.

층의 인사들이 장황한 추천사를 남발했다. 이들은 불면증, 피로, 우울증이 모두 싹 사라졌다고 주장했다. 여드름이 없어졌다는 사람, 구취가 사라졌다는 사람, 식욕이 살아났다는 사람도 있었다. 혹자는 활력을 되찾았다고 했고, 어떤 이는 한 직장에서 6개월 이상 버티지 못할 정도로 인내심 없이 걸핏하면 짜증 내던 성격을 완전히 뜯어 고쳤다고 했다. 팸플릿에 실린 전후 비교 사진만 보면 대장 청소 단 한 번으로 마녀는 백설공주가 되고 꾀죄죄한 비렁뱅이는 팔자수염이 매끈하게 휘감아 올라간 신사로 변하기라도 할 것 같았다.

한마디로 대장 세척기로 못 고치는 병이 없는 듯했다. 디트로이트 시에 사는 H. J. 웰스H. J. Wells의 아내는 J. B. L. 캐스케이드 덕분에 팔뚝만큼 긴 케케묵은 점액질이 빠져나왔고, 캘리포니아 주 롱비치에 사는 코라 유잉Cora Ewing은 왼쪽 난소에 고여 있던 고름을 한 움큼 빼냈다며 기뻐했다. 천식, 류머티즘, 장티푸스, 황달에서 벗어난 사람들은 너도나도 티렐에게 감사를 표했다. 심지어 마비 증세와 간질을 완치했다는 경우도 있었다. 도를 넘는 터무니없는 제보가 잇따르자 티렐이 "병의 원인이 자가 중독이 아닌 다른 것일 수도 있다"며 한 걸음 물러나야 할 정도였다.

상황이 이렇고 보니 의학계가 반발하는 것은 당연했다. 미국의학협회의 수사과에 의사들의 항의 서한이 빗발쳤고, 협회는 급히 조만간 조사에 착수하겠다는 내용의 공문을 발송했다. 나는 1894년에 티렐 위생연구소에 발송된 첫 번째 공문을 미국의학협회 문서보관소에서 찾을 수 있었다. 그런데 같은 내용의 공문이 마지막으로 발송된 해가 무려 1931년인 걸 보면 의사들의 반발에도 이 대장 세척기의 인기가 꽤 오래갔던 것 같다.

그런 와중에 1922년, 아서 도널드슨Arthur Donaldson이라는 이름의 의사가 독자적인 대응에 나섰다. 자가 중독설에 의심을 품었던 그는 개 세 마리의 항문을 꿰매어 빼도 박도 못할 변비 상태를 만들고 실험을 시작했다. 그렇게 나흘이 지났지만 개들은 고기, 우유, 빵을 평소대로 잘 먹었고 식욕이 약간 떨어진 것 외에는 별다른 신체 증상을 보이지 않았다. 한마디로 중독이라고 볼 만한 신호는 전혀 없었고, 놀랍게도 세 마리 모두 심신이 완전히 멀쩡해 보였다고 한다.

하지만 여기서 만족할 그가 아니었다. 도널드슨은 항문을 막은 지 55시간, 72시간, 96시간 지났을 때 세 차례에 걸쳐 피를 소량 뽑았다. 그러고는 이 피를 변비가 없는 다른 개 두 마리의 혈관에 주입한 뒤[13] 대변 중독 증상이 나타나는지 관찰했다. 그러나 아무리 기다려도 아무 일 일어나지 않았다.

이에 도널드슨은 사람들이 자가 중독 때문이라고 속단한 증상들은 모두 단순 변비의 파생 효과라고 추측했다. 아랫배가 묵직하고 신경이 예민해진 탓에 이런저런 착각이 들었다는 것이다. 이것을 증명하기 위해 그는 남성 지원자 네 명을 대상으로 대변 크기의 솜 덩어리를 직장에 밀어 넣었다. 그러자 세 시간 뒤, 실험 참가자들은 그때까지 자가 중독 때문이라고 알려졌던

....

13 그래도 이것은 자가 중독 실험치고 실험 동물을 상당히 배려한 편에 속한다. 여기 프랑스 사나이 샤를 부샤르Charles Bouchard가 1893년에 실시한 토끼 실험을 살펴보자. 기록에 따르면, 대변 추출물을 토끼의 혈관에 주입했더니 우울증과 설사가 나타났다. 여기서 잠깐! 만약 당신이 철창에 갇힌 실험 동물이라면 어땠을까? 유일하게 나를 돌봐 주던 사람이 어느 날 돌연 사람의 배설물을 내 몸에 찔러 넣었다면. 이보다 더 충격적이고 슬픈 일이 어디에 있겠는가? 크리스천 허터Christian Herter의 실험 동물들도 비슷한 심경이었을 것이다. 허터는 1907년 여러 달에 걸쳐 사자, 호랑이, 늑대, 코끼리, 낙타, 염소, 물소, 말의 대변에서 추출한 물질을 토끼와 기니피그의 혈관에 주입했다. 육식동물의 똥이 초식동물의 것보다 더 유독한지 확인하고 싶어서 이런 일을 벌였다고 한다. 실험 결과, 똥 주인이 누구였든 기니피그는 죄다 죽어 버렸다. 이것을 보고 그의 머릿속에 떠오른 것은, 그렇다면 사람 대변은 어떨까 하는 궁금증이었다.

증상들을 호소하기 시작했다. 그뿐만 아니라 솜 덩어리를 빼내자 증상이 말끔히 사라졌다. 간과 신장이 핏속 유독 물질을 해독하고 배출하려면 짧지 않은 시간이 걸릴 테니 만약 모든 것이 소문대로 피가 대변에 오염된 탓이라면 증상이 한동안 지속되어야 마땅했다. 이에 대해 월터 알바레스는, 정확히 그렇게 말한 것은 아니지만, 반론의 증거로서 사람들이 아스파라거스를 먹으면 소변에서 악취가 난다는 이유로 아스파라거스를 안 먹지는 않는다는 점을 지적했다. 비릿한 냄새가 다음 날 아침까지 진동하는데도 말이다. 그러니 변을 배출하자마자 증상이 싹 사라진 것은 자가 중독의 전제 자체가 틀렸다는 것을 의미한다.

이쯤에서 마이크 존스가 한 촌철살인의 한 마디가 떠오른다. "그전 상태가 어떠했든 누구나 한바탕 쏟아 내고 나면 그렇게 후련할 수가 없다. 내가 보기에는 입 아프게 왈가왈부할 것 없이 바로 화장실로 달려가면 다 해결될 일이다."

똥독을 빼는 방법은 또 있다. 섬유질을 많이 먹는 것이다. 단, 유독 물질이 만들어질 틈 없이 음식물이 대장까지 전력 질주할 정도로 아주 많이 먹어야 한다. 섬유질은 식물 줄기를 지탱하는 철근과도 같다. 섬유질은 그 역할에 걸맞게 몹시 질기기 때문에 위장에서 소화도 발효도 되지 않는다. 섬유질이 몸속에 들어가면 스펀지처럼 물을 빨아들여 대변을 크게 부풀리고 대변이 클수록 쓰레기통을 비워 달라는 신호도 빨리 찾아온다.

존 하비 켈로그는 대표적인 섬유질 예찬론자였다. 그는 건강한 대장은 하루에 3~4회 정도 배설하는 게 정상이라고 주장했다. 그러면서 이것을 '자연의 계획'이라고 칭했다. '야생동물, 원시인, 갓난아기, 바보천치'의 배변 빈도가 이렇다면서 말이다. 그는 이 주장을 뒷받침할 증거 자료를 지체 장애인 요양 시설의 직원과 런던 동물원의 침팬지 사육사로부터 입수했다. 동물원을 여러 차례 방문했는데, 그때마다 배변 습관을 주제로 토론한다는 '뚜렷한 목적'을 가지고 갔다고 한다. 켈로그는 침팬지를 관찰하고 이런 기록을 남겼다. "침팬지는 하루에 4~6회 큰일을 본다." 그런데 녀석들은 그걸 다 관람객에게 집어 던진다. 그러니 티끌 한 점 없는 흰색 정장을 즐겨 입던 켈로그도 그다음부터 동물원에 갈 때만큼은 고집을 꺾어야 했을 것이다.

어쨌든 야생동물 자료는 이렇게 동물원에서 구했다고 치지만, 아무리 발 넓은 그도 '원시인'의 배변 습관 자료는 얻을 방법이 없었다. 그런데 이걸 해낸 사람이 있다. 바로 A. R. P. 워커A. R. P. Walker라는 역학자다. 그는 1970년 대 초 남아프리카 의학연구소에 부임하자마자 남아프리카 부락들을 순회하면서 반투Bantu족을 비롯한 여러 아프리카 원주민의 삶을 코앞에서 관찰하고 기록했다. 그런데 그가 남긴 기록에 반투족이 사는 시골 마을에 가면 길바닥에서 설사 똥을 자주 볼 수 있다는 대목이 있다. 누군가에게는 신발을 더럽히지 않으려고 극도로 긴장해야 하는 지뢰밭이 그에게는 금광이었던 셈이다. 워커는 반투족 내에서는 서양에서 흔한 위장 질환이 드물다는 사실을 알아챘다. 왜 이런 차이가 날까? 이 사람들이 섬유질을 엄청나게 많이 먹기 때문일까? 아니면 나무껍질처럼 질긴 음식 찌꺼기가 무슨 짓을 저지를 겨를도 없이 대장에서 방출되는 걸까?

호기심이 발동한 그는 재빨리 영국 사람과 반투족을 비교하는 실험에 착수했다. 실험 방법은 이랬다. 두 그룹 모두 방사성 조영제 알약을 삼킨 뒤 비닐봉지에 볼일을 보게 하고 여기에 일을 본 날짜와 시각을 적은 꼬리표를 단다. 그런 다음 이 봉지에 엑스레이를 쬐어[14] 알약이 들어갔다 나오는 데 걸리는 시간을 측정한다. 이렇게 분석한 결과, 배변 순위는 도보 경주 순위와 같았다. 다시 말해 반투족의 꼴등 세 명이 영국 백인의 상위 세 명만큼 빨랐다. 워커는 반투족은 기장과 옥수수로 만든 죽을 주식으로 먹기 때문에 불용성 섬유질 섭취량이 엄청나게 많다면서 이런 속도 차이의 원인을 식습관에서 찾았다.

이렇게 해서 그는 이른바 잡곡의 후견인이 되었다. 그가 발표한 논문이 앞으로 십수년간 이어질 섬유질 열풍의 불씨가 되었고, 그의 연구 파트너 데니스 버킷Denis Burkitt은 불쏘시개 역할을 했다. 미국에서는 갑자기 너도나도 찾는 바람에 곡물로 만든 머핀, 귀리, 섬유질이 풍부한 아침 식사용 시리얼의 수요가 급증했다. 제임스 워턴은 1984년 설문 조사 결과를 거론하며 미국인의 3분의 1이 건강을 위해 섬유질을 그 어느 때보다 많이 챙겨 먹는다고 분석했다.

그런데 요즘에는 섬유질 얘기가 다시 뜸한 것 같다. 그럴 만한 이유가 있는지 궁금해 인터넷에서 암과 식이섬유에 관한 논문을 뒤져 2010년에 『미국역학회지American Journal of Epidemiology』에 발표된 논문 한 편을 찾아냈다. 네덜란드 남성 3천 명을 13년간 추적 관찰한 연구였다. 자, 들을 준비 되셨는가? 그렇다면 한 대목을 읊어 보겠다. "장운동이 활발한 남성은 변비가 있는 남성에 비해 직장암에 걸릴 위험이 높다." 그런데 내가 이 얘기를 꺼냈을

----

14 여담으로 워커는 엑스레이를 사용하지 않고 대변을 체에 걸러 알약을 찾을 수 있다고도 기록했다. 하지만 멋들어진 의료 장비를 두고 어느 누가 손수 대변을 체에 거르는 수고를 자처하겠는가. 진단의학과 사람들을 너무 성가시게 하는 바람에 미움을 산 게 아니라면 말이다. 그런데 한편으로는 그가 반투족 사람들을 지나치게 밀어붙였을지도 모른다는 생각이 든다. 이런 글을 쓴 걸 보면. "반투족 어린이의 80~98퍼센트는 내가 요청하기만 하면 바로 똥을 쌀 수 있다."

때 마이크 존스는 별로 놀라는 기색이 없었다. 그는 의료계는 애초부터 버 킷의 주장에 적극 동의하지 않았다고 했다. "말하자면 버킷은 반투족을 영 국 해군과 비교한 것과 같아요. 해병들은 하나같이 섬유질을 입에도 대지 않는 골초인데 말이죠." 섬유질과 담배 외에도 영국 해군과 아프리카 오지 원주민 사이에는 다른 점이 이루 헤아릴 수 없이 많다. 이런 상황에서 두 집 단을 단순 비교한 자료를 얼마나 믿을 수 있을까. 그 답은 존스가 알려 주었 다. "그럼에도 이런 연구를 하는 것은 인과관계를 따지자는 게 아닙니다. 서 로 얼마나 관련 있는지 보자는 것이죠. 어차피 그 이상을 하려고 해도 현실 적으로 불가능하고요."

그렇다면 옛날 사람들은 왜 그렇게 섬유질에 목을 맸던 걸까? 그것은 바 로 돈이 되었기 때문이다. 섬유질 열풍이 식료품 소비와 외식을 부추겼다는 게 존스의 설명이다. 말하자면 워커와 버킷이 대본을 쓰고 시리얼 제조 회 사들이 연기를 한 셈이다. 존스는 먹을거리와 대장암의 관련성에 관한 연구 논문을 몇 편만 읽어 보면 섬유질을 얼마나 많이 먹느냐가 아니라 얼마나 많은 칼로리를 섭취하느냐가 더 결정적인 발병 인자임을 알 수 있다고 말했 다. 한마디로 섭취하는 칼로리가 적을수록 대장암에 걸릴 위험성이 낮다는 것이다. 그런데 사람들이 덜 먹으면 돈도 덜 쓸 테니 식당과 식품 회사 입장 에서는 달갑지 않을 수밖에.

한 가지 더 짚고 넘어 가자면, 최근에 분변이 몸속에서 오래 머무는 것이 사실 몸에 좋을 수도 있다는 연구 결과가 발표되었다. 음식 찌꺼기에서 나 오는 황화수소가 염증을 예방할 뿐만 아니라 염증 때문에 대장에 궤양이나 암이 생기는 것을 막아 준다는 것이다. 실제로 설치류를 이용한 동물 실험에서 아스피린은 소화관 벽을 자극하는 반면 황화수소 가스는 소화관 벽에 상당한 소염 작용을 하는 것으로 증명되기도 했다. 그러고 보면 아스피린과 이부프로펜은 소염 진통제이면서도 이상하게 위장관에서만 제 할 일을 못하는 듯하다. 염증 치료제가 도리어 염증을 일으키니 말이다. 한편 이 분야에서 손꼽히는 권위자인 인디애나 의과대학 생리학과 교수 켄 올슨^{Ken} ^{Olson}은 아스피린이나 이부프로펜을 황화수소와 함께 사용하면 이 소염제의 항암 효과가 수천 배로 증폭된다고 주장한다. 적어도 실험쥐와 실험실에서 배양한 암세포에서는 증명된 사실이다. 이 가설이 확실한 인정을 받으려면 사람을 대상으로 한 임상 시험을 통해 최종 검증되어야 한다.

황화수소는 절대악이 아니다. 양이 많으면 위험하고 지독한 고린내가 나긴 하지만, 염화나트륨처럼 생리 작용에 없어서는 안 될 필수 물질이다. 황화수소는 모든 신체 조직에서 쉬지 않고 만들어지며 지금 이 순간에도 그렇다. 일각에서는 동의하지 않지만 저녁 메뉴에도 별로 영향을 받지 않는다. 올슨은 이 가스의 가치를 이렇게 평했다. "황화수소는 위장관 내에서 사통팔달의 매개체 역할을 하는 분자이기 때문에 질병 치료제로서의 잠재력이 무한합니다. 지금 현재 생물의학 분야에서 가장 인기 있는 연구 주제죠."

그러니까 한마디로 일이 이렇게 된 것이다. 우리 인간은 무지와 자만 때문에 혹은 당장의 이익에 눈이 멀었다. 그래서 경솔하게도 스스로 떠올렸거나 누군가에게 전해 들은 근거 없는 추측을 진짜라고 믿어 버렸다. 몸이 보여주는 진실은 철저히 외면한 채로 말이다. 그러나 몸이 보내는 신호는 지구상의 모든 생명체가 수백만 년에 걸쳐 진화하면서 체득한 지혜의 결정체다. 인간의 정신은 배설물을 더럽다며 질색하지만 인간의 몸은 배설물이 왜 더러운지 조금도 이해하지 못한다.

자가 중독에 관한 결정적 진실이 하나 더 있다. 소장이 빼곡하게 난 융모를 통해 영양소를 흡수해서 혈액으로 전달하는 일을 한다는 것은 누구나 알고 있는 상식이다. 그런데 대장에는 흡수 기능이 없다는 사실을 모르는 사람이 많다. 존 하비 켈로그와 같은 자가 중독 광신자들은 유해한 대장 내용물이 소장으로 역류한다며 동의하지 않겠지만, 현실에서 그런 일은 일어나지 않는다. 소장과 대장을 구분하는 일종의 관문인 회맹장 판막이 한 방향으로만 열리는 까닭이다.

물론 힘을 주면 이 판막을 강제로 소장 쪽으로 열 수도 있을 것이다. 그러나 자연 상태에서는 그런 일이 일어나지 않는다. 죽은 다음에는 가능할지도 모른다. 그것도 19세기에 해부학 강의실에서 그랬던 것처럼 고무관을 시체의 항문에 꽂고 발바닥에 땀나도록 펌프질을 할 경우에 한해서 말이다. 1878년부터 1885년 사이에 영국, 프랑스, 독일, 미국 등지에서 다수의 과학자가 이와 비슷한 방법으로 회맹장 판막의 성능을 실험했다. 그 결과, 독일의 연구자 헤슐Heschl은 시체로 수차례 실험한 끝에 이 판막이 똥물이 역류하는 것을 완벽하게 차단한다는 확신을 얻었다고 한다. 또한 오하이오 의과대학의 W. W. 도슨W. W. Dawson은 시체 13구 중 12구의 회맹장 판막이 탄탄하게 버티는 것을 확인했다고 한다. 결함이 있었던 마지막 시체의 실험 결과는 1885년 『신시내티 랜싯 앤드 클리닉Cincinnati Lancet and Clinic』에 실렸는데, 도슨은 이 시체의 회맹장 판막이 불량품이었다고 결론 내렸다.

짐작건대 황소같이 튼튼한 회맹장 판막을 찢고 소장으로 밀어 올리려면 물의 양도 양이지만 수압도 엄청나야 할 것이다. 그래서 J. B. L. 캐스케이드의 도움이 필요했는지도 모른다. 장 청소 애호가들은 대장에 더러운 분변을 한 조각도 남기지 않겠다는 일념으로 저 멀리 위쪽 소장까지 밀어 올리려고 안간힘을 썼다. 이 사람들은 대장은 흡수 기능이 거의 없고 소장은 주특기가 뭐든지 흡수하는 것이라는 사실을 정말 몰랐던 걸까.

이 대목에서 궁금하지 않을 수 없다. 인과와 허실이 분명해 보이는 이 사안에 의학계의 지도자들이 이렇게까지 주목하는 이유는 무엇일까? 강의 시간에 학생들에게 깊은 인상을 심어 줄 만한 흥미로운 소재라서? 그럴 수도 있지만 그게 다가 아니다. 여기에는 의료계에서 오랫동안 논쟁거리였던 '아랫구멍으로 먹는 것'의 가치를 이제 그만 결판내고자 하는 소망이 숨어 있다.

15

나오는 문으로 들어가면
안 되나요?

음식을 위에서 아래로 내려보내지 못하는 환자들이 아래에서 위로 밀어 넣어 먹은 역사는 생각보다 길다. 오래된 것은 고대 이집트 시대까지도 거슬러 올라간다. 그뿐만 아니라 1926년에도 그런 사례가 있었다. 이 이른바 '영양소 관장법'은 굶어 죽는 것 말고는 다른 방도가 없던 사람들에게 최후의 생존 수단이었다. 그런데 예상과 달리 영양소 관장 전용 즉석 식품이 나왔을 정도로 의료계에서는 이것을 적극적으로 수용했다. 당시 의학 잡지를 보면 이런 제품의 광고를 어렵지 않게 접할 수 있었고 가끔은 소비자 체험 수기도 실렸다. 1859년에 어떤 환자는 밀크커피를[1] 항문으로 마셨더니 그 어

---

1 그렇다고 막 내린 뜨거운 커피를 부으면 안 된다. 실제로 이랬다가 대장 일부분이 익어 버려 응급실 신세를 진 사람이 한둘이 아니다. 나는 이 얘기를 어느 베테랑 응급실 간호사에게서 직접 들었다. "사람들이 자기 몸에 무슨 짓을 하는지 상상도 못 하실 거예요. 감자로 재미를 본 뒤 빼내는 걸 잊고 있다가 사타구니에서 감자 싹이 튼 뒤에야 알아채는 사람이 있다면 믿으시겠어요? 어떤 사람은 직접 코 성형을 하겠다고 화장실 거울을 보고 살을 째서 전날 저녁에 먹고 남은 닭 물렁뼈를 넣기도 해요. 어휴, 별의별 일이 다 있다니까요."

느 주사약보다 탁월한 갈증 해소 효과가 있었다는 글을 기고하기도 했다.

전 미국 대통령 제임스 가필드James Garfield도 우연한 계기로 홍보에 큰 몫을 했다. 1881년의 일이다. 암살자가 쏜 총알이 가필드 전 대통령의 간을 관통했고, 닥터 D. W. 블리스D. W. Bliss2의 더러운 손가락과 수술 도구를 통해 세균 덩어리가 상처로 들어가고 말았다. 그 때문에 구토 증세에 시달리며 나날이 쇠약해 가던 전 대통령은 8월 14일부터 9월 19일까지 생애 마지막 한 달 동안 닥터 블리스의 특명으로 미국 공중위생국장 전용 진료소에서 조제한 관장 영양식 말고는 아무것도 먹지 못했다.

참고로, 공중위생부국장이었던 C. H. 크레인C. H. Crane이 짠 관장 영양식 쇠고기죽의 레시피는 다음과 같다. 신선한 쇠고기 150그램에 냉수 약 400밀리리터를 붓고 잘게 갈아 염산 몇 방울을 넣은 뒤 소금 간을 한다. 그대로 한 시간에서 한 시간 15분 정도 뒀다가 체에 거른다. 여기에 달걀 하나를 깨서 노른자만 넣고 쇠고기 농축액 약 7밀리리터와 위스키 약 18밀리리터를 첨가한다.

미각을 잃은 사람을 위해 요리하는 것의 좋은 점 중 하나는 매번 똑같은 음식을 대령해도 불평을 들을 일이 없다는 것이다. 이런 사람들은 적어도

---

2 D.W.의 D는 Doctor의 D다. 그러니까 전 대통령 주치의의 이름을 풀어 쓰면 닥터 닥터 윌러드 블리스Dr. Doctor Willard Bliss가 되는 셈이다. 이유는 알 수 없지만 그의 부모는 아들의 이름을 뉴잉글랜드 출신 의사 닥터 새뮤얼 윌러드Dr. Samuel Willard의 이름을 따서 지었다. 그런데 닥터Dr.가 이름 앞에 붙이는 경칭인 줄 몰랐던 부모가 새뮤얼 윌러드 블리스를 닥터 윌러드 블리스로 만들어 버린 것이다. 하지만 이름 덕분인지 아들은 장성하여 의대에 진학했고, 재능과 윤리의식은 좀 부족해 보이지만 어쨌든 의사가 되었다. 그러나 그를 따라다니는 불명예스러운 비화가 적지 않다. 잘못된 처방으로 대통령의 수명을 줄인 것 말고도, 치료비로 2만 5천 달러를 청구하는가 하면, 자격증도 없는 각료의 아내를 간호사로 채용하기도 했다. 2만 5천 달러를 요즘 물가로 환산하면 무려 50만 달러, 즉 5억 5천만 원 가까이 되는 고액이다. 결국 그는 의사 자격증을 박탈당했지만 그래도 여전히 닥터 블리스라고 불렸으니 이걸로 위안을 삼을 수밖에.

사소한 걸로 트집을 잡지 않는다. 반면 단점도 있다. 체온 때문에 음식이 빨리 부패해 냄새가 난다는 것이다. 가필드 전 대통령과 담당 간호사들은 5일 동안 지독한 방귀 냄새에 시달린 끝에 급기야 레시피에서 달걀노른자를 빼버렸다. 한편 소 피도 그에 못지않게 악명이 높다. 어떤 의사는 혈액이 분해되면서 나는 역겨운 냄새가 집 안 전체에 퍼질 만큼 고약하다고 불평했다. 관장 영양식으로 자주 등장하는 메뉴인 맑은장국도 마찬가지였다. 이 육수는 박테리아가 사랑하는 먹잇감이기 때문이다. 한천이 보급되기 전에 미생물 배양 배지로 쇠고기 국물이 널리 사용된 것도 같은 이유에서다. 그러니 맑은장국 영양식을 들이부은 직장은 말 그대로 최고급 고성능 미생물 배양실이나 다름없었다.

하지만 결정적인 문제는 따로 있었다. 너무 서둘러 주입하면 말 그대로 관장을 하게 된다는 것이다. 어찌 보면 영양소 관장법은 아기에게 우유를 먹이는 것과 별반 다르지 않다. 턱받이를 맬 곳이 마땅치 않다는 점만 빼면 말이다. 이에 한 전문가는 1882년에 『영국의학저널』에 기고한 글을 통해 이렇게 당부했다. "영양소 관장을 하기 전에 직장을 싹 비워야 한다."

이 문제의 해결책으로 관장 영양식에 왁스와 전분을 섞어 좌제로 만드는 방안이 제시되었다. 블리스는 자신의 저서 『직장을 통한 영양공급법*Feeding per Rectum*』3에서 환자가 병원에 올 필요 없이 혼자 시행할 수 있다는 장점도 있다고 설명했다. 그는 한 알이면 충분한 영양소 관장용 종합 영양제라며 이 좌제의 편이성을 극찬했다. 단, 주의할 점이 딱 하나 있다. 가끔 직장이 요

---

3 어떻게 '영양소 관장법'만을 주제로 책 한 권이 나올까? 블리스는 이것이 어떤 로맨스보다 흥미진진하기 때문에 충분히 가능한 일이라고 밝혔다.

동치면 좌제가 통째로 되돌아 나오기도 한단다. 의학 역사상 배설 행위를 이렇게 점잖게 표현한 완곡어법이 또 있을까? 마치 직장이 공손하게 "실례합니다만, 지금 제가 이걸 돌려 드려도 될까요?"라고 묻기라도 하듯이.

이런 분위기 속에서 헤슐과 도슨을 필두로 너도나도 시체의 뒤꽁무니에 고무관을 들이댔고, 그 결과를 줄줄이 논문으로 발표했다. 그중에서 특히 주목할 것은 모든 논쟁을 잠재울 결정타를 날린 회맹장 판막 실험이다. 영양소 흡수 쇼가 벌어지는 주 무대는 소장인데, 인공적으로 엄청난 수압을 가하지 않는 한 정상적인 환경에서는 밑에서 밀어 올린 음식물이 이 소장에 도달하지 못한다는 사실이 이 실험을 통해 증명되었다. 관장용 쇠고기 죽에 췌장을 저며 넣곤 했던 것도 다 그런 까닭이다. 애초에 소장까지 올라갈 것이라는 희망을 버린 채 췌장 효소가 고기 단백질을 잘게 분해해 대장과 직장에서 흡수되기 쉽도록 만들어 줄 거라는 기대에서 말이다.

그렇다면 과연 영양소 관장법이 실질적으로 영양 보충에 도움이 되었을까, 아니면 탈수만 막아 줄 뿐이었을까? 영양소가 흡수되기는 했을까? 만약 그랬다면 얼마나 흡수되었을까? 이렇게 꼬리에 꼬리를 무는 의문점을 둘러싸고 또다시 다양한 실험이 진행되었고, 오래지 않아 진실이 밝혀졌다. 대장과 직장은 가령 지방, 알부민, 단백질 같은 큰 분자를 흡수하지 못한다. 이런 거대 분자 물질은 며칠 뒤 고스란히 되돌아 나오고 만다. 이와 달리 소금과 포도당, 길이가 짧은 몇몇 지방산, 비타민, 무기질은 어느 정도 대장과 직장 안에 머문다. 하지만 그뿐이다. 기본적으로 영양소 흡수 과정의 90퍼센트는 소장에서 일어나기 때문이다. 한마디로 직장으로 영양소를 주입하면 죽음을 며칠 미룰 수는 있겠지만 생명을 연장한다고 말할 정도는 아닌 것이다.

그런데 흥미롭게도 1600년대에 로마 교황청에서 비슷한 실험을 제안한 적이 있다. '쇠고깃국을 직장으로 먹으면 사순절 금식 규정을 위반하는 것인가' 라는 오랜 논쟁을 이쯤에서 끝내기 위해서였다. 이 주제에 관해 가톨릭교회 내에서도 가타부타 말이 많았다. 당시 약사들은 수녀를 비롯해서 독실하지 만 허기진 가톨릭 신자들에게 관장용 맑은장국을 팔아 쏠쏠한 수익을 얻었 다. 맑은장국 한 사발이면 점심까지 거뜬히 버틸 수 있었다. 교황청에서 정 한 금식 규정에 따르면 '입으로 넣어 삼켜 위에서 소화시키는 것'만 음식으 로 인정되었다. 그러니 이 정의에 따르자면 영양소 관장법을 써도 엄밀히 금 식 서약을 깨는 게 아니었다.4 이렇듯 수녀원에서 영양소 관장법이 크게 유 행하자 이 규정을 고쳐야 한다는 의견이 나온 것은 당연했다. 이런 상황에 서 교황청이 실험을 제안한 것이다. 실험 계획은 이랬다. 자원해서 실험에 참 여할 사람을 모집하고 이들에게 직장으로만 음식을 공급한다. 만약 이들이 살아남으면 관장 영양식을 음식으로 간주해 금지 조치하고 반대로 살아남 지 못하면 현행 규정을 유지하고 희생자를 애도한다. 하지만 자원하는 사람 이 아무도 없었다. A. 라비노^{A. Rabino}라는 이탈리아 의학사학자의 기록에 따 르면, 그 이후로도 수녀들은 각자 숙소에서 경건한 마음가짐으로 관장에 임 했다. 늘 하던 대로 말이다.

대장에는 흡수 기능이 없어 매일 멀쩡한 영양소 상당량 버려진다. 소장 이 꼼꼼하게 다 챙겨 주면 좋겠지만 그러기에는 음식이 소장에 머무는 시간 이 너무 짧다. 이렇게 대장으로 넘어간 음식 찌꺼기는 이곳에 상주하는 박테

---

4 가톨릭 지침서 『미사 예법*The Celebration of Mass*』에는 금식 규정을 깨지 않고도 소화관에 넣을 수 있는 것들이 나열되어 있다. 몇 가지 예를 들면 이렇다. 입안을 헹구다가 실수로 삼킨 구강 세척액, 물어뜯다가 자기도 모르게 꿀꺽한 손톱이나 머리카락, 입술 각질, 잇몸에서 나는 피 등.

리아가 분해해서 비타민과 각종 영양소를 뽑아낸다. 문제는 대장이 이걸 흡수하지 못한다는 것이다. 그래서 아깝지만 그대로 내보낼 수밖에 없다.

이것은 애완동물 사료를 만드는 AFB 인터내셔널의 팻 뮐러와 대화하던 중에 나온 얘기다. 그는 개들이 자기 똥을 다시 먹는 이른바 '자기 분식증'이라는 행동을 하는 이유를 설명하고 있었다. 뮐러는 개는 앞서 놓친 영양소까지 깨끗하게 흡수하기 위해 자기 똥을 먹는다고 말했다. 말하자면 소장에서 두 번에 걸쳐 완벽하게 걸러 내는 것이다.

사람이 이러는 것은 상상도 못할 일이지만 동물의 왕국에서는 이런 일이 비일비재하다고 한다. 쥐와 토끼는 대장에서만 비타민 B와 비타민 K가 만들어진다. 이걸 할 수 있는 박테리아가 대장에만 살기 때문이다. 즉 배설물이 쓰레기가 아니라 비타민 덩어리일 수도 있다는 소리다. 이쯤에서 이 분야의 대가인 리처드 헨리 반스Richard Henry Barnes를 소개할까 한다.

반스는 1956년부터 1973년까지 코넬 대학교 식품영양학과 학장을 지냈고 미국영양학회 회장이었다. 무엇보다도 그는 대변의 영양학적 가치를 공식적으로 천명한 최초의 과학자다. 나는 그를 사진을 통해서만 만났다. 『영양학 리뷰Nutrition Reviews』에 그의 논문 「자기 분식증의 영양학적 의미Nutritional Implications of Coprophagia」가 발표될 무렵에 찍은 것이었다. 이마가 관자놀이 뒤까지 벗겨진 그는 1950년대 후반에 유행했던 세로줄무늬가 있는 뿔테안경을 쓰고 금발머리를 두피에 딱 붙여 빗어 넘겼다. 언뜻 보면 영화배우 에드 해리스Ed Harris와 비슷하게 전통과 명예를 고집할 것 같은 인상이다. 하지만 그의 한 동료가 부고란에 기고한 글을 보면 그의 진면목을 알 수 있다. "리처드는 사회적인 문제든 정치적인 문제든 열린 마음과 객관적인 태도의 소유자였다. 나는 그의 그런 점을 존경했다."

그가 설치류의 자기 분식증에 관심을 갖게 된 것은 어떻게 하면 그런 짓을 못 하게 할까 고민하면서부터였다고 한다. 심혈을 기울여 준비한 식이 조절 연구가 실험 대상 동물의 이상한 입맛 때문에 자꾸 실패로 돌아갔던 것이다. 그동안은 바닥에 철망을 깔아 구멍으로 대변 덩어리만 떨어지게 만든 특수 우리에 실험쥐를 넣는 게 다였다. 하지만 실험쥐가 아예 항문에 입을 대고 나오는 족족 받아먹는 바람에 이 방법에는 한계가 있었다. 바닥에 철망이 깔려 있더라도 이렇게 챙겨 먹은 배설물이 전체 배설량의 50~65퍼센트 정도 되었다고 한다.

이런 식으로 나중에 그는 초창기 관심 분야였던 영양소 구성이 아니라 자기 분식 행동 자체에 더 무게를 두고 연구에 몰두했다. 그가 1957년에 발표한 논문을 보면 이런 구절이 있다. "설치류가 대장에서 합성된 영양소를 섭취하는 수단으로서 자기 분식증이 차지하는 비중이 어느 정도인지는 영양학계의 최대 미스터리 중 하나다." 이 연구는 미국 국립과학재단의 연구비 지원을 받았다. 과학재단은 별의별 연구를 다 후원하는 모양이다.

어쨌든 반스는 연구에 착수하고 실험쥐가 매일 먹는 양과 배설하는 양을 정확하게 측정했다. 이 작업을 위해 그는 작은 플라스틱 병의 목 부분을 잘라 실험쥐의 엉덩이에 묶는 '대변 수집컵'이라는 도구를 직접 고안했다. 그의 근면성과 독창성이 엿보이는 대목이다. 국립과학재단에서 받은 연구비의 일부는 최신형 톱, 드릴에 끼우는 날, 목공용 끌, 접착테이프, 물림쇠, 고무관, 세 가지 크기의 플라스틱 병을 구입하는 데 사용했다. 실험은 컵에 모인 대변을 매일 수거해서 다시 사료 그릇으로 옮기는 식으로 진행됐다. 갑자기 반스가 음식이 식지 않도록 은으로 된 뚜껑을 덮어 세련된 몸짓으로 직접 대령하는 상상이 떠오른다. 측정 결과, 실험쥐들은 매일 자기 배설물의 45~100퍼센트를 다시 먹는 것으로 나타났다. 그뿐만 아니라 이걸 못 하게 하면 금세 비타민 B5, 비타민 B7, 비타민 B12, 비타민 K, 티아민, 리보플래빈, 그리고 몇 가지 필수 지방산이 결핍된 상태가 되었다고 한다.

그로부터 4년 뒤, 호주 왕립퍼스병원의 생화학연구실 소속 과학자인 B. K. 암스트롱B. K. Armstrong과 A. 소프틀리A. Softly가 비슷한 연구 결과를 발표했다. 실험쥐에게 배설물을 먹지 못하게 했더니 성장이 크게 둔화되었다는 것이다. 두 사람은 다른 조건은 모두 동일하게 통제한 상태에서 40일 동안 실험군 개체들에게는 배설물 섭취를 금지하고 대조군 개체들에게는 금지하지 않았다. 그랬더니 실험군에서는 실험 첫날과 비교했을 때 체중이 단 20퍼센트만 증가했지만 금지하지 않은 대조군에서는 75퍼센트나 증가했다. 이때 암스트롱과 소프틀리는 반스의 것과 다른 독자적인 기술을 사용했다. 바로 귀찮게 대변 수집컵을 계속 비우고 바꿀 필요 없이 아예 항문을 만지지 못하게 조끼를 입히는 것이다.

말이 '조끼'지, 이걸 만들려면 엄청나게 손이 간다. 먼저 지갑을 만들 때 쓰는 가죽에 도안을 대고 자른다. 이 도안은 논문에도 수록되어 있는데, 꼬리 부분에 V자 홈이 나 있고 생식기를 가리지 않는 형태다. 여기에 끈을 달아 단단하지만 몸통을 너무 꽉 죄지는 않게 묶고 이 끈을 꼬리 쪽으로 빼서 나비 모양 매듭을 지어 묶는다. 마지막으로 작은 가위로 정리한다. 여기까지만 들으면 스튜어트 리틀처럼 깜찍한 생쥐의 모습이 떠오를 것이다. 그렇다면 논문의 다음 페이지에 실린 실물 사진과 직접 비교해 보기 바란다. 사진 제목은 '자기 분식증을 막기 위해 조끼를 입힌 실험쥐'다. 검은색 가죽으로 만든 조끼를 양 앞발에 끼워 입히고 허리 중간께에서 끈으로 졸라맸다. 목덜미에 마찬가지로 검은색 가죽으로 된 깃까지 세우면 패션이 완성된다. 세상에 이렇게 멋진 구속복이 또 있을까. 요즘은 실험 동물실에서 이런 서비스도 해주는지 놀라울 따름이다.

반스는 자기 분식증을 반추에 비유했다. 반추동물의 대명사인 소는 음식을 씹어 넘기는 과정을 40~60회 정도 반복한다. 이 과정에서 박테리아가 달라붙어 영양소 추출 작업을 할 수 있는 표면적이 점차 넓어진다. 실제로 어딘가에서는 자기 분식증을 '유사 반추'라고 부른다고 하는데, 아마도 이 용어는 토끼 애호가들이 만들었을 것이다. 토끼는 대표적인 자기 분식 동물이다. 그런데 어여쁜 토끼가 자기 똥을 먹다니, 토끼 주인 입장에서는 이 용어가 맘에 들 리 없다. 토끼가 처음 싼 똥 덩어리[5]는 크기도 크고 훨씬 무르다. 그래서 그런지 이것을 맹장분이라는 특별한 용어로 구분해서 지칭하기도 한다. 제목에 '분식증'이 아니라 '맹장 분식증'이라고 분명하게 구분한 논문도 있다.

반스는 대부분의 비반추동물은 대변을 매우 맛있게 먹는다고 호언했다. "이것은 영양소를 최대한 섭취하려는 극히 정상적인 행동이기 때문에, 기능 측면에서 대장을 소화관의 중간 부분이라고 보는 것이 마땅하다." 다시 말해, 소장을 두 번째 거칠 때가 소화 과정의 최종 단계라는 것이 그의 설명이다.

그래, 반스의 설명대로 쥐, 토끼, 기니피그, 개, 돼지, 닭 등 다양한 동물에게 이런 행동이 정상이라고 치자. 하지만 '대부분'의 비반추동물이라니? 정말로 그럴까?

시간 낭비 할 것 없이 사람과 가장 가까운 친족 동물부터 살펴보자. 나는

---

5 토끼 사료 제조업계는 토끼의 배설물이 이렇게 덩어리진다는 점까지 고려해서 '덩어리'라는 단어를 언급조차 하지 않는 것 같다. 가령 케이티Kaytee가 "토끼가 사랑하는 고품질 영양 사료 덩어리"라며 제품을 광고한다면? 아마도 흔들면 알갱이가 부스럭거리는 봉지 형태라는 이미지가 전혀 떠오르지 않을 것이다.

아이오와 대학교에서 영장류학을 연구하는 질 프루츠Jill Pruetz에게 이메일을 보냈다. 그녀를 알게 된 것은 2007년 한 잡지에서 세네갈 퐁골리 강 유역에서 진행된 침팬지 연구에 관한 기사를 읽고 나서였다. 내가 연락했을 때, 그녀는 마침 얼마 전에 파코 베르톨라니Paco Bertolani와 함께 내가 물어보려던 주제에 관한 논문을 투고했다면서 이런 답장을 보내왔다. "퐁골리 침팬지가 자기 똥을 먹는 동물이라고 볼 수는 없습니다. 엄밀히 말하면 씨앗만 골라 다시 먹는 '씨앗 회수'가 더 정확한 표현이죠. 퐁골리 침팬지는 대변 자체를 먹지 않아요. 한 손에 대변 한 줌을 들고 다른 한 손으로 혹은 입술로 씨앗만 골라내는 겁니다." 이 선별 작업이 끝나면 입술을 나무껍질에 문질러 닦는다니 참으로 다행이 아닐 수 없다.

그런데 퐁골리 침팬지가 이런 행동을 하는 시기가 따로 있다고 한다. 바오밥나무나 콩과식물의 씨가 너무 딱딱해서 씹을 수 없는 몇 주 동안만이다. 이런 철에는 씨앗이 소화관을 두 번 통과하면서 외피가 충분히 흐물흐물해진 다음에야 속씨에 들어 있는 단백질과 지방이 나온다. 퐁골리 침팬지뿐만 아니라 탄자니아 하드자Hadza 부족에도 비슷한 풍속이 있다. 이 부족 여성들은 개코원숭이의 배설물에서 연해진 바오밥 씨앗을 골라내 잘 씻어서 말린 다음 가루로 빻아 요리에 사용한다.

침팬지와 하드자 부족의 지혜는 칭찬받을 만하다. 하지만 세상에서 가장 비싼 커피를 만드는 고양이를 따라잡으려면 한참 멀었다. 인도네시아 사향고양이의 소화관을 지나온 커피 원두는 450그램에 200달러를 호가할 정도로 우대를 받는다. 원두가 소화관을 거치면서 향과 맛이 훨씬 좋아지는 까닭이다. 사향고양이가 가져다준 돈벌이가 얼마나 짭짤한지 일반 커피 원두, 점도가 비슷한 대변, 접착제를 사용해서 위조한 짝퉁 사향고양이 대변 시장이 등장했을 정도다.

이 씨앗 회수가 가장 흔한 곳은 사바나다. 먹을 게 귀한 곳이니 당연하다. 그런데 열대우림에 사는 동물도 비슷한 행동을 한다고 한다. 프루츠의 논문에는 연구 팀이 야생 마운틴고릴라의 자기 분식 현장을 목격했다고 적혀 있다. 주변에 먹을 게 차고 넘친다는 점을 고려하면 정확한 이유는 알 수 없지만, 학계는 사람들이 한겨울 아침에 크림수프를 찾는 것과 같은 심리일 거라고 추측한다. 쌀쌀한 날이나 우기에 뭔가 따뜻한 것을 먹고 싶어서 그런다는 것이다.

그렇다면 이번에는 조심스럽게 우리 자신, 호모 사피엔스에게로 눈길을 돌려 보자. 1993년에 영양실조 상태의 동물과 비슷하게 행동하는 사람들을 관찰한 연구가 수행되었다. 관찰 대상은 요양소에 있는 환자 3명, 즉 바트Bart와 애덤Adam, 코라Cora였고, 세 사람 모두 심각한 발달 장애를 가지고 있었다. 이 연구를 주도한 찰스 버글Charles Bugle과 H. B. 루빈H. B. Rubin은 세 사람의 자기 분식 습관을 완벽하게 뜯어고치는 데 성공했다고 기록했다. 액상 영양제 비보넥스Vivonex를 먹인 것이 비결이었다. 그들은 이렇게 분석했다. "이런 환자는 여러 가지 장애를 동시에 앓는 경우가 많아서 일반 식단으로는 어떤 영양소를 소화하거나 대사하지 못하는 일종의 결핍증 상태에 있다." 이 말이 사실이든 아니든, 비슷한 종류의 다른 수용 시설들에서도 비보넥스를 선호하는 것은 확실하다. 지시대로 잘 따르면 상으로 비보넥스 한 잔을 주는 식으로 자기 똥을 먹거나 벽에 똥칠하는 행동을 치료한다고 한다. 왠지 조만간 이 방법이 대유행할 거라는 예감이 든다.

직장 흡수 효용론은 대부분 반짝 유행하고 말거나 효과가 없다고 밝혀졌지만, 오늘날까지도 직장에 넣어 흡수시키는 것이 훨씬 낫다고 인정되는 것이 있긴 있다. 위와 간을 거치지 않기 때문에 먹을 때보다 약효가 훨씬 빨리 나타난다는 점이 유리한 약이 그런 것들인데, 아편, 술, 담배, 페요테 선인장에서 추출한 마약, 아가베 발효액 등 종류도 다양하다. 남미 지역에 흔한 어떤 환각제는 직장에 넣으면 구토 부작용이 없다는 보너스 효과까지 있다. 1977년 3월, 피터 퍼스트^{Peter Furst}와 마이클 코^{Michael Coe}는 공동 집필한『자연사^{Natural History}』를 통해 그전까지는 잘 알려지지 않았던 고대 마야 문명의 비화를 소개했다. 바로 관장 중독자가 많았다는 사실이다. 이 사실은 개인 소장품으로 꼭꼭 숨어 있던 서기 3세기경의 마야 채색 화병을 조사하던 중에 드러났다. 화병 장식의 모델은 화려한 고깔모자를 썼지만 아랫도리는 헐벗은 남성이다. 그는 무릎을 꿇은 상태에서 엉덩이를 번쩍 든 채로 고양이처럼 웅크리고 항문에는 원통형 물건이 꽂혀 있다. 또 다른 한 남성은 쪼그려 앉은 자세로 원통을 직접 넣고 있다.

　화병이 세상에 공개되자 고고학계에 일대 소란이 일었다. 이 그림 하나로 그동안 베일에 가려 있던 마야 예술품의 모든 수수께끼가 한꺼번에 풀렸기 때문이다. 퍼스트와 코는 작은 점토 조각상을 화병의 그림과 비슷한 또 다른 예로 들었다. 이것은 무덤에서 찾은 것인데, 남성이 뒤를 닦는 것처럼 쪼그려 앉은 형상을 하고 있다. 처음에는 어느 누구도 도대체 왜 가족들이 사랑하는 고인을 이런 오줌싸개 인형과 함께 묻었는지 이해할 수 없었기에 전문가들도 당황했지만 지금은 그 이유가 분명해졌다. 이 남성은 관장 마니아였던 것이다. 그런데 화병이 해결한 수수께끼는 이것만이 아니다. 그동안 중남미 전역에 걸쳐 모든 고고학 발굴 현장에서 어떤 물건이 공통적으로 발견되었다. 속이 빈 뼈를 손으로 대충 깎아 한쪽 끝에 동물이나 물고기의 방광을 붙인 것이었는데, 생김새는 스포이트와 비슷했다. 하지만 어느 누구도 물건의 용도를 짐작조차 할 수 없었다. 그러던 중에 화병 그림 덕분에 이 유물의 정체가 관장용 주사기라는 사실이 밝혀졌다. 그뿐만 아니라 고무나무 수액으로 이런 주사기를 만든 것도 남미 인디언이 최초라고 한다.

그런데 화병 그림이 의미하는 바가 진짜 이런 것일까? 혹시 단순한 변비 치료법은 아니었을까? 실제로 퍼스트와 코는 이 가능성에 무게를 두고 구세계 관장 문화의 유일한 동기는 변비였을 거라고 주장한다. 그런데 진짜로 관장 자체를 심하게 즐긴 사람도 있다. 바로 프랑스 왕 루이 14세다. 그는 통치 기간 동안에만 2천 번 넘게 관장을 했고, 가끔은 관장을 하면서 왕정 관리와 해외 대사를 접견하기도 했다고 한다. 프랑스 왕가의 이런 관장 사랑은 선대 루이 11세로 거슬러 올라간다. 풍문에 따르면 그는 애견에게까지 관장을 실시했다고 한다.

한편 아랫구멍은 기미상궁의 감시를 피하는 것은 물론 미뢰를 속일 수 있다는 점에서 독살에도 유용하다. 이런 까닭에 살인자는 실패할 걱정 없이 마음 놓고 치사량을 투입할 수 있다. 몇몇 역사학자들은 로마 황제 클라우디우스^{Claudius}가 이런 식으로 독살되었다고 본다. 독살을 주도한 사람은 어리고 매혹적인 네 번째 아내 아그리피나^{Agrippina}였다. 표면상의 살해 동기는 다분히 정치적이었는데, 전남편에게서 얻은 아들을 황제로 앉히고자 하는 욕심 때문이었다고 한다. 수에토니우스^{Suetonius}가 남긴 글에는 클라우디우스 황제가 이렇게 묘사되어 있다. "웃음소리가 기괴하고 화를 낼 때면 입에 게거품을 물고 콧물을 흘리는 탓에 더 흉물스러워졌다. 게다가 말까지 더듬고 머리를 심하게 떨었다." 황제에 대한 악평은 또 있다. 1942년 9월 5일에 『미국의학협회지』에 실린 글이다. "클라우디우스 황제는 늘 배에 가스가 차

헛배가 부른 증세에 시달렸다."⁶

하지만 역사상 기록으로 남아 있는 관장 사례 중 가장 기이한 것을 꼽자면 성수 관장에 비할 것이 없다. 나는 이 얘기를 무슨 예술 관련 학술지에서 지나가는 말로 처음 접했다. 성수 관장이 일종의 퇴마 도구일 거라는 내용이었다. 그런데 이런 추측이 나온 데는 그럴 만한 근거가 있다. 성수로 관장을 하면 몸 안 구석구석을 정화할 수 있는데 뭣 하러 겉에만 칙 뿌리고 말겠는가? 나는 전문가의 의견을 듣기 위해 가톨릭교회의 미국 본부 격인 미국 가톨릭주교회 공보부에 이메일을 보냈지만 예상대로 답장은 받지 못했다. 그래서 어쩔 수 없이 예술 학술지로 돌아가 해당 기사의 참고문헌 목록을 훑어본 뒤 논문 한 편을 골랐다. 그러고는 번역가에게 통역을 부탁했다. 논문이 이탈리아어로 된 까닭이다.

이 논문에 따르면, 성수 관장은 딱 한 차례 시행된 특별한 경우였다고 한다. 1600년대 초, 프랑스 루됭에 있는 우르술라 수녀원의 수녀원장 잔 데 장주Jeanne des Anges에게 퇴마의식이 거행되었다. 그녀가 남성적인 매력이 철철 넘치는 위르뱅 그랑디에Urbain Grandier라는 이름의 주임사제가 꿈에 나타나 그녀를 어루만지고 유혹했다고 주장한 것이 사건의 발단이었다. 그랑디에 신부가 정말로 그럴 의도를 가지고 있었다면 어느 정도는 성공한 셈이었다. 경건하기 그지없던 수녀원이 밤마다 울려 퍼지는 원장 수녀님의 비명 소리에 아수라장이 되고 말았으니 말이다. 사건을 보고받은 상부는 즉시 퇴마의식 명령을 내렸다.

---

6 고대 로마 의회에서 '로마인은 공공장소에서 방귀를 뀌어도 전혀 수치스러워할 필요가 없다'는 칙령을 비준한 이유를 이제 알 것 같다.

그런데 성수를 마시게 하는 것이 훨씬 편하고 깔끔했을 텐데 왜 그러지 않고 거꾸로 넣었을까? 다양한 설이 있지만 정통 로마 가톨릭의 성수 축성 의식에 성수에 소금을 타는 과정이 있다는 사실에서 힌트를 하나 얻을 수 있다. 이 관행이 어디서 시작되었든, 그 후로는 성수를 마실 수 없게 된 것만은 분명하니 말이다.[7]

그리고 또 다른 설명은 이렇다. 퇴마 사제가 의식을 거행한 지 며칠 뒤 악마가 수녀의 몸 안에서 보호막을 치고 버티고 있음을 알게 되었다고 한다. 이 대목에서 번역가가 말을 멈췄다. 그러더니 논문을 자세히 들여다보고 손가락으로 단어를 하나하나 짚어 가며 또박또박 읽었다. "······일 포스테리오레 델라 수페리오라*il posteriore della superiora*. 엉덩이 안으로라고요!"

이에 자신이 감당할 수 있는 사건이 아니라고 판단한 퇴마 사제는 일명 '시뇨르 아담*Signor Adam*'이라는 약제사에게 도움을 요청했다. 당시 관장은 약제사의 소관이었고, 그들에게 짭짤한 부수입을 안겨 주는 부업이었다. 시뇨르 아담은 주사기에 성수를 채우고 갈고 닦은 실력을 발휘해 수녀원장에게 기적의 관장 의식을 거행했다. 그러자 2분 뒤 악마가 수녀의 몸에서 떠나갔다고 한다.

---

7 그런데 성수를 마셔도 괜찮은 걸까? 가톨릭교회에서도 분명한 답을 내놓지 않는다. 한 사제는 성수는 본래 세례식에만 사용하기 때문에 뿌리는 것이지 마시는 게 아니라고 지적했다. 그런 반면, 매케이 교회용품사는 온라인 쇼핑몰을 통해 다섯 가지 성수 보관통을 판매한다. 23리터까지 담아 둘 수 있고 버튼을 누르면 수도꼭지에서 물이 나오며 냉장 기능도 갖추고 있다. 뚜껑에 십자가 장식이 있다는 점만 다르다. 이 물을 마시는 교구 주민도 분명히 있고 이것을 싫어하는 사제도 있다. 캘리포니아 주 커틀러의 성모마리아 교구에는 둘 다 있었다. 1995년에 이 교구의 앤서니 산초보일스 Anthony Sancho-Boyles 신부가 주민들이 성수를 식수로 마시지 못하도록 옛날 방식대로 성수에 소금을 탔다. 그러자 주일날, 한 여성 신도가 불만을 쏟아 냈다. 아침에 성수로 커피를 내렸더니 형편없는 맛이 났다는 것이다.

이 루됭 사건의 목격자가 직접 썼다는 책 원본과 1634년 번역본을 보면 어디에도 시뇨르 아담이나 성수 관장은 언급되지 않는다. 짐작건대 그 뒤로 이야기에 살이 붙어 퍼져 나갔을 것이다. 결국 그랑디에 신부는 마법사라는 판결을 받고 화형에 처해졌다. 이 사건은 데 장주 수녀가 그랑디에를 마뜩잖아하던 라이벌 사제와 공모해서 꾸민 일이라는 의견이 지배적이다. 그럼에도 이 빙의 소문은 그랑디에 신부가 처형을 당한 뒤에도 수녀 16명을 거쳐 가며 여러 해 동안 수그러지지 않았고, 결국 수녀원이 관광명소가 되었다. 그럴 만도 했다. 명색이 고위 사제들이 난봉꾼 한 명을 욕보이려고 외설적인 표현을 입에 담고 사창가 매춘부조차 놀라게 만들 정도로 음란한 행위에 스스로를 얽어 속세에 드러냈으니.

통역을 해준 라파엘라는 이런 감상평을 내놓았다. "죄송하지만, 저는 수녀들에게도 성생활을 허용해야 한다고 봐요." 내 생각에는 성생활까지는 아니더라도 최소한 가끔씩 성수 관장을 할 수 있게 해주어야 할 것 같다.

의사들이 또 다른 입구, 즉 무터 박물관의 학예사 애나 도디의 직설적 표현을 빌리면 항문으로 식사를 대령하던 시대 전후로 '역연동 운동'이라는 현상이 의학 논문에 자주 등장했다. 이것은 장이 일순간 반대 방향으로 요동쳐서 욱하는 구토와 다르다. 일시적인 구토는 위 하부 괄약근이 잠깐 열린 틈에 소장이 내용물을 아래가 아니라 위로 재빨리 짜 올려 일어난다. 이런 일은 누구나 가끔씩 겪는다.

하지만 역연동 운동은 얘기가 다르다. 1867년에 한 젊은 여성이 히스테리성 발작 증세로 프랑스 파리의 한 병원에 입원했다. 이 환자를 담당한 닥터 자쿠Jaccoud는 차트에 이렇게 기록했다. 8일 동안 24시간마다 한두 번씩 갈색의 원통형 덩어리를 입으로 토해 냈다. 누가 봐도 대변이 분명했다. 냄새도 보통 대장에서 나오는 바로 그 대변 냄새 그대로였다." 하지만 이것이 공식적으로 보고된 '구강 배변'의 최초 사례는 아니다. 1990년에 구스타프 랑그만Gustav Langmann이 오래전 것을 포함해서 비슷한 사례 18건을 모아 학계에 보고한 적이 있다. 전부 믿을 만한 것 같지는 않지만 말이다.

닥터 자쿠는 환자의 병명이 장폐색이라고 생각했다. 중간 지점에서 막혀 터지기 일보직전이 되면 '배변 구토'라는 반사 반응이 자동으로 발동한다. 원래 제대로 된 형체를 갖춘 대변은 대장을 못 벗어나는 데다 반사 반응으로 구토할 때 토사물이 소장에서 올라오기 때문에 액체 형태여야 마땅하다.

그뿐만 아니라 이 환자에게는 생명을 위협할 만한 폐색 증상이 없었다. 그렇게 한 번씩 분변을 토해 낸 뒤에는 평소대로 잘 먹고 잘 생활했다고 한다. 그저 순서만 거꾸로 되었을 뿐 모든 것이 정상처럼 보였다. 동료들은 닥터 자쿠가 조작한 게 아닐까 의심했다. 입으로 배설하는 사람이라니, 배 속에 뱀이 산다거나 사람이 토끼를 낳는다는 풍문만큼이나 세상의 이목을 끌기에 더할 나위 없이 좋은 얘깃거리였기 때문이다. 사실 배 속의 뱀은 의학이 덜 발달된 시절에 생긴 오해이고, 토끼는 미리 치마 속에 숨겨 둔 쇼였다. 그럼에도 이번 일이 오해든 쇼든 많은 관계자가 이 진기한 광경을 구경하기 위해서라도 먼 거리도 마다하지 않고 달려올 게 불 보듯 뻔했다. 주변의 관심을 원했던 외로운 소시민 입장에서는 의사의 제안을 받아들이는 것도 나쁘지 않았을 테고 말이다.

하지만 실험다운 실험이 실시된 것은 1889년의 일이다. 랑그만은 거꾸로 배설한다고 주장하는 스물한 살의 여교사를 실험 대상으로 삼았다. 여기서는 그녀를 N. G.라고 부르자. N. G.는 반복되는 구토 증세를 호소하며 1년 동안 뉴욕의 한 병원을 들락날락했다. 그러던 중 같은 해 5월 18일, 누군가가 그녀가 땅콩초코볼만 한 단단한 변 덩어리를 토해 내는 장면을 목격하고 랑그만에게 보고했다. 논문을 보면 랑그만은 이때 내용물이 직장에서 구강으로 거슬러 올라갈 수 있는지 실험을 통해 직접 관찰할 좋은 기회라고 생각했다고 한다.

이렇게 해서 실험이 시작되었다. 랑그만은 오전 11시 01분에 파란색 염료를 탄 물 한 컵을 N. G.의 직장에 주입했다. 그 결과, 파란색 대변이 예상 경로로 움직여 지극히 정상적인 방향으로 나왔다. 게다가 며칠 뒤에는 간호사가 환자의 베개 밑에서 종이에 싸인 딱딱한 대변 덩어리를 발견했다. N. G.는 나중에 다른 병원 두 곳에서도 비슷한 방식으로 사기를 쳤다고 한다.

사람은 절대로 먹는 구멍을 배설하는 데 사용하지 않는다. 말미잘이나 해파리 같은 자포동물[8]이나 그러는 것이다.

역연동 운동을 구분하기 어려운 근본적인 이유는 장 연동 운동이 원래 양방향으로 진행되기 때문이다. 그래야 내용물이 잘 섞이는 것이다. 내용물을 많이 뒤적일수록 더 많은 영양소가 소장 융모에 접촉한다. 크게 보면 느리게 전진만 하는 것 같지만, 자세히 들여다보면 이보 전진, 일보 후퇴를 반복하면서 진행한다.

의학 서적에서 역연동 운동에 관한 내용을 골라서 읽다 보면 외과학 역사의 흥미로운 일화를 찾을 수 있다. 1964년의 일이다. 캘리포니아 북부의 한

----

8 자포동물nidarians을 영어로는 '나이데어리언스nidarians'라고 읽는다. c는 묵음이다. 그런데 온라인 게임 램넌트 오브 스카이스톤Remnants of Skystone에 나오는 지능형 괴생물체 나이데어리언스Nidarians를 생각하면 안 된다. 자포동물은 온몸이 촉수가 달린 세포로 뒤덮여 있지만, 이 괴생물체는 보라색 곰팡이를 뒤집어쓰고 있다. 게다가 클래스당 공격 횟수를 2회 더하거나, 포자를 사용하면 10퍼센트 할인받거나, 식량 생산량을 늘리는 부가 능력을 가지고 있다.

외과 팀이 만성 설사와 흡수 장애를 완치하겠다는 야심찬 계획을 세우고 혁신적인 수술 기법을 도입했다. 소장 일부를 15센티미터 정도 잘라 낸 뒤 앞뒤를 뒤집어 다시 이어서 붙인 것이다. 이렇게 하면 방향이 바뀌어 소장의 하행 연동 운동 속도가 느려질 것이라는 계산이었다.

하지만 마이크 존스는 인체는 기능에 맞게 적응한다는 점을 지적했다. 실제로 1984년에 이 수술을 받은 환자 네 명을 추적 관찰한 연구가 수행되었는데, 모두 2년 이내에 설사가 재발하고 말았다.

설사가 심하지 않아서 이런 수술까지 필요하지 않을 때는 발상의 전환만으로도 치료에 도움이 될지 모른다. 마이클 레빗의 조언대로 말이다. "저는 경미한 설사로 불평하는 환자에게 이렇게 말해 줍니다. '변비가 아닌 걸 천만다행으로 생각하세요'라고 말이죠."

16

엘비스 프레슬리,
변비로 죽다!?

블라디미르 일리치 레닌 Vladimir Ilyich Lenin의 영묘는 실제 유해가 안치되었다는 점에서 특별하다. 그 때문인지 진심으로 추모하고자 하는 나 같은 사람뿐만 아니라 단순히 구경 삼아 이곳을 찾는 사람도 많다. 하지만 어느 쪽이든 고인 앞에서는 누구나 침묵하게 되므로 영묘에서는 조문객과 얼빠진 구경꾼이 구분되지 않는다. 그런데 나는 무터 박물관 전시실에서 J. W라는 남자의 유해를 봤을 때 바로 이 레닌의 묘가 생각났다. 은은한 조명이 설치된 유리관이 놓여 있고, 관람객들은 긴장한 기색이 역력하지만 속내를 알 수 없는 표정으로 둘러서 있다. 다들 소름이 끼치는 듯 간간이 웅성거림만 들릴 뿐이다.

유리관에 들어 있는 J. W.의 유해는 온전한 시신 한 구가 아니다. 대장만 덜렁 놓여 있다. 그럼에도 유리관의 크기는 레닌의 관과 엇비슷하다. 이 점으로 두 가지 사실을 알 수 있다. 첫째는 레닌은 왜소한 사내였다는 것, 둘째는 J. W.의 대장이 어마어마하게 컸다는 것이다. 가장 뚱뚱한 곳의 둘레가 약 70센티미터라고 한다. 나는 생각했다. 내 청바지 허리 사이즈와 똑같은 걸. 유리관에는 직접 비교할 수 있도록 둘레 7.5센티미터 정도 되는 정상인의 대장이 나란히 놓여 있었다.

도대체 무엇이 J. W.를 이 지경으로 만들었을까? 원흉은 히르슈스프룽병 Hirschsprung's disease이었다. 정상적으로는 대장이 시작되는 곳부터 끝나는 곳까지 쭉 따라서 신경이 분포해야 하는데, J. W.의 대장은 선천적으로 뒤로 갈수록 신경이 덜 발달하다가 끝부분인 결장에서는 아예 신경이 만들어지지 않았던 것이다. 이런 상황에서는 연동 운동, 즉 수축 동작과 이완 동작이 끊임없이 반복되며 만들어지는 물결이 딱 거기서 멈춰 버린다. 자연히 바로 그 지점에 음식 찌꺼기가 쌓이고 압력이 충분히 높게 올라가야만 찌꺼기가 밀려 내려간다. 이런 쓰레기 배출은 며칠에 한 번 또는 심하면 몇 주에 한 번꼴로 일어난다. 신경이 없는 결장 부분은 결국 너무 늘어나 망가진 탓에 탄력 없이 흐물흐물하고 빵빵하게 붓는다. 이것을 거대 결장이라고 한다. 이런 거대 결장은 결국 너무 많은 공간을 차지해서 다른 장기들을 짓누르고 마침내 호흡도 방해한다. J. W.도 정확하게 이랬는데, 심장과 폐가 심하게 위쪽으로 밀려 올라가 갈비뼈 틈새를 비집고 옆구리로 울퉁불퉁하게 튀어나올 정도였다고 한다.

이런 거대 결장은 수술로 잘라 내지 않으면 계속 커진다. 잘라 낸 병변이 엄청나게 크다면 박물관에 기증해서 의학사에 족적을 남기는 것도 좋은 방법이다. 기증자의 이름은 아무도 기억하지 못하더라도 말이다. 미스터 K의 거대 결장이 바로 이런 경우였다. 그의 자취는 1902년에 발간된 『미국의학협회지』에 남았다. 논문에 실린 사진을 보면 미스터 K가 병원 침대에 누워 있다. 결장이 너무 커서 미스터 K가 몸을 가누지 못할 정도였던지라 의사와 간호사는 침대보를 갈고 식사를 대령하며 수발을 들었다. 그들은 끼니마다 주름진 부분이 구부러지는 빨대를 꽂아서 진저에일까지 대령했다. 불쌍한 미스터 K에 대해서는 사우스다코타 주 그로턴에 살았다는 것 외에 알려진 신상 정보가 없고, 나머지 정보는 부검 보고서와 그동안 환자가 병원에서 받은 인공 배변 시술 이력 기록에 간단하게 정리되었다. 하지만 다행히도 미스터 K는 가족의 사랑을 받았던 것 같다. 이런 기록이 남아 있는 걸 보면 말이다. "6월 22일, 환자가 평범한 대변을 한 들통 쏟아 냈다는 소식을 들었다. 온 가족이 기뻐했다고 한다."

애나 도디는 나를 무터 박물관의 지하실로 이끌었다.[1] J. W.에 관한 자료가 더 있는지 함께 찾아보기 위해서였다. 우리는 한 서류철에서 논문 재출간본 한 부를 발견했다. 1892년 4월 6일에 당대 병리해부학의 일인자 헨리 포머드Henry Formad가 필라델피아 의사협회에 제출한 것이었다. 그는 거구의 J. W.를 꼼꼼히 부검하는 데서 만족하지 않고 고인의 모친에게도 이것저것 물었다. 여인의 진술에 따르면, J. W.는 이미 두 살 때부터 변을 잘 보지 못하고 배가 눈에 띄게 나왔다고 한다. 이것은 히르슈스프룽병의 전형적인 증상이다. 그는 열여섯 살 때 일을 시작했는데, 첫 직장은 주조 공장이었고 얼마 뒤에는 정제 공장에 새 일자리를 얻었다. 그러는 동안에도 그의 배는 계속 부풀어 올랐다. 세상을 뜨기 얼마 전에 진료실에서 찍은 사진을 보면, 그는 환자용 슬리퍼와 헐렁한 흰색 양말만 신은 채 벌거벗은 모습이다. 턱수염은

---

1 지하실 탐험은 기대만큼 흥미진진하지 않다. 여기는 대중에게 보여 주기 뭣할 정도로 징그러운 것들만 보관하는 곳이기 때문이다. 예를 들면 이런 것들이다. 말린 치핵 조직으로 만든 목걸이, 떨어진 살갗이 들어 있는 딸기잼 병 등. 딸기잼 병은 수집광 룸메이트가 구해 온 것이라는데, 이런 메모가 붙어 있었다. "재활용해 주세요." 물론 병을 말하는 거겠지?

며칠 간 손을 대지 않은 듯 지저분하다.

그는 입을 굳게 다물고 반항기 가득한 두 눈으로 카메라를 똑바로 응시하고 있다. 팔다리 마디마다 불거진 앙상한 몸에 배만 분만 예정일이 한참 지난 세쌍둥이 산모만큼 불룩 나온 남자를 상상해보라. 험프티덤프티가 뽀빠이의 여자 친구 올리브와 불륜을 저질러 사생아를 낳았다면 바로 이런 모습일 것이다. 상체를 사진 프레임에 다 담기 위해 사진사는 J. W.에게 한 손을 머리 위로 들어 올린 자세를 요구했다. 섹시한 포즈가 시선을 끌기는 하지만 나머지 부분은 별로 다시 보고 싶지 않은 사진이다.

스무 살이 되자, J. W.는 몸집이 눈에 띌 정도로 거대해진 덕분에 필라델피아의 한 괴물 쇼 출연자로 발탁되었다. 이 쇼가 열리는 유서 깊은 나인스 앤드 아치 박물관 1층에는 휘황찬란한 망치 때리기 게임기와 요술 거울의 방이 있었다. 짐작건대 J. W.는 쉬는 시간마다 홀쭉이 거울에 자신의 모습을 비춰 보고 보통 사람과 다름없는 거울 속 모습에 대리만족하는 것을 낙으로 삼았을 것이다. 그는 쇼에 나갈 때 풍선 사나이라는 별명을 사용했다. 공연단에서 활동하는 동안 미네소타 털복숭이 아기[2]를 비롯해 기괴한 형상을 가진 사람들과 각종 동물이 그의 동료가 되었다.

포머드가 남긴 기록에는 J. W.의 감정 상태가 단 한 줄도 언급되어 있지 않다. 그가 평생 미혼으로 살았고 술꾼이었다는 점으로 미루어 대강 짐작만 할 따름이다.

거대 결장이 있다고 해서 모두 \화장실에서 생을 마감하는 것은 아니지

---

2 이렇게 진귀한 구경거리를 두고도 박물관 건물 외벽에는 '젊은 여성 농구선수 전시회' 안내 간판만 걸렸다.

만 그럴 확률이 높아지는 것은 사실이다. J. W는 결국 그의 나이 고작 스물아홉에 클럽 화장실 바닥에서 죽은 채로 발견되었다. 그는 평소에 이곳에서 저녁 식사를 해결했다고 한다. 부검 결과, 고인이 즉사했고 심장 마비나 뇌졸중의 흔적은 조금도 없다는 판정이 나왔다. 새벽 2시에 사망한 미스터 K도 마찬가지였다. 그는 변기에 앉아 힘을 주다가 그렇게 되었다고 한다.

"엘비스 프레슬리도 이것 때문에 죽었다고 해요." 에이드리언 노에Adrianne Noe가 수화기 너머로 말했다. 그녀가 관장으로 있는 미국 국립의료박물관에도 익명의 환자가 기증한 거대 결장 표본이 전시되고 있다. 엘비스 프레슬리 얘기가 나온 건 전화를 끊기 직전의 일이었다. 어느 날 그녀가 전시관 현장을 둘러보는데 한 관람객이 그런 얘기를 했다고 한다. 이 관람객의 설명에 따르면, 프레슬리는 평생 변비로 고생했고 어릴 때는 어머니가 직접 관장을 해주었다고 한다. "그래서 모자지간이 그렇게 가까웠던 거라고 하더군요."

나는 잠시 할 말을 잃고 있다가 한마디 내뱉었다.

"설마요."

"어쨌든 그 관람객 말이 그랬어요."

나는 엘비스 프레슬리가 화장실에서 사망했다는 것은 알고 있었지만 영화배우 주디 갈런드Judy Garland와 코미디언 레니 브루스Lenny Bruce의 사례처럼 장소는 우연의 일치일 뿐이라고 생각했다. 유명 인사들은 약을 화장실에서 먹는 경향이 있기도 했으니 말이다. 그런데 이 배변 중 사망 가설도 일리가 있다. 우리의 주인공 세 명, 즉 J. W와 미스터 K, 엘비스 프레슬리 모두 검시 소견서에 하나같이 사망 종류가 돌연사이며 뚜렷한 사망 원인이 없다고 적혀 있다. 프레슬리의 혈액에서는 미량의 약 성분이 검출되긴 했지만 치사 수준은 아니었다. 그런 가운데 특이한 점이 한 가지 있었는데, 바로 결장이 보통 사람의 2~3배 크기였다는 것이다.

당시에는 그 누구도 프레슬리가 너무 커진 결장 탓에 혹은 큰일을 보다가 너무 힘들어서 죽었으리라고는 짐작조차 하지 않았다. 1년 뒤 그런 의혹을 처음 제기한 것은 담당 검시관인 댄 워릭Dan Warlick이었다. 그런데 주치의 조지 '닉' 니커풀로스George 'Nick' Nichopoulos가 이것을 덥석 받아 물었다. 그는 그동안 프레슬리가 절명한 것이 그가 약물을 과다 처방한 탓이라는 비난에 곤욕을 치르고 있었다. 회고록을 내고 자청해서 기자 회견도 열어 가며 오명을 씻기 위해 고군분투했지만 아무도 그의 항변을 믿어 주지 않았다. 그러던 차에 그에게 유리할지도 모를 주장이 제기된 것이다. 나는 변비에 좋다는 생약 제제를 판매하는 웹사이트에서 니커풀로스가 반가워할 만한 글을 발견했다. 변비 뉴스 탭을 클릭하면 '엘비스 프레슬리는 변비로 죽었다'라는 제목의 짧은 글이 화면에 뜨는데, 다른 페이지 곳곳에서도 이 얘기가 재차 언급된다.

결장의 비활동성이 사망 원인이라는 가설이 좀 더 일찍 나올 수도 있었을 텐데, 왜 그러지 못했을까? 니커풀로스는 그때 당시 비슷한 얘기도 들어본 적이 없다고 회상했다. 심지어 1970년대에 프레슬리의 치료를 담당한 소화기내과 전문의조차 금시초문이었다고 한다. "당시에는 완전히 생소한 얘기였습니다." 니커풀로스의 말이다.

나는 찰스 티렐의 한 저서에서 힌트를 찾았다. 티렐은 이 책에서 모두가 대장과 그 내용물을 기피한 탓에 이 장기와 관련된 의학 분야만 발전하지 못하고 한참 뒤처졌다고 지적했다. 가령 18세기와 19세기의 해부학 수업에서는 시체의 배를 가르자마자 대장을 잘라 내어 쓰레기통에 던져 버렸다. 냄새만 나고 지저분해진다는 이유에서였다. 미국 국립의학도서관의 역사학자 마이클 사폴Michael Sappol도 이 얘기를 알고 있었다. 그는 해부학의 역사에 정통하고 이것을 주제로 책도 여러 권 냈다. 나는 궁금해졌다. 기피 문화 탓에 대장 질환 치료법이 발달하지 못했을까? 배설물에 대한 금기가 연구의 발목을 잡는 것은 물론이고, 대내외적으로 언급되는 것도 가로막았을까?

여러 해 전의 일이다. 샌프란시스코에서 버스를 탔는데, 차창 밖으로 공익 광고가 눈에 들어왔다. 아무도 입 밖에 내지 않는 '항문암'에 관한 광고였다. 항문에 암이라니. 나도 그전까지는 들어 본 적이 없는 병명이었다. 그로부터 15년이 지났지만 형편은 별로 달라지지 않았다. 1970년대를 풍미한 영화배우 파라 포셋Farrah Fawcett이 항문암으로 사망했다는 사실도 이 책을 쓰려고 자료를 조사하던 중에 알게 되었다. 실제로 여러 구절에서 그녀의 병명이 '결장 아래 암'이라고 언급된 것만 발견했다. 불현듯 내가 어릴 적에 어머니가 질을 '앞쪽 아래 거시기'라고 말씀하셨던 기억이 떠오른다. 2010년까지만 해도 항문암에 관한 한 비영리 단체나 후원회, 봉사단체는 단 하나도 없었다. 나는 하다못해 항문암 캠페인 리본도 본 적이 없다. 충수암도 리본이 있는데 말이다.[3] 항문암은 자궁경부암과 마찬가지로 인유 두종 바이러스가 일으킨다. 그러니 당연히 감염자와 성관계를 가지면 전염된다. 콘돔을 반드시 사용해야 하는 또 하나의 이유다.

그런데 변비는 이런 항문암보다도 천대를 받는다. 배변 중 돌연사를 경고

---

3 충수암 리본은 호박색이다. 이런 식으로 색깔보다 암의 종류가 더 많아져 이제는 캠페인 리본이 마치 물감 색상표처럼 다양해졌다. 예를 들면 위암 리본은 불그스름한 청색이고, 난소암 리본은 청록색이다. 결장암과 직장암의 리본은 진파란색이다. 원래는 방광암 리본이 노란색인 것과 같은 이유로 결장암 리본의 색깔을 갈색으로 하려고 했지만 반대 의견이 있어서 바뀐 것인데, 나는 이것이 명백한 실수라고 본다. 원안대로 갈색으로 밀어붙였어야 했다. 파란색은 이미 너무 많다. 엡스테인바Epstein-Barr 바이러스, 불완전골생성증osteogenesis imperfecta, 허리케인 카트리나의 희생자, 음주운전, 급성 호흡부전증후군, 아동학대, 대머리, 간접 흡연 등 일일이 열거할 수 없을 정도다.

하는 버스 광고가 나오려면 앞으로도 한참 더 기다려야 한다는 얘기다. 변비를 치욕으로 생각하는 사회 분위기 때문에 의사와 환자, 앞으로 이 병에 걸릴 수많은 사람들이 속앓이만 하고 있다. 니커풀로스가 저서 『로큰롤 황제와 닥터 닉*The King and Dr. Nick*』에서 지적했듯이 우리는 주위에서 내 장 문제를 두고 수군거리는 것만큼 창피한 일이 또 없다고 여긴다.

그럼에도 나는 알고 싶다. 도대체 어느 순간에 변비가 조금 불편한 것에서 생사를 결정할 만큼 심각한 병으로 돌변하는 걸까? 아래가 얼마나 꽉 막혀 있어야 위험하다고 볼 수 있을까? 구체적으로 어떻게 변비가 사람을 죽이는 걸까? 대변 연화제를 비타민처럼 먹어야 할까?

이런 것들을 터놓고 물어볼 수 있는 사람이 이 세상에 딱 한 명 있다.

조지 니커풀로스는 멤피스에 있는 녹음이 우거진 대저택에 산다. 집이 회전 구간 초입에 있는지라 1년에 한두 번은 꼭 주정뱅이가 방향을 바꾸지 못하고 남의 집 마당에 차를 박는 사고를 낸다. 엘비스 프레슬리는 1970년대에 이 집을 직접 설계하고 지어서 그의 가족에게 선물했다. 집의 모양새를 보니 당시에는 최첨단 유행과 호화로움의 결정체였음이 틀림없다. 뾰족하게 솟은 지붕에는 서까래가 그대로 드러나 있고, 거대한 석조 벽난로는 아래층 평면도의 무게중심 역할을 한다. 뒷마당에는 수영장도 있다.

니커풀로스는 나를 소파로 안내한다. 그와 그의 아내 에드나가 내 양옆에 놓인 안락의자에 자리를 잡는다. 가구가 너무 듬성듬성 놓여 있어서 말소리가 잘 안 들릴 것 같아 나는 그에게 녹음기를 건넨다. 커피 잔이 놓인 탁자는 손이 닿지 않을 만큼 멀리 떨어져 있다. 컵을 들었다 놓을 때마다 엉덩이를 들썩거려야 한다. 건축주의 취향에 비해 너무 소박한 사람들이 들어와서 이 광활한 집 안을 어떻게 꾸밀지 몰라 진즉에 포기한 듯하다.

니커풀로스는 최근에 고관절 수술을 받았다고 한다. 80대의 고령에 전동 스쿠터를 타야만 움직일 수 있지만, 별로 의기소침해 보이지 않는다. 그의 피부는 갈색으로 그을렸고 한껏 멋을 낸 차림이다. 엘비스 프레슬리 추모 행사에 갔다가 막 돌아온 참이라고 했다. 그는 백발이지만 요양소 늙은이들처럼 듬성듬성한 몇 가닥이 두피에 아슬아슬하게 매달린 게 아니라 빽빽하게 우거져 있다. 마치 은색 후광이 비추는 것 같다.

나는 준비해 온 J. W.와 미스터 K의 거대 결장 사진을 꺼내 그에게 건넸다. 반면에 프레슬리의 부검서는 한 번도 세상에 공개된 적이 없지만 니커풀로스는 사진 한 장을 가지고 있었다. 그는 노트북 컴퓨터를 켜고 사진을 띄워 내게 보여 준다. 나는 컵을 내려놓고 사진을 보기 위해 다시 엉덩이를 든다. 사진 속에는 파란색 수술복을 입은 의사가 축 늘어진 피투성이 결장을 머리 위로 들어 올리고 있다. 우승 트로피를 두 손으로 번쩍 들어 올린 의기양양한 운동선수처럼 말이다. 그는 이 사진을 책에 넣을까 생각했지만 엘비스의 아내 프리실라가 허락하지 않을 게 뻔해서 마음을 접었다고 한다.

"몹시 까다로운 성격이거든요." 저 멀리서 에드나가 한마디 거든다.

나는 의학적으로 정확한 사인이 뭐였냐고 니커풀로스에게 물었다.

"그날 밤, 그의 배가 평소보다 더 부풀어 있었죠." 그가 설명을 시작한다. 변을 못 본 기간에 따라 배가 그냥 좀 빵빵한 수준과 심각하게 불룩 솟아 나오는 수준 사이에서 왔다 갔다 했다고 한다. 공연 전후로 9킬로그램씩 체중이 줄었다 늘었다 할 정도였다. "그날은 아예 대장을 들어내고 싶다고 말했어요. 변비 환자들이 으레 그렇듯 숨을 참고 힘을 주고 또 줘도 아무 기미가 없었다고 해요." 이 호흡법을 전문 용어로 발살바법 Valsalva maneuver

이라고 한다. 자세한 설명은 안토니오 발살바Antonio Valsalva의 입으로 직접 들어 보자. 그가 1704년에 기술한 지침서에는 이렇게 적혀 있다. "숨을 깊게 들이쉰 뒤 성대문이 닫혔을 때 계속 힘을 주어 숨을 밀어 내리면 심장과 흉부 혈관을 누르는 압력이 높아진다. 그러면 흉부 장기의 움직임과 혈류가 일시적으로 정지한다." 이렇게 일순간 초긴장 상태에 오른 뒤 고압을 못 이겨 혈액이 밀려 나가는 순간 심장박동이 급격하게 느려지고 혈압이 곤두박질친다. 그런 뒤에는 바로 소위 '내동댕이 뒷수습' 현상이 시작된다. 신체가 신진대사를 원상복귀하려고 응급 조치에 들어가는 것이다.

하지만 발살바법 전후에 생명 징후가 이렇게 널을 뛰면 심장의 전기 리듬이 깨질 수 있다. 그 때문에 부정맥이라도 나타나면 치명적이다. 이것은 엘비스 프레슬리처럼 심장이 안 좋은 사람에게 특히 더욱 위험하다. 부검 보고서에 적힌 엘비스 프레슬리의 사인도 바로 이 중증 부정맥이었다. B. A. 시키로프B. A. Sikirov는 「배변 중의 심혈관계 사고, 막을 수 없을까?Cardio-vascular Events at Defecation: Are They Unavoidable?」라는 논문에서 "응급의학과 의사라면 누구나 한번쯤 화장실에서 돌연사한 딱한 환자를 접한 경험이 있을 것"이라고 언급하기도 했다.

1950년에는 신시내티 대학교 소속 연구 팀이 실험 참가자 50명의 심장박동 수를 측정하고 관찰하는, 다소 무모해 보이는 실험을 실시했다. 50명 중 절반은 심장 질환 환자였다. 연구 팀은 실험 참가자에게 이렇게 요구했다. "숨을 깊게 들이쉬고 참은 상태에서 아래로 힘을 세게 주세요. 화장실에서 일을 볼 때처럼요." 다행히 이 실험에서 죽은 사람은 한 명도 없었지만 자칫 잘못하면 충분히 그럴 위험이 있었다. 관상 동맥 질환 집중 치료 과정에 대변 연화제 투약이 필수 코스로 들어 있는 것도 같은 이유에서다.

그런데 환자용 요강을 사용하면 이 위험이 훨씬 커진다. 병원에서 요강을 사용하다 돌연사하는 환자가 적지 않다는 것은 한두 번 지적된 문제가 아니다. '요강 사망'이라는 신조어까지 생겨날 정도다. 쪼그려 앉은 자세가 배변에 도움이 되는 만큼이나 똑바로 누운 자세는 배변을 방해한다. 벽 같은 곳에 기대어 쪼그려 앉으면 직장을 누르는 압력이 높아지고 힘을 덜 들이고도 배설할 수 있게 된다. 시키로프는 사람이 배변할 때 가하는 힘을 측정한 실험을 통해 직장과 항문의 앵글을 똑바로 펴면 배변이 한결 수월해진다는 사실을 발견했다. 나는 처음에 앵글을 앤젤로 잘못 읽었다. 항문의 천사라니. 아무튼 시키로프의 설명에 따르면 앵글을 곧게 펴면 힘을 별로 안 들이고도 장을 비울 수 있다고 한다.

배변 중 돌연사를 일으키는 또 하나의 중요한 질환은 폐색전증이다. 잔뜩 긴장했다가 힘을 풀었을 때 피가 솟구치면 굵은 혈관의 벽에 붙어 있던 혈전이 떨어진다. 이 혈전이 폐로 흘러가 숨길을 막는 것을 폐색전증이라고 한다. 1991년에 발표된 한 연구에 따르면, 콜로라도의 병원 한 곳에서 3년간 보고된 폐색전증으로 인한 사망 사고 중 25퍼센트가 배변 중에 일어난 일이었다고 한다. 이 논문의 저자는 앉았다가 일어서는 순간 허벅지 깊숙이 있는 정맥에서 혈전이 떨어져 나올 위험성이 크다며 시키로프의 쪼그려 앉기 예찬론에 반론을 제기했다.

엘비스 프레슬리는 대변 연화제와 관장약을 거의 매일 달고 살았다. 니커 풀로스는 순회공연에 동행했던 옛 시절을 회상하며 말한다. "그때는 관장약을 서너 박스씩 가지고 다녔습니다." 관건은 적절한 시점을 찾는 것이었다고 한다. 하루에 공연 두 탕을 뛰기도 했기 때문에 무대에서 노래를 부르다가 뛰어 들어오지 않도록 시간표를 잘 짜야 했다는 것이다. 연예인은 이래서 고

달프다. 게다가 프레슬리의 트레이드마크는 정확히 대칭을 이룬 구레나룻과 함께 일체형 점프 수트 아니던가. 그의 대장이 심하게 부풀 때는 횡경막을 눌러 숨이 차서 노래를 못할 정도였다. 에드 설리번$^{Ed Sullivan}$ 극장 무대 위에서 프레슬리는 특유의 능글맞은 춤사위가 너무 관능적이어서 카메라를 허리 위로만 겨냥해서 찍어야 할 정도로 마성을 발산했지만, 반짝이 비닐 옷을 벗고 뱃살을 드러내기만 하면 그의 매력은 온데간데없어졌다. 말이 나온 김에 환상을 완벽하게 깨는 일화를 소개하자면, 공연 도중에 프레슬리 자신은 방귀를 뀌었다고 착각했지만 사실은 그게 가스가 아닌 경우도 가끔 있었다고 한다. 니커풀로스가 조용히 말한다. "그러면 기회를 봐서 무대에서 내려와 의상을 갈아입어야 했죠."

프레슬리의 저택 그레이슬랜드^{Graceland}에 가본 사람이라면 침실에 딸린 화장실을 보고 그 화려함에 입을 다물지 못한다. 홈시어터에 전화, 대형 소파까지 없는 게 없다. 하지만 실내 장식은 방주인이 그곳에 얼마나 오래 머무는지를 간접적으로 말해 준다. 니커풀로스가 확인 사살을 한다. "그는 화장실에 한 번 들어가면 30분에서 길면 한 시간 정도 있었습니다. 거기에 책도 많이 갖다 놓았고요." 사실상 변비가 프레슬리의 인생을 지배한 것이다. 이쯤 되면 그의 좌우명으로 유명한 '해야 할 일을 열심히 하자$^{Taking Care of Business}$'라는 문구도 마치 일생일대의 고민거리 변비를 염두에 두고 한 말 같다. 사실 이 문구는 자기 자신을 존중하는 것, 동료를 존중하는 것, 심신의 건강을 지키는 것, 명상하는 것, 프레슬리의 수행단이 폭로한 대로 '변비에서 해방되는 것'까지 모든 것을 포괄한다고 한다.

니커풀로스는 책을 출간한 지 얼마 안 되어 크리스 라어$^{Chris Lahr}$라는 대장항문외과 전문의로부터 연락을 받았다. 라어는 자신의 전문 분야가 결장 마비라고 했다.4 일부분이든 전체든 결장 절제 수술을 200번 넘게 집도한 경험이 있는 그는 엘비스 프레슬리도 결장 마비를 앓았다고 주장했다. 그는 조니 캐시Johnny Cash, 커트 코베인Kurt Cobain, 태미 와이넷Tammy Wynette도 중증 변비로 고생했다며 모두 결장 마비인 것이 틀림없다고 말했다. 하지만 이 세 사람에게는 심각한 약물 중독이라는 명백한 다른 원인이 있었다. 헤로인이나 고급 진통제에 들어 있는 아편 성분은 대장의 운동을 현격하게 억제한다. 우울증 치료제와 기타 정신 질환 치료제 중에도 정도의 차이만 있을 뿐 비슷한 부작용을 일으키는 약물이 많다.

로큰롤 황제의 병이 약물 때문인지 유전병인지 정확히 알고 싶다면 그의 어린 시절을 되짚어야 한다. 거대 결장을 일으키는 주범인 히르슈스프룽병을 앓는 환자들은 대부분 아주 어릴 때 진단을 받는다. 말하자면 그들은 마이크 존스의 표현대로 '원래 그런 상태로 태어나는' 것이다. 만약 에이드리언 노에가 들었다는 그 소문이 사실이어서 정말로 프레슬리의 어머니가 어린 아들의 거기에 손가락을 직접 넣었다면, 프레슬리의 변비는 히르슈스프룽병 때문일 가능성이 높다. 나는 프레슬리가 직접 관장을 하기도 했느냐고 니커풀로스에게 물었다. 이때 에드나가 끼어들어 프레슬리 전기에서 읽은 적이 있다고 맞장구치며 내 기대감을 높였다.

니커풀로스는 안 그래도 옛날에 직접 조사를 했다고 말한다. "선천적인 것인지 후천적인 것인지 알고 싶었어요. 하지만 그의 어머니는 이미 돌아가신 뒤였죠." 글래디스 프레슬리Gladys Presley는 아들이 스물두 살 때 작고했다.

---

4 그는 이것을 주제로 책도 썼다. 제목은 '더 이상 나아갈 수 없는 이유Why Can't I Go?'이다. 이 책에는 배변 관련 사진 수십 장과 결장 수술 과정을 자세히 묘사한 그림이 수록되어 있다. 그전에 뒤표지의 경고 메시지만 읽어도 충분히 긴장되긴 하지만.

그리고 프레슬리의 아버지는 아들이 어릴 때 가정에 소홀했다.

"그래서 프리실라에게 물어보려고 했습니다." 그래, 아마도 프레슬리는 아내에게 자신의 신체 비밀을 털어놓았을 것이다. 니커풀로스는 자세를 바꾸며 말한다. 아직 수술 부위에 통증이 남은 모양이다. "하지만 그녀는 그 얘기를 하고 싶어 하지 않았어요."

그런 지경이었어도 프레슬리는 식욕이 여전히 왕성했다니 놀라울 따름이다. 그는 에드나가 만든 그리스식 햄버거를 무척 좋아했다고 한다. 각각 햄버거 재료를 나타내는 여러 가지 색깔의 다이아몬드를 박은 반지를 특별 주문 제작해서 선물할 정도였다. 내가 반지에 대해 묻자 니커풀로스가 설명하기 시작한다. "녹색이 파슬리고요, 흰색이 양파, 갈색이 햄버거, 그리고 노란색이……." 그의 발음은 멤피스 악센트가 강하다.

"노란색이 양파예요." 에드나가 정정한다.

"그건 흰색 아니었던가?"

"아니에요, 흰색은 빵이죠."

"일레인!" 니커풀로스가 위층을 향해 소리를 지른다. "햄버거 반지 좀 갖다 줄래?" 일레인 니커풀로스는 아버지가 수술을 받은 뒤로 일손을 돕기 위해 부모님 집에서 지내고 있었다.

몇 분 뒤, 일레인이 나타났다. 절뚝거리며 거실을 가로질러 온다. 교통사고와 낙상을 동시에 당한 사람의 걸음걸이다. "죄송해요, 화장실에 있었어요. 이해해 주시리라 믿어요." 거실에서 대장 건강에 관한 토론회가 열리고 있다는 사실을 아는 것 같다.

그녀는 아버지의 스쿠터 옆에 털썩 주저앉고는 발목을 걸어 고정 핀이 살짝 튀어나온 흔적을 내게 보여 준다. 그런 다음에는 셔츠 한쪽을 당겨 어깨를 드러낸다. 나는 또 다른 수술 자국 같은 것을 기대했는데, 문신이다. "원숭이 좋아하세요?" 그렇다는 말이 목젖까지 올라왔을 때 나는 깨닫는다. 그 원숭이가 진짜 원숭이가 아니라는 걸.[5] 옥시콘틴oxycontin, 펜타닐fentanyl, 그리고 각종 만성 통증 치료제들. 그녀는 섬유 근육통까지 앓고 있다.

"……그리고 조울증도요." 니커풀로스가 덧붙인다.

딸이 아버지와 눈을 맞추며 말한다. "아뇨, 그건 아빠잖아요."

나는 햄버거 반지를 껴봐도 되겠느냐고 물었다. "그럼요, 안 빠지면 책임지실 거죠? 하하." 이것 참 물건이다. 다이아몬드와 햄버거의 조합이라니, 명품에 쓰레기를 매단 것 같다. 내가 마치 엘리자베스 테일러Elizabeth Talyor인 동시에 래리 포텐스키Larry Fortensky가 된 기분이다.

엘비스 프레슬리의 결장 표본은 끝까지 세상에 공개되지 않았다. 하지만 『엘비스의 죽음The Death of Elvis』에서 부검 과정을 묘사한 부분을 읽어 보면 그의 결장이 어떤 모습이었을지 충분히 짐작하고도 남는다. 바로 이 대목이다. "부검의가 배를 열자, 거대 결장이 모습을 드러냈다. 하행결장 전체를 넘어 가로결장 절반 지점까지 꽉 막혀 있었다……. 안에 든 대변 덩어리는 찰흙만큼 단단해서 가위로 잘라 내기도 버거울 정도였다."

니커풀로스도 부검 현장에 있었기 때문에 그 순간을 기억했다. 진흙 덩어리의 정체는 다름 아니라 무려 4개월 전에 X레이를 찍으려고 투여한 바륨이었다고 한다. 그는 벽난로를 향해 손짓을 하며 말한다. "몇 달 묵은 바륨이 돌덩이처럼 딱딱해졌더군요." 그는 이 돌덩어리가 프레슬리의 결장 절반

---

5 약물 중독을 은어로 '등 뒤에 원숭이가 있다monkey on one's back'라고 표현한다 - 옮긴이.

이상을 빽빽하게 채우고 있었다고 회상했다.

1600년대에 명성을 떨친 영국인 의사 토머스 시드넘^{Thomas Sydenham}은 변비를 치료하는 데는 승마가 특효라고 주장했다. 나는 프레슬리도 저택에 전용 승마장을 지을 정도로 승마를 좋아하지 않았느냐고 물으며 니커풀로스에게 이 얘기를 했다.

"그거 재미있군요. 틀림없이 뭉친 게 풀어지긴 했겠지요." 프레슬리가 오토바이에 빠져서 승마를 등한시했다는 게 결정적인 문제였지만 말이다.

시드넘은 의학계의 온건주의자였다. 그는 마치 뜨거운 여름날 갈증을 해소할 음료수 한 잔이면 만사를 해결할 수 있다는 듯이 장폐색증을 민트 우린 물과 레몬주스로 해결할 수 있다고 여겼다. 맨살을 드러낸 배에 새끼고양이를 올려놓은 채로 2~3일 지내라는 것도 그가 자주 내리는 처방이었다. 그러면서 아랫배에서 아무 신호가 없을 때만 고양이 치료를 중지시키고 더 센약을 처방했다. 그는 이렇게 신신당부했다. "환자가 약을 먹기 시작하기 전에는 절대로 고양이를 내려놓아서는 안 됩니다."

하지만 그 이유를 자세히 설명하지는 않았다. 나는 이것이 동물 매개 요법의 초기 형태인지 알고 싶었다. 새끼 고양이의 역할이 단순히 환자의 긴장을 풀어 주어 생리 작용이 자연의 섭리를 따르도록 유도하는 것뿐이었는지 궁금했다. 변비는 종종 저절로 없어지기도 하니까 말이다. 한번은 시드넘이 런던 출신 사업가를 있지도 않은 전문가를 만나 보라며 에든버러에 보냄으로써 변비를 치료한 적도 있다. 물론 이 사내는 에든버러에서 잠깐 열을 좀 받았겠지만 일주일 내내 기차 여행을 실컷 하면서 자연스럽게 잘 쉰 덕분에 변비가 완치되었다고 한다.

별로 타당성은 없지만 새끼고양이가 배 위에서 걸을 때 발바닥이 지압 효과를 주어 치료에 도움이 된다고 생각할 수도 있겠다. 그도 그럴 것이, 실제로 20세기 말에 의사들은 중증 변비 환자들에게 마사지, 당시 용어로 '의료 체조'를 자주 처방했다. 앤더스 구스타브 와이드Anders Gustaf Wide가 쓴 『의료 체조 핸드북Handbook of Medical and Orthopedic Gymnastics』에는 '결장 마사지법'이 구체적으로 실려 있다. "대장 끄트머리에 단단한 대변이 들어차 있다고 생각될 때 결장 마사지를 하면 숙변이 마땅히 가야 할 방향으로 움직이는 것을 직접 느낄 수 있다."

하지만 늘 그런 것은 아니다. 1992년 뮌헨 대학교에서 결장 마사지를 한 뒤 배변 시간을 재는 실험을 실시했는데, 변비 환자와 건강한 사람 모두 마사지를 아홉 차례 실시했음에도 변이 결장에 머무르는 시간을 단축하지 못했다. 그뿐만 아니라 3주일의 실험 기간 동안 함께 조사한 일상생활 만족도 역시 조금도 개선되지 않았다. 안마사가 와이드가 고안한 '항문 마사지' 기술을 활용했다면 다른 실험 결과가 나왔을까? 참고로, 항문 마사지는 작은 떨림을 주면서 양방향으로 번갈아 가며 항문 주위에 작은 원을 그리면 된다고 한다.

그런데 몇몇 외과의사도 손을 사용하는 방법을 권했다. 이때 손을 '배 위'에서가 아니라 '배 안에서' 놀린다는 게 핵심이다. 오하이오 의과대학의 외과 교수 W. W. 도슨이 대표적인 인물이었다. 1885년의 일이다. 도슨이 청중에게 조교인 코프먼 박사Dr. Coffman를 짧게 소개하고 진찰대로 시선을 돌리며 말했다. "오늘 저녁에는 시체를 활용해서 장 검사법을 시연해 보일 것입니다. 여기 이 피험자는 보시다시피 여성입니다." 이날 강연에서는 여러 가지 주제를 다뤘지만 지금 우리가 주목할 것은 두 번째 주제인 '손을 얼마나 깊이 넣을 수 있는가'이다. 도슨은 진찰대에 똑바로 누운 피험자가 무릎을 구부리고 허벅지가 배에 닿을 때까지 올린 자세를 만들었다. 목적이 무엇을 빼내는 것인지 또는 넣는 것인지에 따라 이 자세를 결석 제거술 체위 혹은 정상 체위라고 한다. 그러니 이 강연의 경우는 둘 다 해당되는 셈이다. "이제 코프먼 박사가 손을 항문에 넣고 조금씩 올라가면서 위쪽을 살살 누를 겁니다." 그는 몇 명을 무대로 불러 가까이에서 관찰하게 했다. 그래야 손의 움직임에 따라 뱃가죽이 꾸물대는 것이 더 잘 보이기 때문이다. 두더지가 굴을 뚫고 지나가는 궤적이 잔디밭 위로 그대로 드러나는 만화의 한 장면과 비슷했다. "이 안에서도 손을 꽤 자유롭게 움직일 수 있습니다. 그러니 이런 식으로 숙변을 제거할 수 있다는 걸 금세 이해하실 겁니다."[6]

옛날에는 변비 치료가 배수관을 뚫는 것과 매우 흡사했다. 기본 전략은 두 가지였다. 하나는 물이나 공기를 세게 들이부어 밀어 내리는 것이고, 다른 하나는 금속 재질 도구를 사용해서 뭉친 덩어리를 쪼개는 것이었다. 닥터 로버트 배티Dr. Robert Battey는 전자를 선호했다. 그는 1874년 6월에 『애틀랜타 내외과학저널Atlanta Medical and Surgical Journal』을 통해 '안전하고 빠른' 방법을 소개했다. 즉 물 10리터 정도를 직장으로 주입해서 딱딱하게 굳은 숙변을 녹인다는 것이다. 그러면 엄청난 양의 물 때문에 배가 몹시 빵빵해

---

6 하지만 이 강연 뒤에 '손의 크기' 문제를 두고 거센 논쟁이 이어졌다. 닥터 찰스 켈지시Dr. Charles Kelsey는 23센티미터 넘는 손은 이 목적에 적합하지 않다고 주장했다. 이에 대해 도슨은 골반 크기를 고려해야 한다고 반박했다. 골반이 큰 사람의 항문에는 25센티미터짜리 손도 무리 없이 들어간다면서. 그는 손 크기의 기준을 딱 고정해 버리면 타고나기를 손이 큰 의사들의 의지를 꺾고 모욕하는 것과 다를 바 없다고 덧붙였다. 게다가 여러 사람이 손을 넣어야 하는 경우도 있었다. 도슨은 유리잔을 꺼내야 했던 닥터 클로케Dr. Cloquet의 일화를 언급했다. 그가 직장에 넣은 손가락은 총 14개였는데, 6개는 본인 것이었고 나머지 4개씩은 각각 동료 두 사람의 것이었다고 한다. 이 일로 환자의 명예는 땅에 떨어졌지만 놀랍게도 그의 괄약근은 손가락이 14개나 들어갔다 나왔는데도 완벽하게 원상 복구되었다.

져 압력을 견디지 못하고 항문에서 물이 솟구쳐 나온다고 한다. 실제로 심한 경우 물이 60센티미터 높이로 분출된 사례도 있었다고 닥터 배티는 기록했다. 배티는 강의할 때마다 시연하는 시간을 반드시 넣었다. 그런데 당시의 의학 논문 몇 편을 손에 잡히는 대로 골라 읽어 보면 한 가지 사실을 금방 알 수 있다. 이 시절에는 외과학 교수와 해부학 교수들 사이에서 진기명기 쇼 수준은 되어야 남들보다 한발 앞선다는 인식이 팽배해 강의마다 이런 진풍경이 벌어졌다는 것을 말이다.

소화관은 구불구불 복잡하게 얽힌 배관이다. 그래서 요리조리 헤집기가 쉽지 않다. 시원하게 헤집고 다니려면 진짜 뱀을 삼켜도 모자랄 것이다. 그런데 100년 전 사람들은 납으로 된 구슬이나 수은 덩어리 3킬로그램 정도를 삼키는 게 막힌 장을 뚫는 좋은 방법이라고 생각했다. 그런 다음 데굴데굴 구르고 온몸을 흔들면 무거운 금속이 이리저리 부딪히며 장애물을 깨부술 거라고 기대한 것이다. 문제는 위 속 내용물이 조금씩 꾸물꾸물 밀려 내려간다는 것이었다. 빨리 삼켜도 아무 소용 없었다. 금속 구슬은 소화관 길을 따라 쭉쭉 전진해 가는 게 아니라 찔끔찔끔 기어가는 둥 마는 둥 했다. 그래서 엑스레이를 찍어 보면 마치 진주 목걸이를 삼킨 것 같은 사진이 나왔다. 그런데 오히려 다행인지도 모른다. 필로어Pillore라는 한 의사가 1776년에 기고한 글을 읽어 보면 말이다. 그는 자신이 최근에 부검한 한 환자의 사례를 소개했는데, 1킬로그램에 가까운 수은 덩어리 무게를 못 이긴 소장의 고리 부분이 밑으로 축 처져서 골반 틈새로 빠져나오기 직전이었다고 한다. 이 환자는 결국 한 달 뒤 사망했다. 환자를 이 지경으로 만든 진짜 범인이 수은 덩어리와 여전히 단단한 숙변과 소장에 가득 찬 끈적끈적한 엿 중에서 과연 무엇이었는지는 지금까지도 수수께끼로 남았다.

변비 치료 분야에서 배관공의 시대는 오래가지 못하고 곧이어 전기공이 새로운 희망으로 떠올랐다. 한때 방사성 동위원소가 도처에서 유행했던 것처럼 이번에는 전기 치료가 어느 병이든 다 고치는 신기술로 각광받기 시작했다. 이 바닥도 예외는 아니어서 악질 변비를 치료하는 기술로 전기 요법이 등장했다. 원리는 간단하다. 복부로 약한 전류를 흘려보내는 것이다. 효과가 있었냐고? 그 답은 1871년에 『영국의학저널』에 실렸다. 한 과학자가 의심 많은 동료가 던진 똑같은 질문에 이렇게 답했다고 한다. "미처 피할 새도 없이 쏟아져 나왔다."

하지만 막힌 장을 뚫는 가장 무식한 방법은 따로 있다. 바로 건장한 남성 간호조무사가 달려들어 어깨로 환자를 들이받는 것이다.[7] 위장은 고정된 것이 아니기 때문에 아주 간단한 조치만으로도 문제를 해결할 수 있다고 한다. 러시 의과대학의 의사 윌리엄 르윗William Lewitt은 1864년에 배 속에 태아 머리만 한 암 덩어리가 소화관 틈새로 자리 잡고 있었던 남성 환자의 사례를 학계에 보고했다. 왕진을 갔더니 환자가 극심한 복통을 호소하는 가운데 특이한 점이 한 가지 있었다. 환자는 방귀를 뀌고 싶다는 욕구를 자주 느꼈는데 똑바로 서서 머리와 팔이 직각이 되도록 한 자세에서만 가스가 나왔다고 한다. 해부학 교과서에나 나올 법한 이 특이한 자세 때문에 그는 이 환자에게 '해부학 시연자'라는 별칭을 붙여 주었다. 짐작건대 그는 환자를 보쌈

---

7 그런데 정말로 이렇게 해서 숙변을 빼낼 수 있을까? 그 성패는 숙변의 상태와 시술자가 누구인지에 따라 달라진다. 마이크 존스는 이렇게 말했다. "제가 나온 고등학교의 미식축구부 코치가 전에 워싱턴 레드스킨스의 수비수였는데, 그가 말하길 현역 시절에 조 그린Joe Greene이 자기를 너무 세게 밀쳐서 바지를 갈아입어야 했다더군요. 그때 순간적으로 뭔가가 쑥 나왔다고 해요." 존스는 충격으로 몸 안에서 고형 덩어리가 빠져나올 정도면, 죽지만 않을 정도로 엄청나게 세게 부딪혔어야 했을 거라고 덧붙였다.

을 해서라도 데리고 가서 강의실 연단에 세우고 싶은 충동을 억누르느라 꽤나 힘들었을 것이다.

그렇다면 이도저도 다 실패했을 때는 어떻게 해야 할까? 그럴 때는 수술하는 수밖에 없다. 흔들어도, 마사지를 해도, 물을 부어도, 후려쳐도 안 되면 긁어내야 한다. 수술 전에 손톱 사이사이 솔질을 해가며 깨끗이 닦는 것도 모자라 소독한 장갑까지 끼는 요즘 같은 세상에도 감염의 위험성은 늘 도사리고 있다. 하물며 수술 부위가 박테리아가 득실득실한 대장이라니, 더 말해 무엇 하랴. 그런데 과거에는 변비가 생명을 위협할 정도로 심한 경우뿐만 아니라 단순 변비와 자가 중독의 치료 목적으로도 대장 절제술이 널리 행해졌다. 음식물 쓰레기 배출 속도를 높이려면 이동 통로를 짧게 만드는 것만큼 좋은 방법이 또 어디 있었겠는가. 이 수술 기법을 발명하고 널리 보급한 사람은 스코틀랜드 출신의 외과의사 아버스노트 레인Arbuthnot Lane 경이다. 그는 처음에 몇십 센티미터만 절개해서 짧게 만드는 수술법을 고안했다가 얼마 뒤 대장 전체를 들어내는 기법으로 발전시켰다. 건강한 대장까지 전부 잘라 내고 소장을 바로 직장에 연결하여 꿰매 버리는 이른바 전체 대장 절제술이었다. 설사를 변비가 완치되었다는 신호로 볼 수 있다면 그는 소기의 목적을 달성한 셈이지만 그 과정에서 환자들에게 영양 결핍이라는 부작용을 안겨 주었다. 앞 단원에서 자기 분식증 설치류 연구를 통해 배웠듯이 대장에서는 박테리아 때문에 더러운 똥이 만들어지기도 하지만, 이 박테리아 덕분에 귀중한 영양소인 지방산과 비타민을 얻을 수 있다.

레인은 자기 분식증을 병적으로 혐오했다. 그는 인종이 다르거나 야외 활동 시간이 더 길어서 생기는 미묘한 피부색 차이를 피가 똥에 오염되어 얼룩진 것이라고 생각했다. 그런 까닭에 수술한 지 한 달 뒤 누르튀튀했던 환

브리스톨 대변 분류표 Bristol Stool Chart

유형 1		변이 견과류처럼 단단하게 뭉친 덩어리 여러 개로 구성됨(배설하기 어려움)
유형 2		소시지 모양이고 한 덩어리로 뭉쳐짐
유형 3		소시지 모양이고 표면 여기저기에 금이 가 있음
유형 4		소시지 혹은 뱀 모양이고 말랑말랑함
유형 5		작고 무른 덩어리 여러 개로 뚝뚝 끊어지고 경계선이 분명함(배설하기 쉬움)
유형 6		경계선이 모호하고 조직이 성기며 질척함
유형 7		물처럼 흐르고 고형 덩어리가 없음

자의 안색이 밝아졌다며 자랑스러워했고, 또 다른 한 환자에 대해서는 수술 후 피부의 갈색조가 거의 다 사라졌다고 기록하기도 했다. 레인은 대장이 쓸모없는 기관이라며 철저히 무시하고 심각한 불량 부속으로 여겼다.

자만심과 무지가 합쳐지면 인체 해부학의 의미와 정교한 진화론적 적응 기전을 비뚜로 보게 된다. 레인이 과감하게 들어냈던 대장은 사실 단순한 쓰레기하치장이 아니다. 레인과 티렐, 켈로그와 같은 부류의 사람들은 대장에 사는 박테리아를 질색하며 경멸했다. 그러나 대장 박테리아는 해롭지 않다. 아니, 오히려 녀석들이 없다면 우리는 절대로 건강할 수 없다. 대장에서 이 녀석들이 쓰레기 더미를 뒤져 가며 귀한 영양소를 마지막 한 방울까지 뽑아내는 덕분이다.

17

완벽하게 고쳐 줄게,
역겨운 것만 참는다면

지금 내 손에는 초대장 한 장이 들려 있다. 언뜻 보면 평범한 파티 초대장 같다. 가족을 데리고 오라는 친절한 안내 문구와 함께 지도와 주소, 파티 시간이 적혀 있다. 그런데 카드 장식이 심상치 않다. 사람의 대장 단면도가 있고 각 부분마다 의학 용어가 꼬리표로 붙어 있다. 이 그림 위에는 쾌활한 서체로 이렇게 쓰여 있다. "장내균총 파티!" 파티 주최자는 소화기내과 의사이자 미네소타 대학교의 부교수인 알렉산더 호러츠^{Alexander Khoruts}이다. 그는 대장 내시경과 소화불량 치료도 잘하지만 무엇보다도 대장 박테리아, 즉 장내균총의 이식 수술로 유명하다.

이날 저녁 파티에는 대부분 이 일에 직접적으로 관여하는 관계자들이 참석했다. 마이크 사도프스키^{Mike Sadowsky}는 호러츠의 연구 파트너로서 그와 함께 교재 『대변 박테리아^{The Fecal Bacteria}』를 공동 편집했다. 저쪽에서 뷔페에 열중한 사내는 맷 해밀턴^{Matt Hamilton}이다. 그는 미네소타 대학교에서 박사 후 과정을 밟고 있는데 이식 수술 전 준비 과정을 총괄한다. 해밀턴은 호러츠가 집에서 직접 만든 러시아식 자색 무 샐러드를 접시에 듬뿍 담고 있다. 마침 옆에 있는 간호사가 내일 변에 피가 섞여 나온 것처럼 보이겠다고 걱정해 줄 정도로.

한편 이 간호사는 통째로 초콜릿을 입힌 바나나에 열광한다. 기특하게도 집주인의 열세 살짜리 아들 제임스가 모임의 취지를 고려해서 정성껏 만든 작품이다. 제임스는 아빠를 많이 닮아 똑똑하고 예의 바르며 영악한 유머 감각도 있다. 거실에 놓인 그랜드피아노로 클래식 음악을 연주하는 게 취미지만 언젠가 소설가가 되고 싶다고 말한다. 간호사가 제임스에게 브리스톨 대변 분류표로 따지면 이 디저트[1]가 몇 번에 해당되는지 묻자, 소년은 망설임 없이 4번이라고 대답한다. 바나나가 '소시지 혹은 뱀 모양이고 말랑말랑하다'는 뜻이다. 아무리 봐도 이 사람들끼리는 식사 시간에 못할 얘기가 없을 듯하다. 이들이 무신경하거나 무식해서가 아니다. 보통 사람들과는 전혀 다른 시각으로 대장을 바라보기 때문이다.

통틀어 100조 마리에 이르는 장내균총이 인체 조직과 어떻게 상호 작용하는가는 최근에 새롭게 각광받는 연구 주제다. 의학계에서는 지난 수십 년 동안 음식과 영양소가 질병의 치료와 예방에 어떤 역할을 하는지 주목해 왔다. 그런데 최근 들어 이 상호 작용이 생각보다 훨씬 복잡 미묘하다는 견해에 힘이 실리고 있다. 그리하여 이제 목표는 우리 몸, 음식, 음식을 분해하는 박테리아가 어떤 삼각 구도를 이루며 서로 영향을 주고받는지 구체적으

----

1 펜실베이니아 대학교의 심리학자 폴 로진은 일반인을 대상으로 실시한 실험에서 57퍼센트가 이 디저트를 먹을 것이라고 예측했다. 그는 실험 참가자들에게 개똥 모양으로 빚은 초콜릿 빵을 주고 이 것을 먹겠느냐고 물었다. 하지만 그러겠노라고 응답한 참가자는 단 한 명도 없었다. 배설물은 그만큼 강력한 금기인 것이다. 게다가 그중에서 12퍼센트는 손도 대기 싫다며 완강한 거부 의사를 밝혔다. 달콤한 초콜릿이라는 것을 알면서도 말이다.

로 밝히는 것으로 새롭게 맞춰졌다. 항암 효과로 유명한 폴리페놀^{polyphenol}을 예로 들어 보자. 폴리페놀 계열 성분들은 커피, 차, 과일, 채소에 풍부하다. 하지만 그중에서 가장 효과적인 성분은 애석하게도 소장에서 흡수되지 않는다. 대장 박테리아가 이것을 잘게 분해한 뒤에만 우리 몸이 써먹을 수 있다. 그러니 장에 어떤 박테리아가 사느냐에 따라 음식이 우리에게 약이 될 수도 있고 허섭스레기에 불과할 수도 있는 것이다. 유해하다고 알려진 물질도 마찬가지다. 흔히들 까맣게 타버린 고기는 암을 일으킨다고 말한다. 하지만 엄밀히 말하면 그 자체로 위험한 게 아니라 거기서 발암 물질이 생길 수 있는 것일 뿐이다. 장에서 박테리아가 재를 분해하지 않으면 유독 물질이 만들어지지 않는다. 약물도 똑같다. 대장에 어떤 박테리아가 얼마나 사느냐에 따라 약효가 천차만별로 달라진다. 이렇듯 알다가도 모르겠고, 쉬운 것 같다가도 세상에서 제일 어려운 것이 바로 과학이다. 그러나 요점은 간단하다. 병을 예방하고 고치려면 식단을 바꾸는 것보다 장내균총을 바꾸는 것이 훨씬 더 효과적이다.

우리는 모든 박테리아가 해롭고 다른 사람은 다 나보다 더럽다고 착각하는 사회에서 살고 있다. 그러므로 누군가가 다른 사람의 대장에 살던 박테리아를 이식하려고 병원에 간다고 하면 십중팔구는 펄쩍 뛸 것이다. 하지만 이 수술을 받으려고 학수고대하는 사람도 있다. 클로스트리듐 디피실리^{Clostridium difficile}에 감염된 환자 같은 사람 말이다. 줄여서 C. 디피실리라고 하는 이 박테리아에 감염된 상태로 오래 있으면 몸이 영구적으로 망가지고 심하면 목숨을 잃기도 한다.

맷 해밀턴이 핵심을 지적했다. "쉰다섯 살에 기저귀를 차는 것도 모자라 하루에 열 번 갈아야 한다고 생각해 보세요. 그러면 불결하고 뭐고 전혀 상관하지 않게 되죠." 그는 이 얘기를 하면서 식욕이 대단한 덩치 큰 청년답게 접시에 토마토 요리를 한가득 담는다. 그런데 여기에 호러츠가 부연한다. "이런 환자는 물, 불 가릴 상황이 아닙니다. 이미 볼 꼴, 못 볼 꼴 다 겪었으니까요. 만성 질환이란 게 원래 그래요. 당사자는 벗어날 수만 있다면 뭐든지 할겁니다."

그런데 최근 들어 박테리아를 싸잡아 적대시하는 편견이 깨지는 조짐이 보인다. 근거는 여러 가지다. 우선 이 지구 상에는 박테리아가 사람보다 훨씬 많다. 인체 세포 하나에는 그보다 훨씬 작은 박테리아 세포 아홉 개가 들어 있다. 호러츠는 이것을 내가 아닌 것은 무조건 나쁘다는 편견과 연결해서 확대 해석한다. "인체의 신진대사에 박테리아가 얼마나 큰 기여를 하는지 모르실 겁니다. 박테리아가 곧 나고 내가 곧 박테리아라고 말해도 과언이 아닐 정도입니다. 철학적으로 들리겠지만, 이것은 누가 누구를 소유하는가의 명제와 같습니다."

이뿐만 아니다. 체내의 박테리아 구성은 사람의 행동도 좌우한다. "장내 환경에 따라 특정 음식이 더 당기기도 하고 에너지가 다른 용도로 쓰이기도 합니다." 실제로 현재 네덜란드에서는 날씬한 사람의 대변을 이식하면 체중 감량에 도움이 되는지 확인할 목적으로 임상 연구가 진행되고 있다.[2] 일단 지금까지 공개된 자료만 보면 그렇게 극적인 정도는 아니더라도 앞으로 기대해도 좋다는 희망이 보인다. 호러츠는 장내균총 구성원이 바뀌면 행동이

---

2   이 연구의 명칭은 약어로 FATLOSE 연구다. Fecal Administration To LOSE weight(체중 감량을 위한 대변 투입)의 앞 자를 하나씩 딴 것이다. PLEASE가 Pretty Lame Excuse for an Acronym, Scientists and Experimenters(과학자들과 연구자들이 긴 연구 명칭을 이런 식으로 짧게 줄여 놓고 두문자어라고 우길 때마다 너무 억지스럽다는 뜻-옮긴이)의 줄임말인 것처럼.

어떻게 돌변하는지 실례를 들어서 설명했다. 톡소플라즈마*toxoplasma*라는 기생충이 있다. 이 기생충은 생쥐의 몸에서 기생하지만 번식하려면 고양이의 위장에 들어가야 한다. 그런데 이 기생충이 생쥐를 고양이 앞에 대령하는 작전이 참 기가 막힌다. 생쥐가 고양이 소변에 이끌리도록 생쥐의 뇌를 조작하는 것이다. 그러면 생쥐가 알아서 고양이 입으로 걸어 들어가게 된다. "이 광경을 직접 목격한다면 누구라도 머리를 긁적이며 '저 쥐ʳᵃᵗ가 왜 저러죠?'라고 물을 겁니다." 호러츠는 수줍게 미소를 지으며 말한다. "그러면 저는 공화당원들의 대장에 사는 박테리아는 뭐 더 특별할 것 같으냐고 받아치죠."[3]

그렇다면 대장에서 펼쳐지는 서사극에서 활약할 출연진을 결정하는 감독은 누구일까? 대부분의 경우는 타고난 팔자에 맡겨야 한다. 지금 이 순간 내 장내균총의 구성은 생후 6개월 때의 구성과 거의 똑같다. 장내균총의 약 80퍼센트는 태어날 때 생모로부터 물려받는 까닭이다. 호러츠는 이렇게 설명한다. "이것은 매우 안정적인 시스템입니다. 장내균총으로 한 사람의 가계도를 그릴 수도 있어요."

이제 파티는 막바지로 달려가고 있다. 나는 제임스와 호러츠의 유쾌하고 인내심 많은 애인 카트리나에게 잘 자라는 인사를 건네기 위해 부엌으로 간다. 그런데 설거지를 하려고 싱크대에 내려놓은 블랜더가 보인다. 제임스가 말한다. "아줌마, 안타깝게도 초콜릿 응가 스무디를 놓치셨어요."

뭐, 괜찮다. 곧 진짜 응가를 보게 될 테니.

---

3 공화당 지지자들이 민주당원을 비하하는 의미로 Democrat의 마지막 rat만 따서 '쥐'라고 부르는데, 이를 두고 한 말이다. – 옮긴이

여느 이식 수술과 마찬가지로 대장 박테리아 이식 수술도 균을 주려는 사람이 있어야 받을 수 있다. 그런데 호러츠는 아무렇지도 않게 이렇게 말한다. "아무나 한 사람만 용기를 내면 돼요." 아무래도 그는 자신이 어떤 박테리아를 상대하는지 잘 모르는 것 같다. C. 디피실리를 다스리는 위력을 발휘할 정도면 훨씬 더 무시무시한 녀석임이 틀림없는데 말이다. 어쩌면 그도 이 사실을 잘 알고 있지만 기증자의 대변에 이 박테리아가 존재하는지 간단하게 확인할 방법이 없어서 체념한 게 아닌가 하는 생각도 든다. 대변 박테리아의 대부분은 산소에 닿으면 죽는 혐기균인 까닭에 실험실에서 배양하기가 어렵다. 단, 대장균과 포도상 구균은 예외다. 이 두 녀석은 어디서도 꿋꿋하게 살아남는다. 의사의 손, 수술 도구, 병원의 온갖 살림살이 등 손만 뻗으면 대장균과 포도상 구균을 쉽게 만날 수 있다.

호러츠가 장기 기증자에게 요구하는 조건은 단 한 가지다. 바로 소화기계 질병이나 전염병이 없어야 한다는 것이다. 이것 말고는 기증자가 가족이 아닌 편이 나을 수도 있다는 점이 특이하다. 가족은 병력을 조사할 때 거짓말을 하는 경우가 있기 때문이라고 한다. "자신이 윤락업소를 들락날락한다는 사실을 사랑하는 사람에게 알리고 싶은 사람은 없으니까요." 호러츠는 익명의 지역 주민 한 명으로부터 이식 재료를 꾸준히 공급받는 편을 선호한다고 한다. 이 공급책의 대장 박테리아를 환자 열 명에게 이식했는데 모두 완치되었다니 그럴 만도 하다. "이 사람이 갈수록 기세등등하다는 게 문제지만요." 그가 무뚝뚝하게 덧붙인다. 호러츠는 거의 항상 무표정하다. 러시아에서는 잘 웃으면 이상한 사람 취급을 받기 때문에 표정이 그렇게 굳었지만, 그는 미국에 온 뒤 늘 사람들과 대화할 때 일부러 자주 웃으려고 노력했다고 한다. 그러다가 간혹 한 박자씩 늦을 때도 있지만 말이다. 이럴 때는 통신 상태가 나쁜 지역에서 특파원이 생중계로 뉴스를 보도하는 느낌이 들 것 같다.

"아, 여기 계셨네." 미니애폴리스의 겨울 날씨에 잘 어울리게 두툼하게 챙겨 입은 키 큰 남자가 작은 종이봉투를 손에 들고 복도 저편에서 걸어온다. 남자는 나에게 고갯짓으로 인사를 건네고 봉투를 호러츠에게 넘긴다. "성에 찰 만큼은 아닙니다." 이 말만 하고는 이내 어디론가 사라진다. 당황한 것 같진 않고 그냥 시간에 쫓기는 기색이다. 바로 이 사람이다. 아침마다 화장실에서 그러모은 생산품으로 여러 생명을 구하고 건강을 선사하는 우리의 숨은 영웅.

그리고 드디어 결전의 날이다. 호러츠는 빈 진료실에 들어가서 해밀턴에게 전화를 건다. 보통 해밀턴은 이식 수술이 잡힌 날 아침에 출근하는 길에 병원에 들른다. 원래는 오늘도 지금쯤 와 있어야 한다. 호러츠는 마음이 급하다. 혐기성 박테리아는 대장 밖에서 오래 살지 못하기 때문이다. 녀석들이 밖에서 몇 시간이나 버티는지는 아무도 정확히 모른다.

해밀턴이 전화를 받지 않는지 그가 메시지를 남긴다. "이봐, 나야. 물건은 준비됐어. 가져가기만 하면 돼." 그가 눈을 가늘게 뜨며 중얼거린다. "이 번호 맞겠지." 모르는 사람이 들으면 오해하기 딱 좋은 상황이다. 나는 마약 단속반이 소화기내과를 급습하고 호러츠가 해명하느라 쩔쩔매는 모습을 머릿속에 그려 본다.

그가 수화기를 내려놓으려는 찰나, 해밀턴이 헐레벌떡 들어오며 사과를 한다. 집에서 입던 옷차림 그대로다. 그는 호러츠와 달리 늘 만면에 미소를 띠고 있다. 웃는 낯에 어떻게 침을 뱉으랴.

그가 작업할 연구실은 차로 10분 거리에 있다. 운전이 거친 데다 냉장 박스가 뒷좌석에서 아슬아슬하게 덜컹거리는 바람에 차 안에는 팽팽한 긴장감이 감돈다. 냉장 박스의 존재감은 대단하다. 실제 사람만큼은 아니지만 차 안에 널린 잡동사니보다는 훨씬 중요해 보인다. 금세 주차장에 진입하긴 했는데 빈자리가 없다. 해밀턴은 시간 낭비 하는 걸 싫어한다. "이게 평범한 신체 장기였다면 우리에게 우선 주차권을 줬을 텐데요."

주차하는 데 시간을 많이 잡아먹었지만 그 뒤로는 일사천리다. 도구는 간단하게 오스터Oster 블랜더4와 체 몇 개가 전부다. 블랜더 뚜껑에는 고무관 두 줄이 달려 있다. 하나는 질소를 넣는 데 쓰고 다른 하나는 산소를 빼는 데 쓴다. 블랜더를 20초씩 두세 번 작동하면 원하는 점도의 액체가 되는데 이것을 체에 거르면 끝이다. 당연히 모든 작업은 배기 후드 안에서 한다. 해밀턴은 액체를 체에 거르면서 혼자 중얼거린다. 건더기의 정체를 맞히는 것이다. 오늘은 고춧가루와 땅콩 조각이다.5

한 번 더 스위치를 누를지 말지 두 번째 20초 동안에 결정해야 한다. 점도가 충분히 묽지 않으면 대장 내시경 관을 막거나 미생물이 대장 전체에 골고루 퍼지지 못하기 때문이다. 해밀턴이 나를 쳐다보며 말한다. "오늘은 딱딱한 덩어리를 처치해야 하는 난관에 부딪혔네요." 서바이벌 리얼리티 쇼에서 출연자가 시청자에게 방송 내용을 설명하는 것 같다.

하지만 마침내 완벽한 액체가 완성되었다. 해밀턴은 이것을 용기에 담아 꼼꼼히 밀봉하고 냉장 박스에 넣는다. 언뜻 보면 저지방 우유를 섞은 커피처럼 보인다. 배기 후드에서 다 날려 보낸 덕분에 냄새는 나지 않는다. 해밀턴과 나, 냉장 박스, 이렇게 삼총사는 다시 차에 올라 급히 병원으로 향한다.

---

4 제조사에 이메일을 보냈더니 이런 답장이 돌아왔다. "안녕하십니까, 고객님. 오스터 제품관리 팀에 연락을 취하여 귀하가 보내 주신 정보를 검토한 결과, 저희는 이 주제를 언급하지 않는 것이 좋겠다는 결론에 도달했음을 알려 드리는 바입니다."
5 짐작건대, 우리의 영웅이 엊그제 양념통닭을 먹었나 보다.

환자는 이미 도착해 커튼을 쳐놓은 대기실에서 이동식 침대에 누워 기다리는 중이다. 호러츠는 의사 가운 차림으로 복도에 나와 있다. 해밀턴이 그에게 냉장 박스를 건넨다. 그는 액체를 바이알 네 개에 나눠 담고 뚜껑을 꽉닫는다. 이걸 대장 내시경으로 환자에게 이식할 것이다. 그전까지는 얼음을 가득 담은 플라스틱 그릇에 잠시 꽂아 둔다. 호러츠는 마침 지나가는 간호사에게 시술을 준비하는 동안 이 그릇을 잠시 여기에 둬도 되겠느냐고 묻는다. 간호사는 흘끗 쳐다보더니 발걸음을 멈추지도 않고 이렇게 대답한다. "휴게실에 가져가지만 마세요."

이 세상에 절대악인이나 절대선인은 존재하지 않듯이 박테리아도 환경에 따라 좋은 일을 하기도 하고 나쁜 일을 하기도 한다. 가령 포도상 구균은 피부에 있을 때는 별로 못되게 굴지 않는다. 피부에는 먹을 것이 없어서 맥을 못 추는 탓이다. 하지만 수술 절개 부위 같은 틈새를 통해 일단 혈액으로 들어가면 상황이 돌변한다. 박테리아의 몸에 달린 수용체와 단백질이 주변에 먹잇감이 많다는 사실을 금세 감지하기 때문이다. 해밀턴의 표현을 빌리면 이런 식이다. "여기가 명당이네. 제대로 한판 벌여 볼까." 말 그대로 박테리아 파티가 벌어지는 것이다. 하지만 이것은 몸 주인에게는 나쁜 소식이다. 병원에서 발견되는 박테리아 균주는 항생제에 내성을 보일 확률이 높은 반면 병원을 찾는 환자들은 대체로 면역력이 약해서 병원균에 맞서 싸울 여력이 없으니 말이다.

대장균도 마찬가지다. 대장에 있는 대장균은 아무런 증상도 일으키지 않는다. 처음부터 그곳에 군락을 이루고 있었기에 우리 몸도 아무렇지 않게 여긴다. 하지만 같은 녀석이 요도와 방광으로 넘어가는 순간, 면역계가 이 박테리아를 침입자로 간주한다. 그러면 박테리아가 아니라 각성한 면역계 자체가 염증을 일으킨다.

그 악명 높은 C. 디피실리도 항상 못된 것은 아니다. 신생아의 30~50퍼센트는 배 속에 C. 디피실리를 품고도 아무 탈 없이 무럭무럭 잘 자란다. 성인도 C. 디피실리와 사이좋게 공생하는 경우가 3퍼센트가량 된다. 아마도 다른 박테리아가 독소를 뿜지 말라고 옆에서 말리거나 수가 너무 적어서 독소를 방출하더라도 큰 문제를 일으키지 못하기 때문일 것이다.

그런데 항생제를 복용하거나 하는 바람에 대장이 지나치게 깨끗해지면 C. 디피실리가 번성하기에 유리한 환경이 되므로 정신을 똑바로 차려야 한다. 의료진이 아무리 조심한다고 해도 병원 곳곳에 C. 디피실리의 포자가 숨어 있다. 여기에 특정 조건이 더해지면 대장에서 C. 디피실리가 창궐한다. 대장 게실이 대표적인 예다. 대장 벽을 따라 주렁주렁 달린 곁주머니를 게실이라고 하는데, 만성 변비 환자의 대장에 이 게실이 흔하다. 게실은 이렇게 생긴다. 대장 벽에 약한 구석이 있을 때 변을 밀어 내리려고 대장 근육에 힘을 주면 변이 이 약한 부분 쪽으로 이동한다. 그러면 이 부분이 바깥쪽으로 점점 부풀어 올라 작은 주머니가 만들어지는 것이다. C. 디피실리가 바로 이곳에 포자를 뿌린다.

C. 디피실리 감염 사례의 80퍼센트 정도는 항생제를 쓰면 완치되지만 나머지 20퍼센트는 1~2주일 이내에 재발한다. 게실에 잠복해 있는 C. 디피실리까지 전멸시키기가 어려운 까닭이다. C. 디피실리는 난공불락의 지하 요새에 꽁꽁 숨어 있는 미생물계의 알카에다인 셈이다. 호러츠의 설명이다. "항생제는 양날의 검과 같습니다. 항생제는 C. 디피실리를 없애지만 C. 디피실리를 통제하는 박테리아도 함께 죽여요." 그래서 C. 디피실리 감염이 한

번 재발할 때마다 다음에 다시 재발할 확률이 두 배씩 높아진다고 한다. 미국에서는 해마다 1만 6천 명이 C. 디피실리에 감염되어 사망한다.

오늘 환자는 고름이 나올 정도로 게실염이 심해서 수술을 받는다고 한다. 그동안 중증 대장염이 몇 차례 들고날 때마다 설사가 너무 심해서 영양제 주사로 간신히 버텼는데, 지금 진료실에 누워 있는 그는 전혀 그런 일을 겪은 것처럼 보이지 않는다. 진정제를 맞은 탓이다. 지금 그는 파란색과 흰색이 어우러진 원피스 수술복만 걸친 채 평온하게 옆으로 누워 있다. 수술을 받는 환자들은 왜들 그렇게 안쓰러워 보이는지 모르겠다. 대기업 CEO나 군 장성도 병원에서는 일개 환자일 뿐이다. 하나같이 유순하고, 간절하며, 감사하다는 말을 연발한다.

진료실 안, 희미한 조명 아래 라디오에서는 클래식 음악이 흘러나온다. 호러츠는 진정제의 효과를 가늠하려고 대화를 시도한다. 목소리의 크기와 말하는 속도를 유심히 보는 것이다.

"애완동물 기르세요?"

일순간 정적이 감돈다. "…… 애완 …… 동 …… 물 …… ."

"이제 된 것 같네요."

간호사가 바이알이 든 그릇을 가져온다. 나는 그녀에게 바이알 뚜껑이 빨간색이면 생체 위험 물질이라는 뜻이냐고 물었다.

"아뇨, 그렇지 않아요."

과정을 자세히 살펴보지 않는다면 대변 이식 수술은 대장 내시경과 별반 다를 게 없다. 비디오 모니터를 켜면 먼저 둥그렇게 휜 수술실의 전경이 나타난다. 내시경 조종기를 거치대에서 꺼내 침대 쪽으로 옮기는 동선을 그대로 따라간다. 대장 내시경을 받아 본 적이 없어서 이해가 되지 않는다면, 바텐더가 사용하는 탄산수 총을 연상하면 된다. 길고 잘 구부러지는 검은색 튜브가 달렸고 손잡이에 달린 핸들로 조종하는 그것 말이다. 단지 바텐더는 버튼을 눌러 탄산수와 콜라를 쏘지만 호러츠는 이산화산소와 생리식염수를 발사한다. 이산화탄소는 시야를 확보하기 위해 대장을 부풀리는 데 쓰고 생리식염수는 시술에 거슬리는 찌꺼기를 씻어 내는 데 사용한다.

호러츠는 왼손으로 조종기를 쥐고 오른손으로 튜브를 빙빙 돌린다. 나는 두 팔이 서로 따로따로 놀아야 한다는 점에서 이게 아코디언이나 피아노를 연주하는 것과 비슷하다는 생각을 했다. 실제로도 피아노를 즐겨 치는 호러츠는 악기 연주보다는 의수나 의족을 단 것과 더 비슷하다고 말한다. "익숙해지면 내 몸의 일부처럼 느껴집니다. 내시경 장비에 신경은 없지만 저 끝에서 무슨 일이 벌어지는지 감으로 알 수 있죠."

어느덧 드디어 환자의 대장에 진입했다. 대장 벽이 박자에 맞춰 진동할 정도로 환자의 심장은 튼튼하다. 호러츠가 갈고리를 움직인다. 환자의 자세를 바꾸면 급경사 지역을 통과하는 데 도움이 되기 때문에 간호사가 몸을 기울여 환자를 떠받친다. 마치 운전사가 앞을 막은 장애물을 직접 길가로 밀어 내는 것 같다.

호러츠는 조종기 버튼을 눌러 이식물 일부를 주입한다. 대장을 항생제로 깨끗하게 씻어 놓았으므로 원주민의 텃세는 없을 것이다. 하지만 항생제를 이기는 균도 많으므로 확실히 자리잡을 때까지는 경계를 늦추지 말아야 한다. 그런 맥락에서 2주일 뒤에 검사를 한다. 기증자의 장내균총 구성과 이 환자의 장내균총 구성이 일치하는지 확인하기 위해서다.

마지막 한 발을 대장 저 끝에서 발사한 뒤 내시경 장비를 뺀다. 시술이 끝났다.

그로부터 며칠 뒤, 호러츠가 환자에게서 온 이메일을 내게 전달해 주었다. 물론 환자의 이름은 삭제했다. 무려 1년 동안 출근을 못할 정도로 그를 괴롭히던 통증과 설사가 감쪽같이 사라졌다는 내용이었다. "토요일 저녁에 작은 고형 덩어리 하나가 나왔습니다." 불타는 토요일 저녁에 이게 최고의 희소식이라니 어이가 없지만, 당사자에게는 이보다 기쁜 날이 또 없었을 것이다.

대변 이식 수술의 역사는 1958년으로 거슬러 올라간다. 벤 아이즈먼^{Ben} Eiseman이라는 외과의사가 이 수술을 세계 최초로 시도했다. 항생제가 사용되기 시작한 초기에는 정상균도 모두 죽는 바람에 설사로 고생하는 환자가 많았다. 이에 아이즈먼은 장관에 정상인의 박테리아를 다시 심으면 문제가 해결될 거라고 생각했다. 이제 아흔세 살의 노인이 된 그는 당시를 이렇게 회상했다. "그때는 아이디어가 있으면 일단 저질러 보던 시절이었습니다."

역사상 효과적이고 저렴하면서 부작용이 없는 완벽한 치료법이 개발된 적은 거의 없다. 지금까지 호러츠는 난치성 C. 디피실리 감염을 치료할 목적으로 대변 이식 수술을 40차례 실시했고 성공률은 93퍼센트에 이른다. 앨버타 대학교 연구진이 2012년에 발표한 보고서에 따르면, 대변 이식 수술을 받은 환자 124명 중 103명이 즉각적인 증상 개선을 경험했다. 그러나 아이즈먼이 내시경 조종기 버튼을 처음 누른 순간으로부터 55년이나 지났음에도, 미국에서 이 시술을 치료법으로 공식 인정하는 건강보험회사는 단 한 곳도 없다.

이유가 무엇일까? 대변을 공인하는 게 사회적으로 금기라서? 호러츠는 그런 이유도 있다고 지적했다. "자연스럽게 꺼려지는 겁니다. 그냥 옳지 않아 보이는 거죠." 그는 이 수술이 실험적인 것에서 주류 치료법으로 발돋움하려면 아직 갈 길이 멀다는 입장이다. 호러츠와 이런 대화를 나누고 1년 뒤, 대형 소화기내과학회와 감염질환학회에서 '소수의 대변 이식 수술 시술자들'을 초청해서 '권장 시술법'을 설명하는 논문을 낼 기회를 주었다. 보통은 보험수가 코드를 정하기 전에 이런 지침서를 만드는 것이 통과의례다. 그러므로 이것은 머지않아 정부의 인정을 받을 수 있다는 청신호일 수도 있다. 그러나 2012년 중반에 확인한 바로는 아직 수가 코드가 배정되거나 시술 비용이 암묵적으로 협의되지 않았다고 한다. 호러츠는 앞으로 1~2년 정도 더 걸릴 거라고 예상했다. 그때까지 그는 예전처럼 대장 내시경 항목만 보건 당국에 신고해야 할 것이다.

나는 가끔씩 보건 당국이 환자에게 유익한 치료를 인정하지 못하고 소심하게 굴 때마다 진저리가 난다. 미네소타 대학교에는 연구 참가자의 안전을 보장하기 위해 모든 연구를 감독하는 연구심의위원회가 있다. 그런데 이 연구심의위원회가 박테리아를 이용한 C. 디피실리 재발 치료법 연구를 시작해도 좋다는 승인 도장을 찍기까지 무려 1년 반이나 걸렸다. 이 연구에 대해 비판 의견이 거세거나 특별히 우려되는 문제점이 없었는데도 말이다. 이식 수술을 참관했던 날 아침에 호러츠는 내게 신기한 물건 하나를 보여 주었다. 날개가 달린 플라스틱 그릇이었는데, 그는 이것을 변기 모자toilet hat6라고 불렀다. 그릇 테두리가 기증자의 대변을 받아내기 알맞게 약간 벌어져 있었다. "심사가 두 달 지체된 이유가 바로 이것이었습니다. 연구심의위원회가 이걸 돌려보내면서 변기 모자를 제 돈 주고 사겠다는 사람이 과연 있겠

---

6 이것을 수녀 모자라고 부르기도 한다. 옛날 시트콤에 나왔던 박쥐가 날개를 쫙 펼친 모양의 수녀 머리가리개와 비슷한 까닭이다. 하지만 수녀들과 병원 환자들이 명예훼손이라며 줄기차게 항의한 결과, 이제 이 용어는 거의 사용되지 않는다.

느냐고 물었죠. 개당 가격은 50센트예요."

한편 호러츠는 대변 이식 수술이 궤양성 대장염 치료에 효과가 있는지 여부를 평가하기 위한 또 다른 연구를 준비 중이라고 했다. 과민성 대장증후군, 궤양성 대장염, 크론병을 염증성 장질환이라고 통칭하는데, 이런 종류의 대장 질환들은 정상적인 박테리아에 면역계가 과도하게 반응하기 때문에 일어난다. 이른바 대장이 집중 공격을 받는 셈이다. 그런데 이번에 연구심의 위원회는 FDA가 먼저 승인할 때까지 결정을 내리지 않겠다는 통보를 보내 왔다. 치료를 바로 상용화하겠다는 게 아니라 일단 연구를 통해 가능성을 확인하겠다는 건데도 말이다. 하물며 상용화 목적으로 FDA의 최종 승인을 받는 것은 훨씬 더 어렵다. 돈과 시간이 엄청나게 들고 10년 넘게 걸리는 경우도 허다하다.

그런데 대변 이식 수술의 경우, 약물이나 의료 장비가 사용되지 않기 때문에 연구비를 기꺼이 지원할 제약 회사나 의료기기 회사가 없다. 만약 그런 회사가 있더라도 속내는 연구를 방해하는 것이지 응원하는 게 아닐 것이다. 제약 회사 입장에서는 병이 재발할 때마다 치료만 해야지 완치시키면 돈을 벌 수 없기 때문이다. 호러츠는 설명한다. "수십억 달러가 걸린 문제입니다. 제가 카트리나에게 이 연구가 잘되면 내가 강바닥에서 싸늘한 시체로 발견되더라도 놀라지 말라고 일러두기까지 했다니까요."

호러츠의 진료실에는 대장 내시경 장비가 종류별로 진열되어 있고, 머리 위 선반에는 실물 크기의 직장 모형이 놓여 있다. 치핵, 치루, 궤양성 대장염, 대변이 딱딱하게 말라붙은 대변돌 등 세상에 존재하는 모든 직장 질병에 한꺼번에 걸린 듯한 충격적인 형상이다. 마치 미국 의료 시스템의 허실을 보여 주는 상징물 같다. 호러츠가 미소를 지으며 말한다. "그거, 책 버팀목입니다."

한 제약 회사가 소화기질환 주간에 뿌린 것이란다. 소화기질환 주간은 소화기내과 의사와 제약 회사 영업사원들이 1년에 한 번 회동하는 행사다. 위장 모양의 탈을 쓴 행사요원이 샘플을 나눠 주는데, 이번에는 샘플이 이 모형이었다는 것이다.

이렇게 정부가 미온적인 태도로 일관하는 동안, 전국 30개 주에서 대변 이식 수술이 전문가의 재량하에 실시되고 있다. 하지만 나머지 20개 주의 환자들은 이 혜택을 받을 수 없다. 이에 어떤 환자는 자구책을 마련하기도 한다. 실제로 『임상위장학 및 간학*Clinical Gastroenterology and Hepatology*』 학회지에는 '대변 이식 자가 시술' 사례가 보고되었다. 이 논문에 따르면 이 용감한 C. 디피실리 감염 환자 7명 중 7명 모두가 약국에서 산 관장 키트로 집에서 혼자 혹은 가족의 도움을 받아 이식 수술을 실시하고 완치되었다고 한다. 물론 문제가 전혀 없는 것은 아니다. 최근에 호러츠에게 이메일을 보낸 어느 한 여성이 그런 경우다. 그녀는 기껏 호러츠에게 조언을 구해 놓고 제대로 따르지 않아 실패하고 말았다. 대변을 블렌더로 갈 때 수돗물을 넣는 바람에 염소 성분이 박테리아를 죽인 것이다. 이뿐만 아니라 집에서 이식 수술을 잘못했다가 설사가 옮은 경우도 있다. 기증자의 대변에 기생충이 숨어 있었던 탓이다. 그러니 연구심의위원회가 일을 더디게 처리하거나 서류를 쓸데없이 많이 요구하는 등 우유부단하게 굴수록 오히려 환자들을 사지로 내모는 꼴이 된다. 설립 취지대로 환자들을 보호하는 게 아니라 말이다.

대변 박테리아를 활용한 치료법은 일단 승인만 되면 의료계에서 빠르게 자리 잡힐 것이다. 물론 개선할 부분도 있다. 여과 과정을 보강해서 누가 봐도 거부감이 들지 않을 정도로 깔끔하게 박테리아 세포만 분리할 필요가 있다. 여기에 얼음 결정이 생기지 않도록 동해 방지제를 첨가하고 냉동보관하면 필요할 때 필요한 곳에서 언제든지 꺼내 사용할 수 있게 된다. 호러츠는 이미 이런 미래를 대비한 작업에 돌입했다.

유산균 좌제로 재발성 효모균 감염을 완치하는 것처럼 알약 하나로 해결할 수 있다면 얼마나 좋을까. 그러나 불행히도 일반적으로 산소가 풍부한 실험실에서 잘 자라는 호기균은 대장 질환 치료에 효과가 없다. 구체적으로 어느 박테리아가 치료에 도움이 되는지는 학계에서도 아직 잘 모르지만 혐기균이어야 한다는 것만은 확실하다. 우리에게는 자신이 살기 위해 우리 몸을 건강하게 만들어 주는 박테리아가 필요하다. 숙주의 건강이 곧 자신의 행복이라는 진화론적 사명을 가지고 우리 몸에 공생하는 작은 친구들 말이다.

나는 호러츠에게 약국에서 파는 생균 제제가 정확히 어디에 어떻게 좋은 것이냐고 물었다. 그의 대답은 이랬다. "다 마케팅 전략입니다." 캐나다 생균제연구개발센터 소장인 그리거 레이드Gregor Reid도 같은 의견을 가지고 있다. 그는 이런 생균 제제에 들어 있는 박테리아가 호기균이라는 사실을 함께 지적했다. 박테리아를 산소가 없는 환경에서 배양하고 처리하고 운반하려면 복잡한 과정을 거쳐야 하고 비용이 많이 들기 때문이라고 했다. 게다가 이런 제제의 95퍼센트는 인체 내 성능이 검증된 적이 없으므로 생균 제제라고 불러서는 안 된다고 한다.

내 생각으로는 어쨌든 10년 이내에 모두가 알게 될 것이다. 누군가의 배설물이 다른 누군가에게는 치료약이라는 사실을 말이다. 나는 최근에 한 의사로부터 이메일을 받았다. 그는 텍사스 주 러벅에 사는 로이드 스토어Lloyd Storr라는 의사의 이야기를 들려주었다. 직접 조제한 귀지 물약을 환자의 귀에 투입해서 만성 귀 감염을 치료했다는 것이다. 스토어는 기증자의 귀지를 글리세린에 녹인 후 끓여서 이 물약을 만들었다고 한다. 귀지가 있으면 산성 환경이 조성되어 나쁜 박테리아가 과도하게 성장하지 못한다. 어쩌면 귀지에 항균 물질이 들어 있을 수도 있다. 하지만 어느 쪽이 옳든 누군가의 귀지가 다른 누군가의 것보다 병균을 더 잘 억제하는 것만은 분명한 사실이다. 호러츠는 최근에 친한 친구인 한 치주 질환 전문의에게도 잇몸병 치료법으로 박테리아 이식 수술[7]을 권했다고 한다.

일이 계획대로만 된다면, 각종 세정제와 소독약이 키운 현대인의 박테리아 과민증이 많이 사라질 것이다. 블랜더를 무기 삼아 박테리아 이식 수술이라는 분야를 개척한 용감한 이들 덕분에 이성적 사고로 괜한 호들갑을 잠재우고 근거 없는 공포감을 극복하게 될 것이다. 어쩌면 나아가 좋은 박테리아에게 감사한 마음을 조금이나마 갖게 될 수도 있다.

알렉산더 호러츠 같은 이의 노고가 인정받는 날이 올 것이다. 언젠가는.

최대 아이러니는 모든 생명은 소화관에서 시작되었다는 것이다. 호러츠는 엄밀히 따지면 인간이란 소화관 주변 조직이 고도로 진화된 지렁이에 불과하다고 말했다. 먹을 것을 찾으려니 필요해서 두뇌가 생겼고, 음식을 집어들자니 필요해서 손발이 돋아났다고. 이렇게 덩치가 점점 커지자 팔다리 구석구석에 에너지 연료를 공급할 순환 시스템이 필요해졌고, 이런 식으로 인체 구조가 점점 복잡해졌다. 사람의 소화기관에는 아직도 이런 진화의 흔적이 남아 있다. 자체 내장된 독립적 면역계와 원시적 뇌가 바로 그것인데, 전

---

7 어찌 보면 키스도 일종의 박테리아 이식 수술법이다. 치은염을 일으키는 박테리아 세 가지를 분석한 연구에서는 박테리아가 배우자의 입을 통해 옮기는 것으로 확인되었다. 치주학적으로 말하면, 애정 표현이 박테리아를 활용한 치료법인 셈이다.

문 용어로는 장관 신경계라고 부른다. 그러고 보니 톤 반플릿이 한 말이 생각난다. "사람들은 자신이 주변에 자잘한 부속품이 주렁주렁 달린 거대한 파이프라는 사실을 알면 깜짝 놀랍니다."

무엇을 먹는가는 중요한 문제다. 하지만 인간의 인간다움은 그것을 어떻게 먹는가에 따라 결정된다. 그런 의미에서 우리는 먹었던 구멍으로 배설하는 말미잘이 아님에 감사해야 한다. 초식동물이나 반추동물이 아니라는 것도 감사할 일이다. 용광로에 연료를 대는 데 일생을 허비하지 않아도 되니 말이다. 그뿐만 아니다. 우리는 소화액과 각종 효소, 소장 융모, 불의 발견과 조리법의 발달을 비롯해 인간을 인간답게 만들어 주는 모든 기적에 감사해야 한다. 호러츠는 내가 나임에 감사해야 하는 이유를 우리의 친족인 고릴라를 예로 들어 설명했다. 고릴라는 인간과 같은 영장류지만 소화관이 덜 발달한 탓에 열량 생성 효율이 낮다는 이유로 인간 다음 서열로 밀려났다. 고릴라는 소처럼 매일 삶지도 않은 풀포기를 엄청나게 먹는다. 이것이 몸속에서 발효되어 만들어지는 에너지로 하루하루 살아가는 것이다. "고릴라는 이파리를 소화시키는 데 하루 종일을 보냅니다. 앉아서 씹어 넘긴 다음에 배 속에서 요리하는 거죠. 그러니 두뇌를 고차원적인 사고를 하는 데 쓸 여유가 있겠습니까?"

이런 인체 소화기관의 진가를 잘 아는 사람은 소화기관의 기능뿐만 아니라 조경과 구조면에서도 아름다움을 발견한다. 『뉴잉글랜드 저널 오브 메디슨』 1998년호에 스페인 의사들이 찍은 사진 두 장이 실렸다. 사진 제목은 '가로결장 팽대'였는데, 함께 수록된 사진이 사람들의 시선을 사로잡았다. 가우디의 작품 〈라 페드레라La Pedrera〉 중에서 고층 회랑의 천장 아치 사진을 나란히 배치한 것이다. 이 사진을 보고 나는 내 안에 있는 가우디식 곡선

미를 직접 확인하고 싶은 충동이 일었다. 그래서 생애 처음으로 용기를 내어 비수면 대장 내시경을 받았다.[8]

비수면 대장 내시경은 지금까지 살면서 열 손가락 안에 꼽을 만한 추억이 되었다. 뭐라 설명할 수 없는 오묘한 기분이었다. 놀랍기도 하고 우쭐하기도 하고 창피하기도 했다. 공포에 가까운 경외감도 들었다. 알래스카 페어뱅크스 외곽의 눈밭에서 천지사방을 뒤덮은 오로라를 목격하고 나도 모르게 두 무릎을 꿇을 정도로 압도되었을 때와 비슷했다. 한밤중에 산속에서 아름답게 반짝거리는 은하를 올려다보는 느낌이었다. 회맹장 판막과 충수의 생김생김이 눈앞에서 펼쳐지는 순간, 이렇게 엄청난 인체의 신비를 내 두 눈으로 직접 확인한다는 충격에 솔직히 온몸에 약하게 경련이 일었다. 여러분에게 이것만은 꼭 당부하고 싶다. 한평생 살면서 내 몸속을 찬찬히 들여다볼 기회를 얻는 사람은 많지 않다. 우리 몸은 인간이 가진 가장 고귀하고 신비한 재산이다. 하지만 우리는 어딘가 고장 나기 전에는 건강한 몸에 감사할 줄 모르고 당연하게 여긴다. 나는 도무지 이해할 수 없다. 어떻게 내 몸보다 아이돌 가수가 더 소중할 수 있을까? 물론 내가 이상한 것일 수도 있다. 혹자는 '저 아줌마가 지금 무슨 소리를 하는 거야'라고 생각할지도 모른다. 그런 이들에게 이렇게 말해 주고 싶다. 단 1분이라도, 진심으로 최선을 다해 나 자신을 사랑해 보라고.

---

8 직접 해보니 소문만큼 무섭지 않았다. 유럽에서는 환자가 요구할 때만 진정제를 사용하는 게 관례라고 한다. 언제든지 정맥주사를 놓을 수 있도록 카테터를 설치해 두고 환자가 요청할 때 비로소 투여하는 식이다. 하지만 맨 정신으로 끝까지 견디는 환자가 80퍼센트에 이른다고 한다.

감사의 말

이 책을 쓰면서 나는 이 세상이 자비와 온정으로 가득하다는 사실을 다시 한 번 깨달았다. 각계각층 인사들의 관대함과 성원이 없었다면 이 책은 세상 빛을 볼 수 없었다. 이 책이 재미있다고 느껴진다면, 이 책이 계몽적이고 알차다고 느껴진다면, 그것은 모두 이처럼 훌륭한 인격을 가진 분들의 헌신 덕택이다.

최우수공로상

아무런 대가도 바라지 않고 여러 날 오후 반나절을 통째로 비우고, 자료보관실을 같이 헤매고, 자기 일처럼 나서서 여기저기 전화와 이메일을 넣고, 내게 기꺼이 문을 열어준 이들에게 고개 숙여 감사를 드린다:

Andrea Bainbridge, American Medical Association Historical Health Fraud and Alternative Medicine Collection

Ed dePeters, University of California, Davis

Anna Dhody and Evi Numen, Mütter Museum

Michael Jones, Virginia Commonwealth University

Alexander Khoruts, Matt Hamilton, and Mike Sadowsky, University of Minnesota

Alan Kligerman, Kligerman Regional Digestive Disease Center

Sue Langstaff, Applied Sensory

Michael Levitt and Julie Furne, Minneapolis VA medical Center

George "Nick" Nichopoulos, personal physician to the late Elvis Presley

Megan and Rick Prelinger, Prelinger Library

Nancy Rawson, Pat Moeller, Amy McCarthy, and Theresa Kleinsorge, AFB International

"Rodriguez," Gene Parks, Ed Borla, and Paul Verke, Avenal State prison and the California Department of Corrections and Rehabilitation

Stephen Secor, University of Alabama

Erika Silletti, René de Wijk, Andries
   van der Bilt, and Ton van Vliet,
   Food Valley, the Netherlands
Richard Tracy, Lee Lemenager, and

John Gray, University of Nevada,
Reno

모범인격상

전화와 이메일 공세를 끈질기게 퍼부으며 고소당해도 할 말 없을 정도로 도를 넘는 질문을 해댔음에도 불쾌하다는 티를 전혀 내지 않고 나를 상대해 준 대인배들에게 경의를 표한다:

Jianshe Chen
Phillip Clapham
Justin Crump
Evangelia Bellas
Thomas Lowry
David Metz
Jason Mihalopoulos

Gabriel Nirlungayuk
Adrianne Noe
Tom Rastrelli
Danielle Reed
Paul Rozin
Terrie Williams
Sera Young

나눔봉사상

불가사의한 영역에 관한 깊은 전문 지식을 나눠 주고, 관련 분야 전문가를 소개해 주고, 나에게 즐거움을 선사한 동시에 의욕과 용기를 불어넣어 준 이들에게 감사한다:

Jaime Aranda-Michel
Dean Backer
Daniel Blackburn
Rabbi Zushe Blech
Laurie Bonneau
Andrea Chevalier
Patty Davis
Siobhan DeLancy
Erik "the Red" Denmark
Adam Drewnowski
Ben Eiseman
Holly Embree
Father Geoff Farrow
Richard Faulks

Steve Geiger
Roy Goodman
Farid Haddad
Susan Hogan
Al Hom
Tim Howard
Bruce Jayne
Mark Johnson
Mary Juno
Jason Karlawish
Ron Kean
Diane Kelly
Bruce Kraig
Christopher Lahr

Jennifer Long
Johan Lündstrom
Ray and Robert Madoff
The Notto
Kenneth Olson
Jon Prinz
Sarah Pullen
Gregor Reid
Janet Riley

Michael Sappol
Adam Savage
Markus Stieger
Jim Turner
Paul Wagner
Brian Wansink
Judge Colleen Weiland
William Whitehead

인내상

오랜 세월 동안 내 곁에 머물면서 책이 나올 때마다 재능과 인내심을 발휘해 준 우정 어린 친구들에게는 이 작은 지면에 이름만 언급하는 게 미안하기 그지없다:

Jill Bialosky, Erin Lovett and Louise Brockett, Bill Rusin and Jeannie Luciano, and Stephen King and Drake mcFeely of W. W. Norton, plus Mary Babcock, eagle-eyed copyeditor extraordinaire
Stephanie Gold
Jeff Greenwald

Jay Mandel and Lauren Whitney, of William Morris Endeavor
Lisa margonelli
Anne Pigué
Ed and the rest of the wonderful Rachles family

참고문헌

들어가는 말

Waslien, Carol, Doris Howes Calloway, and Sheldon Margen. "Human Intolerance to Bacteria as Food." *Nature* 221: 84–85 (January 4, 1969).

제1장

Drake, M. A., and G. V. Civille. "Flavor Lexicons." *Comprehensive Reviews in Food Science and Food Safety* 2: 33–40 (2003).

Hodgson, Robert T. "An Analysis of the Concordance among 13 U.S. Wine Competitions." *Journal of Wine Economics* 4 (1): 1–9 (Spring 2009).

Hui, Y. H. *Handbook of Fruit and Vegetable Flavors*. Hoboken: Wiley, 2010.

Mainland, Joel, and Noam Sobel. "The Sniff Is Part of the Olfactory Percept." *Chemical Senses* 31: 181–196 (2006).

Morrot, Gil, Frederic Brochet, and Denis Dubourdieu. "The Color of Odors." *Brain and Language* 79 (2): 309–320 (November 2001).

Mustacich, Suzanne. "Fighting Fake Bordeaux." *Wine Spectator*, November 8, 2011. www.winespectator.com/webfeature/show/id/45968.

Pickering, G. J. "Optimizing the Sensory Characteristics and Acceptance of Canned Cat Food: Use of a Human Taste Panel." *Journal of Animal Physiology and Animal Nutrition* 93 (1): 52–60 (February 2009).

Smith, Philip W., Owen W. Parks, and Daniel P. Schwartz. "Characterization of Male Goat Odors: 6-trans Nonenal." *Journal of Dairy Science* 67 (4): 794–801 (April 1984).

제2장

Association of American Feed Control Officials. *Feed Ingredient Definitions*, Official Publication, 1992.

McCarrison, Robert. "A Good Diet and a Bad One: An Experimental Contrast." *British Medical Journal* 2 (3433): 730–732 (October 23, 1926).

Phillips, Tim. "Learn from the Past." Petfood Industry (October 2007). pp. 14–17.

Wentworth, Kenneth L. "The Effect of a Native Mexican Diet on Learning and Reasoning in White Rats." *Journal of Comparative Psychology* 22 (2): 255–267

(October 1936).

제3장

Apicius. Book VIII: *Tetrapus* (*Quadrupeds*).

Blake, Anthony A. "Flavour Perception and the Learning of Food Preferences." In *Flavor Perception*, edited by A. J. Taylor and D. D. Roberts. Hoboken: Wiley-Blackwell, 2004.

Blech, Zushe Yosef. "Like Mountains Hanging by a Hair." Kashrut.com. http://www.kashrut.com/articles/L_cysteine/(accessed September 2012).

Bull, Sleeter. *Meat for the Table.* New York: McGraw-Hill, 1951.

Casteen, Marie L. "Ten Popular Specialty Meat Recipes." *Hotel Management*, August 1944. pp. 26–28.

Cline, Jessie Alice. "The Variety Meats." *Practical Home Economics* 21: 57–58 (February 1943).

Davis, Clara. "Results of the Self-Selection of Diets by Young Children." *Canadian Medical Association Journal* 41 (3): 257–261 (September 1939).

Feeney, Robert E. *Polar Journeys: The Role of Food and Nutrition in Early Exploration.* Fairbanks: University of Alaska Press, 1997.

Guthe, Carl E., and Margaret Mead. "Manual for the Study of Food Habits: Report of the Committee on Food Habits." *Bulletin of the National Research Council*, No. 111 (1943.)

———. "The problem of Changing Food Habits: Report of the Committee on Food Habits." *Bulletin of the National Research Council*, No. 108 (1943).

"Jackrabbit Should Be Used To Ease Meat Shortage." *Science News Letter,* July 24, 1943.

Kizlatis, Lilia, Carol Deibel, and A. J. Siedler. "Nutrient Content of Variety Meats." *Food Technology,* January 1964

Kuhnlein, Harriet V., and Rula Soueida. "Use and Nutrient Composition of Traditional Baffin Inuit Foods." *Journal of Food Composition and Analysis* 5: 112–126 (1992).

Mead, Margaret. "Reaching the Last Woman down the Road." *Journal of Home Economics* 34: 710–713 (1942).

Mennella, J. A., and G. K. Beauchamp. "Maternal Diet Alters the Sensory Qualities of Human Milk and the Nursling's Behavior." *Pediatrics* 88 (4): 737–744 (1991).

Mennella, J. A., A. Johnson, and G. K. Beauchamp. "Garlic Ingestion by Pregnant Women Alters the Odor of Amniotic Fluid." *Chemical Senses* 20 (2): 207–209 (1995).

Rozin, Paul, et al. "Individual Differences in Disgust Sensitivity: Comparisons and Evaluations of Paper-and-Pencil versus Behavioral Measures." *Journal of Research in Personality* 33: 330–351 (1999).

———. "The Child's Conception of Food: Differentiation of Categories of Rejected Substances in the 16 Months to 5 Year Age Range. *Appetite* 7: 141–151 (1986).

Wansink, Brian. "Changing Eating Habits on the Home Front: Lost Lessons from World War II Research." *Journal of Public Policy and Marketing* 21 (1): 90–99 (Spring 2002).

Wansink, Brian, Steven T. Sonka, and Matthew M. Cheney. "A Cultural Hedonic Framework for Increasing the Consumption of Unfamiliar Foods: Soy Acceptance in Russia and Colombia." *Review of Agricultural Economics* 24 (2): 353–365

(September 23, 2002).

War Food Administration. *Food Conservation Education in the Elementary School Program* (pamphlet). Washington, D.C.: USDA, 1944.

제4장

Barnett, L. Margaret. "Fletcherism: The Chew-Chew Fad of the Edwardian Era." In *Nutrition in Britain: Science, Scientists and Politics in the Twentieth Century*, edited by David Smith. London: Routledge, 1997.

―――. "The Impact of 'Fletcherism'on the Food Policies of Herbert Hoover during World War I." *Bulletin of the History of Medicine* 66: 234–259 (June 1992).

Chittenden, Russell H. "The Nutrition of the Body: A Study in Economical Feeding." *Popular Science Monthly*, June 1903

Dawson, Percy M. *A Biography of François Magendie*. Brooklyn: Albert T. Huntington, 1908.

"Eating Guano." *California Farmer and Journal of Useful Sciences* 11 (22) (July 1, 1859).

Fletcher, Horace. *The New Glutton or Epicure*. New York: Frederick A. Stokes, 1917.

Levine, Allen S., and Stephen E. Silvis. "Absorption of Whole Peanuts, Peanut Oil, and Peanut Butter." *New England Journal of Medicine* 303 (16): 917–918 (October 16, 1980).

제5장

Beaumont, William. *Experiments and Observations on the Gastric Juice, and the Physiology of Digestion*. Edinburgh: Maclachlan and Stewart, 1838.

Green, Alexa. "Working Ethics: William Beaumont, Alexis St. Martin, and Medical Research in Antebellum America." *Bulletin of the History of Medicine* 84 (2): 193–216 (Summer 2010).

Janowitz, Henry D. "Newly Discovered Letters concerning William Beaumont, Alexis St. Martin, and the American Fur Company." *Bulletin of the History of Medicine* 22 (6): 823–832 (November/December 2008).

Karlawish, Jason. *Open Wound: The Tragic Obsession of Dr. William Beaumont*. Ann Arbor: University of Michigan Press, 2011.

Leblond, Sylvio. "The Life and Times of Alexis St. Martin." *Canada Medical Association Journal* 88: 1205–1211 (June 15, 1963).

Myer, Jesse S. *Life and Letters of Dr. William Beaumont*. St. Louis: C. V. Mosby, 1912.

Roland, Charles G. "Alexis St. Martin and His Relationship with William Beaumont." *Annals of the Royal College of Physicians and Surgeons of Canada* 21 (1): 15–20 (January 1988).

제6장

"Breastfeeding Fatwa Sheikh Back at Egypt's Azhar." *Al Arabiya News*, May 18, 2009. http://www.alarabiya.net/articles/2009/05/18/73140.html.

Broder, J., et al. "Low Risk of Infection in Selected Human Bites Treated without

Antibiotics." *American Journal of Emergency Medicine* 22 (1): 10–13 (January 2004).

Bull, J. J., Tim S. Jessup, and Marvin Whiteley. "Deathly Drool: Evolutionary and Ecological Basis of Septic Bacteria in Komodo Dragon Mouths." PloS One 5 (6): e11097 (June 21, 2010).

Chowdharay-Best, G. "Notes on the Healing Properties of Saliva." *Folklore* 75: 195–200 (1975).

Eastmond, C. J. "A Case of Acute Mercury Poisoning." *Postgraduate Medical Journal* 51: 428–430 (June 1975).

Fry, Brian, et al. "A Central Role for Venom in Predation by *Varanus komodoensis* (Komodo Dragon) and the Extinct Giant *Varanus* (*Megalania*) *priscus. Proceedings of the National Academy of Sciences* 106 (22): 8969–8974 (June 2, 2009).

Harper, Edward B. "Ritual Pollution as an Integrator of Caste and Religion." *Journal of East Asian Studies* 23: 151–197 (1964).

Hendley, J. Owen, Richard P. Wenzel, and Jack M. Gwaltney Jr. "Transmission of Rhinovirus Colds by Self-Inoculation." *New England Journal of Medicine* 288 (26): 1361–1364 (June 28, 1973).

Humphrey, Sue, and Russell T. Williamson. "A Review of Saliva: Normal Composition, Flow, and Function." *Journal of Prosthetic Dentistry* 85 (2): 162–169 (February 2001).

Hutson, J. M., et al. "Effect of Salivary Glands on Wound Contraction in Mice." *Nature* 279: 793–795 (June 28, 1979).

Jamjoon, Mohammed, and Saad Abedine. "Saudis Order 40 Lashes for Elderly Woman for Mingling." *CNN.com/world*, March 9, 2009. www.cnn.com/2009/WORLD/meast/03/09/saudi.arabia.lashes/index .html.

Kerr, Alexander Creighton. *The Physiological Regulation of Salivary Secretions in Man.* New York: Pergamon Press, 1961.

Lee, Henry. "On Mercurial Fumigation in the Treatment of Syphillis." *Medico-Chirurgical* Transactions 39: 339–346 (1856).

Lee, V. M., and R. W. A. Linden. "An Olfactory-Parotid Salivary Reflex in Humans?" *Experimental Physiology* 76: 347–355 (1991).

Mennen, U., and C. J. Howells. "Human Fight-Bite Injuries of the Hand: A Study of 100 Cases within 18 Months." *Journal of Hand Surgery* (British and European volume) 16 (4): 431–435 (November 1991).

Montgomery, Joel M., et al. "Aerobic Salivary Bacteria in Wild and Captive Komodo Dragons." *Journal of Wildlife Diseases* 38 (3): 545–551 (2002).

Nguyen, Sean, and David T. Wong. "Cultural, Behavioral, Social and Psychological perceptions of Saliva: Relevance to Clinical Diagnostics." *CDA Journal* 34 (4): 317–322 (April 2006).

Oudhoff, Menno, et al. "Histatins Are the Major Wound-Closure Stimulating Factors in Human Saliva as Identified in a Cell Culture Assay." *FASEB Journal* 22: 3805–3812 (November 2008).

Patil, Pradnya D., Tanmay S. Panchabnai, and Sagar C. Galwankar. "Managing Human Bites." *Journal of Emergencies, Trauma, and Shock* 2 (3): 186–190 (September–December 2009).

Read, Bernard E. *Chinese Materia Medica: Animal Drugs, from the Pen Ts'ao Kang Mu by Li Shih-chen, A.D. 1597.* Taipei: Southern Materials Center, 1976.

Robinson, Nicholas. *A Treatise on the Virtues and Efficacy of a Crust of Bread:*

Eat Early in a Morning Fasting, to Which Are Added Some Particular Remarks concerning the Great Cures Accomplished by the Saliva or Fasting Spittle . . . London: A. & C. Corbett, 1763.

Romão, Paula M. S., Adilia M. Alarcão, and Cesar A. N. Viana. "Human Saliva as a Cleaning Agent for Dirty Surfaces." *Studies in Conservation* 35: 153–155 (1990).

Rozin, Paul, and April E. Fallon. "A Perspective on Disgust." *Psychological Review* 94 (1): 23–41 (1987).

Silletti, Erika M. G. *When Emulsions Meet Saliva: A Physical-Chemical, Bio-chemical, and Sensory Study.* Thesis, Wageningen University, 2008.

제7장

Altkorn, Robert. "Fatal and Non-fatal Food Injuries among Children (Aged 0–14 Years)." *International Journal of Pediatric Otorhinolaryngology* 72 (7): 1041–1046 (July 2008).

Gliniecki, Andrew. "Elton John Wins Pounds 350,000 for Libel: Punitive Damages Awarded against 'Sunday Mirror' over False Claims about Diet." *Independent*, November 5, 1993.

Heath, M. R. "The Basic Mechanics of Mastication: Man's Adaptive Success." In *Feeding and the Texture of Food*, edited by J. F. V. Vincent. Cambridge, U.K.: Cambridge University Press, 2008.

John v. MGN, Ltd., QB 586 (1997), 3 WLR 593 (1996), 2 All ER 35 (1996), EMLR 229 Court of Appeal, Civil Division (1996).

Mitchell, James E., et al. "Chewing and Spitting out Food as a Clinical Feature of Bulimia." *Psychosomatics* 29: 81–84 (1988).

Prinz, Jon F., and René de Wijk. "The Role of Oral Processing in Flavour Perception." In *Flavor Perception*, edited by A. J. Taylor and D. D. Roberts. Hoboken: Wiley-Blackwell, 2004.

Seidel, James S., and Marianne Gausche-Hill. "Lychee-Flavored Gel Candies: A Potentially Lethal Snack for Infants and Children." *Archives of Pediatrics and Adolescent Medicine* 156 (11): 1120–1122 (November 2002).

Van der Bilt, Andries. "Assessment of Mastication with Implications for Oral Rehabilitation: A Review. *Journal of Oral Rehabilitation* 38: 754–780 (2011).

Wolf, Stewart. *Human Gastric Function: An Experimental Study of a Man and His Stomach.* Oxford, U.K.: Oxford University Press, 1947.

제8장

"A Shark Story of Great Merit." *New York Times*, December 4, 1896.

Bernard, Claude. *Leçons de Physiologie Expérimentale Appliquée a la Médecine, Faites au College de France.* Paris: Bailliere, 1855. pp. 408–418.

Bondeson, J. "The Bosom Serpent." *Journal of the Royal Society of Medicine* 91: 442–447 (August 1998).

Dally, Ann. *Fantasy Surgery 1880–1930, with Special Reference to Sir William Arbuthnot Lane* (Clio Medica 38, Wellcome Institute Series in the History of Medicine). Amsterdam: Editions Rodopi B.V., 1996.

Dalton, J. C. "Experimental Investigations to Determine Whether the Garden Slug Can Live in the Human Stomach." *American Journal of Medical Sciences* 49 (98): 334–338 (April 1865).

Davis, Edward B. "A Whale of a Tale: Fundamentalist Fish Stories." *Perspectives on Science and Christian Faith* 43: 224–237 (1991).

Foster, Michael. *Lectures on the History of Physiology during the Sixteenth, Seventeenth, and Eighteenth Centuries.* Cambridge, U.K.: University Press, 1901.

Gambell, Ray, and Sidney G. Brown. "James Bartley—A Modern Jonah or a Joke?" *Investigations on Cetacea* 24: 325–337 (1993).

Hunter, John. "On the Digestion of the Stomach after Death." *Philosophical Transactions of the Royal Society* 62: 447–454 (1772).

Paget, Stephen. *Experiments on Animals.* London: James Nisbet, 1906.

Pavy, F. W. "On the Immunity Enjoyed by the Stomach from Being Digested by Its own Secretion during Life." *Philosophical Transactions of the Royal Society* 153: 161–171 (1863).

Reese, D. Meredith. "Medical Curiosity: Alleged Living Reptile in the Human Stomach." *Boston Medical and Surgical Journal* 28 (18): 352–356 (June 7, 1908).

Slijper, E. J. *Whales.* New York: Basic Books, 1962. pp. 284–293.

Spence, John. "Severe Affection of the Stomach, Ascribed to the Presence in It of an Animal of the Laerta Tribe." *Edinburgh Medical and Surgical Journal* 9: 315–318 (July 1813).

Stengel, Alfred. "Sensations Interpreted as Live Animals in the Stomach." *University of Pennsylvania Medical Bulletin* 16 (3): 86–89 (May 1903).

"Swallowed by a Whale." *New York Times*, November 22, 1896.

Warren, Joseph W. "Notes on the Digestion of 'Living' tissues." *Boston Medical and Surgical Journal* 116 (11): 249–252 (March 17, 1887).

제9장

Bland-Sutton, John. "The Psychology of Animals Swallowed Alive." In *On Faith and Science in Surgery.* London: William Heinemann, 1930.

Haddad, Farid S. "Ahmad ibn Aby al'ASh'ath (959 A.D.) Studied Gastric Physiology in a Live Lion." *Lebanese Medical Journal* 54 (4): 235 (2006).

Kozawa, Shuji, et al. "An Autopsy Case of Chemical Burns by Hydrochloric Acid." *Legal Medicine* 11: S535–S537 (2009).

Matshes, Evan W., Kirsten A. Taylor, and Valerie J. Rao. "Sulfuric acid Injury." *American Journal of Forensic Medicine and Pathology* 29 (4): 340–345 (December 2008).

제10장

Barnhart, Jay. S., and Roger E. Mittleman. "Unusual Deaths Associated with Polyphagia." *American Journal of Forensic Medicine and Pathology* 7 (1): 30–34 (1986).

Csendes, Atila, and Ana Maria Burgos. "Size, Volume, and Weight of the Stomach in Patients with Morbid Obesity Compared to Controls." *Obesity Surgery* 15 (8): 1133–1136 (September 2005).

Edwards, Gillian. "Case of Bulimia Nervosa Presenting with Acute Fatal Abdominal

Distention." *Lancet* 325 (8432): 822–823 (April 6, 1985).

Glassman, Oscar. "Subcutaneous Rupture of the Stomach; Traumatic and Spontaneous." *Annals of Surgery* 89 (2): 247–263 (February 1929).

Key-Åberg, Algot. "Zur Lehre von der Spontanen Magenruptur." *Gerichtliche und Offfentliche Medicine* 3, 1: 42 (1891).

Lemmon, William T., and George W. Paschal Jr. "Rupture of the Stomach following Ingestion of Sodium Bicarbonate." *Annals of Surgery* 114 (6): 997–1003 (December 1941).

Levine, Marc S., et al. "Competitive Speed Eating: Truth and Consequences." *American Journal of Roentgenology* 189: 681–686 (2007).

Markowski, B. "Acute Dilatation of the Stomach." *British Medical Journal* 2 (4516): 128–130 (July 26, 1947).

Matikainen, Martti. "Spontaneous Rupture of the Stomach." *American Journal of Surgery* 138: 451–452 (September 1979).

Van Den Elzen, B. D., et al. "Impaired Drinking Capacity in Patients with Functional Dyspepsia: Intragastric Distribution and Distal Stomach Volume." *NeuroGastroenterology and Motility* 19 (12): 968 –976 (December 2007).

제11장

Agnew, Jeremy. "Some Anatomical and Physiological Aspects of Anal Sexual Practices." *Journal of Homosexuality* 12 (1): 75–96 (Fall 1985).

Cox, Daniel J., et al. "Additive Benefits of Laxative, Toilet Training, and Biofeedback Therapies in the Treatment of Pediatric Encopresis." *Journal of Pediatric Psychology* 21 (5): 659–670 (1996).

Garber, Harvey I., Robert J. Rubin, and Theodore E. Eisestat. "Foreign Bodies of the Rectum." *Journal of the Medical Society of New Jersey* 78 (13): 877–888 (December 1981).

Klauser, Andreas G., et al. "Behavioral Modification of Colonic Function: Can Constipation Be Learned?" *Digestive Diseases and Sciences* 35 (10): 1271–1275 (october 1990).

Knowlton, Brian, and Nicola Clark. "U.S. Adds Body Bombs to Concerns on Air Travel." *New York Times*, July 6, 2011.

Lancashire, M. J. R., et al. "Surgical Aspects of International Drug Smuggling." *British Medical Journal* 296: 1035–1037 (April 9, 1988).

Lowry, Thomas P., and Gregory R. Williams. "Brachioproctic Eroticism." *Journal of Sex Education and Therapy* 9 (1): 50–52 (1983).

Schaper, Andreas. "Surgical Treatment in Cocaine Body Packers and Body Pushers." *International Journal of Colorectal Disease* 22: 1531–1535 (2007).

Shafik, Ahmed, et al. "Functional Activity of the Rectum: a Conduit Organ or a Storage Organ or Both?" *World Journal of Gastroenterology* 12 (28): 4549–4552 (July 2006).

Simon, Gustav. "On the Artificial Dilatation of the Anus and Rectum for Exploration and for Operation." *Cincinnati Lancet and Observer* 14 (5): 326–334 (May 1873).

State of Iowa v. Steven Landis, Court of Appeals of Iowa, No. 1-500/10-1750 (2011).

Stephens, Peter J., and Mark L. Taff. "Rectal Impaction following Enema with Concrete Mix." *American Journal of Forensic Medicine and Pathology* 8 (2): 179–182 (1987).

United States v. Delaney Abi Odofin, 929 F.2d at 60.

United States v. Montoya de Hernandez, 473 U.S. 531 (1985).

Voderholzer, W. A., et al. "Paradoxical Sphincter Contraction Is Rarely Indicative of Anismus." Gut 41: 258–262 (1997).

Wetli, Charles V., Arundathi Rao, and Valerie Rao. "Fatal Heroin Body Packing." American Journal of Forensic Medicine and Pathology 18 (3): 312–318 (September 1997).

Yegane, Rooh-Allah, et al. "Surgical Approach to Body Packing." Diseases of the Colon and Rectum 52 (1): 97–103 (2009).

제12장

Avgerinos, A., et al. "Bowel Preparation and the Risk of Explosion during Colonoscopic Polypectomy." Gut 25: 361–364 (1984).

Bigard, Marc-Andre, Pierre Gaucher, and Claude Lassalle. "Fatal Colonic Explosion during Colonoscopic Polypectomy." Gastroenterology 77: 1307–1310 (1979).

Manner, Hendrik, et al. "Colon Explosion during Argon Plasma Coagulation." Gastrointestinal Endoscopy 67 (7): 1123–1127 (June 2008).

"Manure Pit Hazards." Farm Safety & Health Digest 3 (4, part 3).

McNaught, James. "A Case of Dilatation of the Stomach Accompanied by the Eructation of Inflammable Gas." British Medical Journal 1 (1522): 470–472 (March 1, 1890).

제13장

Beazell, J. M., and A. C. Ivy. "The Quality of Colonic Flatus Excreted by the 'Normal' Individual." American Journal of Digestive Diseases 8 (4): 128–132 (1941).

Furne, J. K., and M. D. Levitt. "Factors Influencing Frequency of Flatus Emission by Healthy Subjects." Digestive Diseases and Sciences 41 (8): 1631–1635 (August 1996).

Greenwood, Arin. "Taste-Testing Nutraloaf." Slate, June 24, 2008.

Kirk, Esben. "The Quantity and Composition of Human Colonic Flatus." Gastroenterology 12 (5): 782–794 (May 1949).

Levitt, Michael D., et al. "Studies of a Flatulent Patient." New England Journal of Medicine 295: 260–262 (July 29, 1976).

Magendie, F. "Note sur les gaz inestinaux de l'homme sain." Annales de Chimie et de Physique 2: 292 (1816).

Suarez, Fabrizis L., and Michael D. Levitt. "An Understanding of Excessive Intestinal Gas." Current Gastroenterology Reports 2: 413–419 (2000).

제14장

Burkitt, D. F., A. R. P. Walker, and N. S. Painter. "Effect of Dietary Fibre on Stools and Transit-Times, and Its Role in the Causation of Disease." Lancet 300 (7792): 1408–1411 (December 30, 1972).

Donaldson, Arthur. "Relation of Constipation to Intestinal Intoxication." Journal of the American Medical Association 78 (12): 882–888 (March 25, 1922).

"Fatalities Attributed to Entering Manure Waste Pits—Minnesota, 1992." MMWR Weekly

42 (17): 325–329 (May 7, 1993).

Goode, Erica. "Chemical Suicides, Popular in Japan, are Increasing in the U.S." *New York Times*, June 18, 2011.

Kellogg, J. H. The Itinerary of a Breakfast. Battle Creek, Mich.: Modern Medicine Publishing, 1918.

Knight, Laura D., and S. Erin Presnell. "Death by Sewer Gas: Case Report of a Double Fatality and Review of the Literature." *American Journal of Forensic Medicine and Pathology* 26 (2): 181–185 (June 2005).

Levitt, Michael D., and William C. Duane. "Floating Stools: Flatus versus Fat." *New England Journal of Medicine* 286 (18): 973–975 (May 4, 1972).

Moore, J. G., B. K. Krotoszynski, and H. J. O'Neill. "Fecal Odorgrams: A Method for Partial Reconstruction of Ancient and Modern Diets." *Digestive Diseases and Sciences* 29 (10): 907–912 (October 1984).

Oesterhelweg, L., and K. Puschel. "'Death May Come on Like a Stroke of Lightening ...': Phenomenological and Morphological Aspects of Fatalities Caused by Manure Gas." *International Journal of Legal Medicine* 122: 101–107 (2008).

Ohge, Hiroki, et al. "Effectiveness of Devices Purported to Reduce Flatus Odor." *American Journal of Gastroenterology* 100 (2): 397–400 (February 2005).

Olson, K. R. "The Therapeutic Potential of Hydrogen Sulfide: Separating Hype from Hope." *American Journal of Physiology: Regulatory, Integrative and Comparative Physiology* 301 (2): R297–R312 (August 2011).

Osbern, L. N., and Crapo, R. O. "Dung Lung: A Report of Toxic Exposure to Liquid Manure." *Annals of Internal Medicine* 95 (3): 312–314 (1981).

Simons, C. C., et al. "Bowel Movement and Constipation Frequencies and the Risk of Colorectal Cancer among Men in the Netherlands Cohort Study on Diet and Cancer." American Journal of Epidemiology 172 (12): 1404–1414 (December 15, 2010).

Suarez, Fabrizis L., and Michael D. Levitt. "An Understanding of Excessive Intestinal Gas." *Current Gastroenterology* Reports 2: 413–419 (2000).

Suarez, F. L., J. Springfield, and M. D. Levitt. "Identification of Gases Responsible for the Odour of Human Flatus and Evaluation of a Device Purported to Reduce This Odor." *Gut* 43 (1): 100–104 (July 1998).

Walker, A. R. P. "Diet, Bowel motility, Faeces Composition, and Colonic Cancer." *South African Medical Journal* 45 (14): 377–379 (April 3, 1971).

Whorton, James C. *Inner Hygiene: Constipation and the Pursuit of Health in Modern Society.* New York: Oxford University Press, 2000. pp. 11–17.

Wild, P., et al. "Mortality among Paris Sewer Workers." *Occupational and Environmental Medicine* 63 (3): 168–172 (March 2006).

제15장

Armstrong, B. K., and A. Softly. "Prevention of Coprophagy in the Rat: A New Method." *British Journal of Nutrition* 20 (3): 595–598 (September 1966).

Barnes, Richard H. "Nutritional Implications of Coprophagy." *Nutrition Reviews* 20 (10): 289–291 (October 1962).

Barnes, Richard H., et al. "Prevention of Coprophagy in the Rat." *Journal of Nutrition* 63: 489–498 (1957).

Bertolani, Paco, and Jill Pruetz. "Seed-Reingestion in Savannah Chimpanzees (*Pan troglodytes verus*) at Fongoli, Senegal." *International Journal of Primatology* 32 (5): 1123–1132 (2011).

Bliss, D. W. *Feeding per Rectum*. Washington, D.C.: D. W. Bliss, M.D., 1882.

Bouchard, Charles. *Lectures on Autointoxication in Disease*. Philadelphia: F. A. Davis, 1898. Lecture 9, pp. 94–96.

Bugle, Charles, and H. B. Rubin. "Effects of a Nutritional Supplement on Corprophagia: A Study of Three Cases." *Research in Developmental Disabilities* 14: 445–446 (1993).

Dawson, W. W. "Bowel Exploration, Simon's Plan, Experiments upon the Cadaver." *Cincinnati Lancet and Clinic* 53 (14): 221–226 (1885).

Furst, Peter T., and Michael D. Coe. "Ritual Enemas." *Natural History*, March 1977. pp. 88–91.

Herter, Christian Archibald. *The Common Bacterial Infections of the Digestive Tract and the Autointoxications Arising from Them*. New York: Macmillan, 1907.

Jones, L. E., and W. E. Norris. "Rectal Burn Induced by Hot Coffee Enema." *Endoscopy* 42: E26 (2010).

Kellogg, J. H. *The Itinerary of a Breakfast*. Battle Creek, Mich.: Modern Medicine, 1918.

Lane, Sir William Arbuthnot. "The Results of the Operative Treatment of Chronic Constipation." *British Medical Journal* 1: 126–130 (January 18, 1908).

Madding, Gordon F., Paul A. Kennedy, and R. Thomas McLaughlin. "Clinical Use of Anti-Peristaltic Bowel Segments." *Annals of Surgery* 161 (4): 601–604 (April 1965).

Mutch, N., and J. H. Ryffel. "The Metabolic Utility of Rectal Feeding." *British Medical Journal* 1 (2716): 111–112 (January 18, 1913).

Onishi, Norimitsu. "From Dung to Coffee Brew with No Aftertaste." *New York Times* (Asia Pacific), April 17, 2010.

Rabino, A. "Storia della medicina: parabola di un prezioso alleato della vecchia medicina." *Minerva Medica* 43:459–466 (February 3, 1972).

Sammet, Kai. "Avoiding Violence by Technologies? Rectal Feeding in German Psychiatry." *History of Psychiatry* 17: 259–278 (2006).

Short, A. R., and H. W. Bywaters. "Amino-Acids and Sugars in Rectal Feeding." *British Medical Journal* 1 (2739): 1361–1367 (June 28, 1913).

제16장

Battey, Robert. "A Safe and Ready Method of Treating Intestinal Obstruction." *Practitioner* 13: 441 (July–December 1874).

Black, Patrick. "Clinical Lecture on Obstinate Constipation and Obstruction of the Bowels." *British Medical Journal*, January 28, 1871. pp. 83–84.

Corman, Marvin. "Classic Articles in Colon and Rectal Surgery: Sir William Arbuthnot Lane, 1856–1943." *Diseases of the Colon and Rectum* 28 (10): 751–757 (October 1985).

Dawson, W. W. "Bowel Exploration, Simon's Plan—Experiments upon the Cadaver—Introduction of the Hand . . ." *Cincinnati Lancet and Clinic* 14 (53): 221–226 (1885).

Formad, Henry F. "A Case of Giant Growth of the Colon, Causing Coprostasis, or Habitual Constipation." *Transactions of the College of Philadelphia* 14 (Series 3): 112–125 (1892).

Geib, D., and J. D. Jones. "Unprecedented Case of Constipation." *Journal of the American Medical Association* 38: 1304–1305 (May 17, 1902).

Klauser, A. G., et al. "Abdominal Wall massage: Effect on Colonic Function in Healthy Volunteers and in Patients with Chronic Constipation." *Zeitschrift fur Gastroenterologie* 30 (4): 247–251 (April 1992).

Kollef, Marin H., and David T. Schachter. "Acute Pulmonary Embolism Triggered by the Act of Defecation." Chest 99 (2): 373–376 (1991).

Lahr, Chris. *Why Can't I Go?* Charlston, S.C.: Sunburst Press, 2004.

McGuire, Johnson, et al. "Bed Pan Deaths." *American Practitioner and Digest of Treatment* 1: 23–28 (1950).

Nichopoulos, George (with Rose Clayton Phillips). *The King and Dr. Nick: What Really Happened to Elvis and Me.* Nashville, Tenn.: Thomas Nelson, 2009.

Sikirov, B. A. "Cardio-vascular Events at Defecation: Are They Unavoidable?" *Medical Hypotheses* 32: 231–233 (1990).

Sydenham, Thomas. *The Works of Thomas Sydenham*, vol. 1. London: Sydenham Society, 1843.

Thompson, Charles C., and James P. Cole. *The Death of Elvis*. New York: Bantam Doubleday, 1991.

Wangensteen, Owen H. "Historical Aspects of the Management of Acute Intestinal Obstruction." *Surgery* 65 (2): 363–383 (1969).

Wide, Gustaf A. *Hand-Book of Medical and Orthopedic Gymnastics*. New York: Funk and Wagnalls, 1909.

제17장

Khoruts, A., et al. "Changes in the Composition of the Human Fecal Microbiome after Bacteriotherapy for Recurrent *Clostridium difficile*-Associated Diarrhea." *Journal of Clinical Gastroenterology* 44 (5): 354–360 (May/June 2010).

Martinez, Anna Paula, and Gisele Regina de Azevedo. "The Bristol Stool Form Scale: Its Translation to Portuguese, Cultural Adaptation, and Validation." *Revista Latino-Americana de Enfermagem* 20 (3): 583–589 (May/June 2012).

Offenbacher, S., B. Olsvik, and A. Tonder. "The Similarity of Periodontal Microorganisms between Husband and Wife Cohabitants. Association or Transmission?" *Journal of Periodontology* 56 (6): 317–323 (June 1985).

Parker-Pope, Tara. "Probiotics: Looking underneath the Yogurt Label." *New York Times* (Science Times column "Well"), September 28, 2009.

Silverman, Michael S., Ian Davis, and Dylan R. Pillai. "Success of Self-administered Home Fecal Transplantation for *Chronic Clostridium* Difficile Infection." *Clinical Gastroenterology and Hepatology* 8 (5): 471–473 (May 2010).

Steenbergen, T. J., et al. "Transmission of *Porphyromonas gingivalis* between Spouses." *Journal of Clinical Periodontology* 20 (5): 340–345 (May 1993).

Terruzzi, Vittorio, et al. "Unsedated Colonoscopy: A Neverending Story." World Journal of *Gastrointestinal Endoscopy* 4 (4): 137–141 (April 16, 2012).

Willing, Benjamin P., and Janet K. Jansson. "The Gut Microbiota: Ecology and Function." In *The Fecal Bacteria*, edited by M. J. Sadowsky and R. L. Whitman. Washington, D.C.: American Society for Micro-biology, 2011.

옮긴이의 말

 과학 발전의 역사는 결코 정적이거나 아름답지 않다. 서로 모순되는 사건이 동시다발적으로 벌어지는 것은 기본이고, 음모와 오류가 난무하며 정치와 경제 상황의 영향도 크게 받는다. 그런 까닭에 정설로서 만인의 추앙을 받다가도 금세 소리 소문 없이 사라지는 이론이 부지기수다. 반대로 처음에는 철저히 무시되다가 수십, 수백 년이 지나 뒤늦게 빛을 발하는 경우도 많다. 요즘에는 항공우주학은 물론이고 항공기 운항 일정과 날씨 예보까지 모든 지구과학 분야에서 지구가 태양 주위를 돈다는 것을 기본 전제로 깔고 있지만 정작 갈릴레오는 감옥에 갇혀 독배를 받고 거짓 증언을 해야 했을 정도로 맹비난을 받았다. 일개 특허사무소 직원이었던 아인슈타인은 또 어떤가. 그의 상대성이론은 양자역학 흐름의 판세를 한순간에 뒤집었을 뿐만 아니라 지금까지도 철학, 예술, 생활, 경제 등 사회 전반에 영향을 미치고 있다. 휘영청 둥근 달의 얼룩을 옥토끼라고 여기며 달을 받들어 숭배하던 우리 인류는 그 유치한 호기심과 애정을 밑거름 삼아 마침내 달에 우주선을 쏘아 올렸다. 최근에 중국은 역사상 세 번째 달 착륙 국가로 이름을 올리면서 무인 탐사 차량에 옥토끼호라는 이름을 붙이기도 했다.

그러니 주류 과학이라고 맹신할 일도, 변두리 과학이라고 우습게 여길 일도 아니다.

혹자는 변두리 과학의 가능성을 포기하지 않는 것을 기벽이나 시간 낭비로 치부할지도 모른다. 하지만 과학에 정답은 없다. 급한 것과 덜 급한 것이 있을 뿐, 익숙하고 그럴듯하다고 더 중요한 것도 아니고 생소하고 허무맹랑하다고 해서 덜 중요한 것도 아니다.

문제는 넘쳐나는 정보와 이야기의 바다에서 전문가가 아닌 우리 대부분은 우왕좌왕한다는 사실이다. 그렇기에 우리에게는 가이드가 필요하다. 그리고 그런 인물로 메리 로치가 적임자다.

메리 로치는 모든 소재를 포용하되 중심을 잃지 않는다. 그녀에게는 비과학을 동원해 과학 정신을 강화하는 재주가 있다. 게다가 그녀는 용감하다. 취재를 위해서라면 감옥이든 북극이든 기꺼이 달려가며 살아 있는 소의 위장에 맨손을 집어넣는 것도 주저하지 않는다. 우리에게는 이렇게 유쾌하고 발랄한 스토리텔러가 필요하다. 그리고 이 책에서 로치는 이런 스토리텔러로서의 재능을 유감없이 발휘했다. 어찌 보면 너무 익숙해서 혹은 민망해서 입에 담지 않았던 소화관의 이야기를, 내 몸의 이야기를 한 호흡으로 쫄깃하게 풀어낸다. 중간중간 추임새를 넣어가며 몰입하고 반응하기에 적당한 속도다. 그러니 일단 그녀를 믿고 따라가 보자. 마지막 페이지를 넘기는 순간, 한층 상쾌하고 밝아진 눈으로 과학을 바라보는 나 자신을 발견할 수 있을 테니.

뒤처지면 안 된다는 압박감에 억지로 전문 서적을 뒤적이거나 연구실에 처박힐 필요는 없다. 과학은 셀 수도 없이 많은 선물상자를 품고 우리 생활 면면에 숨어 있다. 그러니 우리가 갖춰야 할 준비물은 열린 마음과 용기뿐이다. 이것은 최첨단 과학 기술이 지배하는 이 시대에 인간성을 잃지 않기 위한 열쇠이기도 하다.

최가영

사진 출처

Corbis 18, 36, 56, 88, 164, 184, 238, 298
Getty Images 8, 146, 228

찾아보기